KB260070

케임브리지 포퓰러 사이언스

놀라운 발견들

프랭크 애설 지음

구자현 옮김

Remarkable Discoveries!

FRANK ASHALL

CAMBRIDGE
UNIVERSITY PRESS
1994

이 매력적인 책에는 여러 인물과 그들의 승리, 시련과 역경 등이 모두 담겨 있다.
『놀리운 발견들』은 인류에게 유익을 가져온 몇 가지 중요한 과학적 발견들을 관람하는 즐거운 여행으로 독자들을 인도한다.

이 책에서는 신나는 발견들이 물리학, 우주론, 생물학, 의학, 화학, 지구물리학, 수학 등 모든 과학의 분야에 걸쳐 흥미롭게 펼쳐진다. 이 책은 과학에 대한 지식이 별로 없는 독자들에게 즐거움을 주고 흥미를 느끼게 한다. 그리고 많은 과학적 발견들에 동반하는 놀라움과 신기함의 요소라는 공통된 주제가 있다.

독자들은 이 책을 통해 과학과 과학자들의 세계에 대하여 더 많은 것을 알고 싶은 열망을 갖게 될 것이다.

프랭크 애셜

옮긴이의 말

■ ■ ■

과학은 인간의 생각과 삶과 사회를 바꾸어 놓았다. 우리는 의식하든 의식하지 않든 과학이 만들어 놓은 틀 속에서 숨쉬고 활동하고 있다. 우리는 과학에서 파생된 문명의 이기 없이는 한시도 생활할 수가 없다. 과학이 가져다 준 것이 비록 이러한 밝은 면만 있는 것은 아니라 할지라도 과학의 발전에 대한 우리사회의 긍정적인 시각은 대체적인 합의가 이루어진 듯하다. 더구나 우리나라의 상황은 후발 산업국으로서 세계 경쟁 속에서 살아남기 위하여 과학기술의 증진에 국가적으로 큰 관심이 쏠려 있는 형편이다. 이런 점에서 과학 교육이 어떻게 이루어져야 하며, 과학자 또는 공학자는 어떻게 탐구 활동을 해야 하고, 어떠한 연구 활동에 합리적인 지원이 이루어져야 하는가는 정책에 관여하는 사람들뿐 아니라 모든 사회인들이 관심을 갖는 주제이다. 그럼에도 불구하고 사회 전반적으로 뛰어난 과학적 발견이 어떠한 과정을 통해 이루어지는가에 대한 관심은 부족한 실정이다. 이런 속에서 과학사(科學史)는 과학의 과거의 모습을 살핌으로써 과학의 본질과 미래의 지향점을 드러내는 데 기여해 왔다.

이 책은 과학에 대하여 관심이 있는 사람이면 누구나 흥미를 가지고 읽을 수 있도록 쓰여진 과학사의 기록이다. 이 책은 현대 과학이 우리의 생각과 삶에 미친 지대한 영향을 살필 수 있는 중요한 발견들을 흥미롭게 서술해 놓았다. 또한 기존의 대중적 과학사 책에서 다루어진 주제뿐 아니라 흔히 간과되었던 분야들, 특히 생물학에 큰 비중을 둔 점이 특징이다. 더구나 피상적으로 사실과 인물을 따라가지 않고 깊이 있는 내용을 과학 탐구의 경로를 따라 추적함으로써 실제적으로 발견들이 어떻게 이루어졌는지를 상세히, 그러나 어렵지 않게 드러내고 있는 것이 이 책의 장점

∎ ∎ ∎

이다. 현대 과학의 여러 분야에 대하여 초보적인 지식의 수준을 벗어나고
싶은 사람들은 이 책을 통해서 자신의 전공이 아닌 분야의 맛을 볼 수 있
는 좋은 기회를 얻을 수 있을 것이며, 과학 탐구에 대하여 심화된 이해를
얻고자 하는 고교생들도 신선한 자극을 얻게 될 것이다.

번역하는 과정에서 옮긴이가 깊이 있는 전문적 지식이 부족한 관계로
애를 먹은 적이 한두 번이 아니었다. 되도록 정확하게 저자의 의도를 살
리고, 전공자들이 읽었을 때에 어설프지 않은 내용이 될 수 있도록 노력
하였으나 미비한 점이 많으리라고 생각된다. 이런 점에서 넓은 양해가 있
기를 바란다. 이 책을 통하여 과학사에 대한 사회적 관심이 더욱 깊어지
고, 많은 사람들에게 과학적 탐구에 대한 흥미가 자극되며, 기초과학에 대
한 지원의 폭이 넓어지는 계기가 된다면 더 바랄 나위가 없겠다. 이 책의
번역 과정에서 도움을 준 서울대학교 과학사 및 과학철학 협동과정 사람
들에게 감사드린다. 마지막으로 책이 번역되는 과정에서 홀몸이 아닌데도
타이핑과 교정뿐 아니라 많은 조언으로 큰 도움을 준 아내와, 책과 때를
같이 하여 세상에 나온 다니엘에게 이 책을 선사하고 싶다.

구자현

머리말

...

    과학자들은 기초과학 연구가 인류에 끼친, 그리고 앞으로 끼칠 수 있는 이로움에 대하여 대중에게 알려야 할 책임이 있다. 뿐만 아니라 과학자들은 자연의 놀라운 현상에 대하여 모든 사람들을 교육할 책임이 있다. 필자가 보건대 놓쳐서는 안되는 극히 중요한 요점은 아무도 순수 연구에서 유래할 이로움들이 무엇인지 예견할 수 없다는 것이다. 자연을 이해하려는 목표를 가진 기초 연구들을 통해서 여러 차례에 걸쳐 엄청나게 중요한, 기대하지도 못한 응용들이 나오게 되었다. 필자는 이 책이 이러한 논점을 제시하는 데 기여하기를 희망한다.

    최근 몇 년간 과학 연구는 큰 대학들의 실험실에서도 상당히 상업화되어서 순수한 지식 추구의 자유를 그 본래의 목적으로 간주했던 대학의 이상도 많이 변색되었다. 세계적으로 순수과학 연구에 대한 정부의 자금 지원은 극히 미약하여 군사 연구를 위해서 사용 가능한 엄청난 재정 지원과 비교해 볼 때 부끄러울 만큼 적다. 기초 연구를 위한 재정이 확보되어 있을 때조차도 심각한 자금 부족 때문에 포기되어야 할 연구 계획들뿐 아니라 인류에게 극히 중요한 몇몇 영역들이 마땅히 받아야 할 자금 지원을 받지 못하고 있다. 오늘날의 전기 산업의 대부분을 유발시킨 마이클 패러데이의 호기심에 누가 값을 매길 수 있겠는가? 오늘날 전염병의 이해와 예방·치료에 크게 기여하고, 자연의 해석에 대한 지칠 줄 모르는 열망을 품었던 루이 파스퇴르의 생각들은 얼마의 금전적 가치가 있겠는가?

    과학적 연구에 자금을 지원하는 기관들은 계속적으로 이 책에서 다루는 유형의 발견들을 고려해야 한다. 그리고 그 주제가 무엇이든 순수 연구를 지원하는 큰 지혜를 지녀야 한다. 과거의 과학적 발견들로부터 배워

···

야 할 중요한 교훈은 자연의 기초적 탐구가 우리가 살고 있는 놀랍고도 아름다운 우주에 대한 지식을 증가시킬 뿐 아니라 우리 일상 생활의 모든 측면들을 개선할, 기대하지 못한 새로운 이로움을 우리에게 반드시 가져다 줄 것이라는 점이다. 과학의 유익한 응용들은 모든 사람들이 모든 곳에서 누려야 할 것이며 자연의 법칙들과 복잡성의 아름다움은 모든 사람들이 두려움을 가지고 연구해야 할 것이다. 슬프게도 이 세상에 있는 정부의 양반들은 일반적으로 적절한 과학 교육을 받지 못했기에 결과적으로 과학 연구가 얼마나 중요한지를 깨닫지 못하고 불행하게도 무고한 수억의 가난한 나라 사람들이 이 책에서 다루는 대부분의 발견에 대한 혜택을 누리지 못하고 있다.

1991년에 필자는 두 달간 대중매체 회원(Media Fellow: 대중매체와 함께 일하는 연구과학자)으로서 영국의 《인디펜던트》지와 함께 일했다. 거기서 필자는 필자의 전공 연구 분야 밖의 과학 영역에 대하여 흥미를 갖게 되었다. 많은 연구과학자들이 자신의 전공 이외의 다른 과학 영역에 대해서 얼마나 모르는지를 깨달은 것은 그 곳에서였다. 과학을 대중에게 알리는 일의 엄청난 중요성을 똑똑히 자각한 것도 그 곳이었다. 이 책을 쓰도록 자극해 주고 《인디펜던트》지와 함께 일할 수 있는 기회를 제공한 《인디펜던트》지의 과학부 편집장인 톰 윌키(Tom Wilkie) 박사에게 감사드린다. 《인디펜던트》지의 다른 분들, 특히 수전 왓츠(Susan Watts)와 스티븐 코너(Steven Connor)도 대중매체 회원 시절에 도움이 된 사람들이다. 영국 과학진흥협회와 연계하여 대중매체 회원들을 후원해준 과학의 대중적 이해를 위한 위원회(the Committee on the

Public Understanding of Science: COPUS)에도 감사를 드린다. 또한 아주 값지고 건설적인 조언들을 해주신 케임브리지 대학 출판부의 로버트 해링턴(Robert Harington) 박사와 조우 클레그(Jo Clegg) 박사에게도 감사한다. 그리고 나의 아내인 앨리슨 고우트(Allison Goate) 박사도 이 책의 초고에 대하여 유익한 조언들을 해주었다. 그 밖에도 매우 유용한 정보들과 도움되는 논평들을 해 준 레스터 대학(University of Leicester)의 알렉 제프리스(Alec Jeffreys) 교수, 서섹스 대학(University of Sussex)의 해럴드 크로토(Harold Kroto) 교수, 케임브리지 대학(University of Cambridge)의 시저 밀스타인(Cesar Milstein) 교수, 옥스퍼드 대학의 윌리엄 던 경 병리학 교실의 에드워드 에이브러함(Edward Abraham) 교수와 헨리 해리스(Henry Harris) 교수, 세인트루이스의 워싱턴 대학(Washington University)의 클리포드 월(Clifford Will) 교수와 와이모 수엔(Waimo Suen) 교수께도 감사드린다.

잉글랜드, 햄프턴 위크(Hampton Wick)에서
프랭크 애셜

차례

1
전기의 아버지

1991년에 런던 과학 박물관은 마이클 패러데이 탄생 200주년을 기념하는 특별 전시회를 개최하였다. 전시회의 입구에는 패러데이의 동상이 서 있었고, 그 주위를 진공세척기, 전기재봉틀, 헤어드라이어, 믹서 등을 포함한 십여 가지 가정용품들이 둘러싸고 있었다. 동상 아래에는 "우리가 매일 사용하는 전기 기구들은 마이클 패러데이(Michael Faraday, 1791~1867)의 근본적인 발견들에 의존하고 있습니다"라는 팻말이 붙어 있었다. 이 말은 결코 과장이 아니다. 패러데이의 전기와 자기에 관한 실험들은 오늘날 모든 전기 산업의 기초를 이루고 있으며, 현대 사회는 많은 사치품들과 구명 시설(life-saving facilities)에 대해 패러데이에게 감사할 만하다. 공식적 대학 교육을 받지 않은 이 영국 과학자는 진정으로 '전기의 아버지'라고 불릴 자격이 있다.

그러나 결과적으로는 패러데이의 연구로부터 개발된 놀랍고도 다양한 응용 사례들은, 패러데이가 연구를 시작했을 때는 그 자신도 예견하지 못했던 것들이었고, 또한 그는 자신의 연구를 직접 응용하려고 하지도 않았다. 그의 목표는 자연을 그 자체로서 탐구하는 것, 즉 실험을 통해 물리적

세계의 아름다움을 드러내는 것이었다. "응용과학 같은 것은 존재하지 않는다. 오직 순수과학의 응용이 있을 뿐이다"라고 했던 루이 파스퇴르의 말을 어떤 과학자의 연구가 예시한다면 패러데이가 바로 그런 과학자다. 그는 순수 지식에 대한 깊은 열정과 끊임없는 열망으로 세계를 혁명적으로 변화시킨 물리학의 여러 전환점들을 마련했다.

역사적 배경

패러데이의 발견들이 갖는 의의와 그것들이 어떻게 이루어졌는가를 이해하기 위해서 우리는 그가 실험을 시작한 19세기 초의 전기와 자기에 관한 이해의 상태를 평가해 볼 필요가 있다. 전기와 자기에서 큰 발견들이 이루어지기 위하여 시기는 무르익어 있었다. 17세기와 18세기에 걸쳐 광학과 역학 분야에서 탁월한 진보가 이미 이루어져 있었고, 패러데이가 과학계에 발을 들여놓았을 때 전기와 자기는 인기있는 연구 영역으로 빠르게 부상하고 있었다.

고대 그리스인들이 자기에 대해 알고 있었던 것은 의심할 여지가 없다. 특히 기원전 6세기에 살았던 밀레토스의 철학자 탈레스(Thales)는 이미 자기를 연구했다. 탈레스는 철광석(천연자석 또는 자철광이라고도 한다) 덩어리가 쇠를 잡아당길 수 있음을 밝혔다. 그는 실험에 사용한 천연자석을 에게 해(海) 지방의 작은 읍인 마그네시아에서 났다고 하여 '마그네시아의 돌'이라고 불렀다. 여기에서 자석(magnet)이라는 말이 유래했다.

그리스인들은 또한 정전인력(停電引力)에 대해 친숙했다. 호박(화석화된 나무의 진액) 덩어리를 문질렀을 때, 그것은 깃털 같은 가벼운 물체들을 잡아당길 수 있었다. 전기(electricity)라는 용어는 호박을 뜻하는 그리스어 'elektron'에서 나왔다. 또한 그리스인들은 자기인력과 정전인력 사이의 유사성을 잘 알고 있었다. 그러나 그들은 자기인력은 더 강하다고 생각한 반면에 정전인력은 더 융통성이 있다고 생각하였다. 이것은 호박을 문질렀을 때 가벼운 물체이면 그것이 무엇으로 만들어졌든지 끌어당길 수 있는 반면에 천연자석은 단지 쇳조각이나 다른 천연자석 덩어리만을 끌어당길 수 있었기 때문이다.

자기에 대한 이해의 진보는 다소 느렸지만 12세기에 이르러 자석 덩어리가 다른 비자성(非磁性)의 쇠를 자석이 되게 할 수 있는 과정인 자기 유도가 존재하는 것이 알려졌다. 오늘날 대부분의 사람들은 때때로 자석으로 쇠나 강철(예를 들면 클립이나 바늘) 조각을 문지른 결과, 그것들이 자기화되는 것을 통해 자기 유도를 목격한 적이 있다.

물 위에 띄운 자석은 남북 방향을 가리킨다. 자석이 어떤 방향을 가리키게 놓여지든 그것은 남북 방향으로 돌아온다. 자석은 N극과 S극을 가진 것으로 알려져 왔다. 두 개의 자석의 극이 다른 모양(S극 대 N극)으로 놓여지면 서로 잡아 당겼고 같은 극(N극 대 N극 또는 S극 대 S극)이 함께 놓이면 서로 밀어내는 힘이 생겼다. 여기서 '같은 극은 밀고 다른 극은 당긴다'는 규칙이 나오고 나침반의 기초가 형성되었다. 나침반의 자침은 지구의 자극 방향으로 놓인다. 이제 항해자들은 그들을 인도하는 태양이나 북극성을 이용하지 않고도 방향을 잡을 수 있게 되었다. 나침반은 중국인들에 의해 최초로 사용되었다. 15세기에 이르면 특히 나침반 덕택에 지구의 탐험이 크게 진전되었다.

영국의 엘리자베스 1세의 시의(侍醫)였던 윌리엄 길버트(William Gilbert, 1544~1603)는 자기의 과학적 기초를 철저하고도 체계적으로 탐구한 최초의 과학자 중의 하나였다. 그는 나침반의 자침이 남북 방향을 가리킬 뿐만 아니라 아래쪽으로도 기운다는 사실을 세련되게 논증했다. 그는 구형 천연자석인 모의(模擬) 지구 근처에 나침반을 놓았을 때 자침이 한 방향을 가리킬 뿐만 아니라 또한 아래로 경사지는 것을 발견했다. 길버트는 이 결과를 지구 자체가 자화된 거대한 구이며, 그것은 N극과 S극을 가지고 있음을 의미하는 것으로 해석했다. 다시 말하면 구형의 자석은 극성을 가지고 있다. 이것은 지구의 저 북쪽 어딘가에 철이나 천연자석으로 된 거대한 산맥이 있다는 오래된 생각을 몰아냈다.

길버트는 또한 정전기의 원리에 관한 실험을 수행했다. 그는 사파이어나 다이아몬드 같은 많은 보석들을 문질렀을 때 그것들이 호박처럼 정전 인력을 띨 수 있음을 입증했다. 그는 이러한 연구를 기술하기 위하여 '기전물질(electric)'이라는 말을 만들어냈다.

기전물질을 문질러서 만들어진 정전기는 많은 양의 전기의 충분한 근원은 아니었고, 전하를 띤 물질에 저장된 전기는 제어하여 취급하기도 쉽지 않았다. 정전기의 방전은 항상 너무 빨랐다. 전기를 적절하게 연구하기 위해서 필요한 것은, 많은 양의 전기가 얻어질 수 있는 시스템이 개발되는 것과 제어할 수 있는 시간 범위내에 전기가 이용 가능해져서 과학자가 전기의 성질을 연구할 수 있게 되는 것이었다. 이 문제를 풀기 위한 큰 진보는 독일의 물리학자 오토 폰 게리케(Otto von Guericke, 1602~1686)에 의해 이루어졌다. 그는 정전기를 발생시키기에 특히 좋은 물질인 황으로 멜론 크기의 공을 만들었다. 이 황으로 된 공이 다른 물질과 접촉하면서 축 위에서 돌려질 때, 많은 양의 정전기가 그 공에 축적되었다. 게리케는 또한 대전된 구들이 자극처럼 서로 당기거나 밀치는 것을 발견했다. 그는 하나의 황으로 된 구가 또 다른 구가 전기를 띠도록 유도하는 것을 실험적으로 입증했다. 이것은 정전기 유도라고 불렸다. 17세기 말에 이르면 점점 많은 수의 과학자들이 전기와 자기가 어떻게든 서로 긴밀하게 연관되어 있는 것으로 생각하기 시작했다.

18세기와 19세기에 걸쳐 과학자들은 전기를 금속 막대들 같은 여러 가지 재료를 통해 흐르도록 할 수 있다고 말할 수 있었다. 미국의 과학자 벤저민 프랭클린(Benjamin Franklin, 1706~1790)은 전기가 양전하의 지역에서 음전하가 더 많은 지역으로 흐르는 유체라고 제안했다. 우리는 전기가 프랭클린이 제안한 것과는 반대 방향으로 흐른다는 것, 즉 음으로 대전된 전자가 전기회로의 음극에서 양극으로 흐름을 알고 있다.

17세기와 18세기 동안 이루어진 세 가지 주된 진보는 특히 패러데이의 뒤이은 발견들에 중요했다. 즉 전지의 발명, 전류를 측정하는 도구(갈바노미터)의 개발, 전기와 자기 사이의 직접적인 연관(전자기)의 발견이 그것이다.

전지는 1800년에 이탈리아의 과학자 알렉산드로 볼타(Alexandro Volta, 1745~1827)에 의해 발명되었다. 이것은 또다른 이탈리아아인인 루이기 갈바니(Luigi Galvani, 1737~1798)에 의해 이루어진 발견의 결과였다. 갈바니는 개구리의 다리 근육이 뇌우가 있는 동안 금속 메스에 닿으면 수축하는 것을 발견했다. 그는 계속하여 뇌우(雷雨)가 없더라도 근육들이 구리나 철 같은 다른 금속에 동시에 닿을 때 반복해서 수축하는 것을 밝혀냈다. 이 근수축은 동물 전기라고 불리는 생기력에 기인한다고 갈바니는 추측했다. 그러나 볼타는 근수축에 대한 갈바니의 해석에 동의하지 않고, 전기의 근원이 신비한 생명력과는 무관하며 두 개의 상이한 금속과의 접촉에 의해 전기가 발생한다고 제안했다.

볼타는 두 가지 상이한 금속이 단순한 소금 용액과 접촉하고 있을 때도 계속 전류를 발생시킬 수 있음을 입증했다. 그는 은판과 아연판 사이에 소금 용액에 담근 종이판을 놓은 간단한 장치를 통해 전류가 발생한다는 것을 발견했다. 그러한 판들의 더미가 다른 것 위에 한 번 더 쌓였을 때 훨씬 더 큰 전류를 발생시켰다. 그러한 '볼타의 판더미(Volta's piles)'는 최초의 전지였다. 과학자들은 이제 황의 구에 정전기를 축적하는 대신에 비교적 많은 양의 전류를 연속적인 흐름으로 쉽게 만들어낼 수 있었다.

패러데이가 최초의 원시적 전동기를 만들기 직전인 1819년에 네덜란드의 과학자 한스 외르스테드(Hans Oersted, 1777~1851)는 전지에 연결된 도선이 나침반 바늘 위에 수평으로 걸쳐 있으면 전류가 도선으로 흐를 때마다 나침반의 바늘이 움직인다는 것을 발견했다. 전자기 유도라고 불리는 이 중요한 현상은 전류와 자기가 서로 연관되어 있음을 명확히 보여주고 있었다. 바로 직후에 독일의 물리학자 요한 슈바이거(Johann Schweigger, 1799~1857)가 도선을 흐르는 전류를 측정하는 최초의 갈바노미터를 발명했다.

이것이 패러데이가 전자기에 대한 연구를 시작했을 때의 상황이었다. 그러나 어떻게 패러데이가 그러한 발견들을 해냈는지 이해하기 위해서는 그가 연구를 시작했을 때의 과학적 지식의 상태뿐 아니라 어떻게 그가 물리학자가 되었으며 그러한 연구를 수행하게 된 동기는 무엇이었는지 알아둘 필요가 있다.

마이클 패러데이의 배경

패러데이는 서레이(Surrey)의 뉴윙턴(현재 런던의 엘러펀트와 캐슬)

에서 1791년 9월 22일에 가난한 대장장이의 아들로 태어났다. 패러데이 가(家)는 샌더먼 파(派)(Sandemanians, 또는 Glasites)라 불리는 종파에 속해 있었다. 샌더먼 파는 원시 그리스도인의 삶의 방식을 고수하는 비국교도였다. 그들은 부를 비신앙적인 것으로 생각했고 하나님의 법이 자연에 기록되어 있다고 생각했다. 그들은 또한 자연현상을 공부함으로써, 즉 '읽음'으로써 인류가 하나님의 진정한 성품을 발견할 수 있다고 믿었다. 패러데이는 평생 신실한 샌더먼 파로 살았고 실험에 대한 그의 태도는 그의 과학 연구에 대한 강한 종교적 영향과 일치했다. 실제로 영국의 물리학자 존 틴덜(John Tyndall, 1820~1893)은 "그의 종교적 느낌과 철학은 분리될 수 없었다. 전자에서 후자로의 유출이 빈번히 있었다"라고 말했다.

패러데이는 13세에 학교를 그만두고 런던에서 서적상이자 제본업자인 조지 리보(George Ribeau)의 신문을 배달하는 일을 시작했다. 리보는 그 소년의 일하는 모습에 감명을 받아 1805년에 그에게 7년간의 도제(徒弟) 실습을 제안했다. 패러데이는 수락했고 그것은 그가 새로운 기술을 배울 좋은 기회였다. 더욱 중요한 것은 다양한 주제의 책을 접하게 된 것이었다. 그 중에서 몇 권의 책을 그는 흥미를 가지고 꼼꼼하게 읽었다. 어린 패러데이에게 지식의 문이 활짝 열린 것이었다. 특히 화학에 관한 글들에 큰 인상을 받았다. 비록 어린 나이에 별로 학교 교육도 받지 못하는 상태였지만 그의 화학과 물리학에 대한 관심은 자라나고 있었다. 그는 나중에 "나는 도제 시절에 내 손에 들어오는 과학 서적 읽기를 매우 좋아했다"고 술회했다.

도제실습 기간 동안 패러데이는 리보의 허락을 받아 제본소의 빈 방에서 간단한 실험을 할 수 있었다. 그의 제본 기술과 자신이 수행한 단순한 실험들을 통하여 패러데이는 나중에 전기와 자기에 대한 자신의 연구의 특징 중 하나인 정교한 손놀림을 익혔다. 1810년부터 그는 런던 철학 학회의 강연과 토론에 참석했고 집중적인 독서와 함께 그것은 그에게 기초적 화학과 물리학의 든든한 토대가 되었다.

1812년에 영국의 화학자이자 그 당시 세계에서 가장 뛰어난 과학자 중 하나로 인정받았던 험프리 데이비(Humphry Davy, 1778~1829)가 런던의 왕립연구소(Royal Institution)에서 강좌를 개설했다. 패러데이는 그 강좌에 참석하여 큰 흥미를 느꼈으며, 강의 내용을 모두 필기한 것을 책으로 묶어서 데이비에게 보냈다. 그 책 속에 패러데이는 데이비에게 위대한 화학자의 실험실에 비어 있는 실험 조수 자리가 있는지 묻는 편지를 집어넣었다. 데이비는 패러데이의 열정에 적잖이 감명을 받아서 그를 만나보았다. 그러나 데이비는 그에게 아무 일자리도 제시하지 않고 제본업에 계속 종사하라고 권했다. 그러나 얼마 지나지 않아 데이비는 실험실에서 일어난 사고로 일시적으로 눈이 안 보였고 페러데이를 고용해 그를 위해 노트를 적도록 했다. 1813년에 21세의 패러데이는 가장 큰 행운을 얻었다. 다툼 때문에 데이비가 그의 실험 조수 중 하나를 해고하고 패러데이에게 조수 자리를 제안했던 것이다.

패러데이는 자기 훈련, 책임감, 그리고 지식에 대한 강한 열정으로 가장 위대한 과학자 중 한 사람의 실험실에 들어갔다. 그는 계속 노력하여 유능한, 적어도 데이비만큼 위대한 과학자가 되었다. 실제로 패러데이는 데이비의 가장 위대한 발견이었다고들 말한다. 그 반대도 역시 성립한다. 그들은 실제로 서로를 발견했기 때문이다.

패러데이는 대학에 가 본 적이 없었기 때문에 그의 교육에는 여전히 큰 격차가 있었다. 데이비에 의해 고용된 그 해에 그는 데이비와 함께 유럽 여행을 떠났고, 그 동안에 앙페르와 볼타를 포함한 세계의 가장 우수한 화학자들 몇 명을 만났다. 그는 18개월간 지속된 이 여행 동안 매일같이 데이비의 강의를 들었다. 그것은 패러데이가 대학 교육을 받지 못한 것을 보상하고도 남음이 있었다. 위대한 화학자와 여행하면서 많은 화학자들을 만나 대화하는 것은 패러데이가 성장하기 시작하는 과학자로서 얻을 수 있는 가장 좋은 과학 사상과의 접촉이었음에 틀림없다.

1815년에 유럽 여행에서 돌아온 후에 패러데이는 데이비를 도왔고 자신의 실험을 계속했다. 1820년경에는 패러데이 자신도 이미 노련한 실험가이면서 자연을 바라보는 자신의 독창적인 방법을 소유한 학식있는 과학자가 되어 있었다. 그가 이 자리에 오기까지 지나온 자취는 비범하고 상식에서 벗어난 것이었다. 이제 지금까지 이루어진 가장 위대한 과학적 발견 중 몇 가지가 패러데이의 이름을 영원히 인간의 진보사(進步史)에 새겨 넣으면서 뒤따르게 된다.

패러데이의 발견

전류를 운반하는 도선이 자침을 움직이게 한다는 외르스테드의 발견은 중요한 진보였다. 왜냐하면 그것은 전기와 자기 간의 직접적인 최초의 연결을 제공했기 때문이다. 이제 다른 과학자들이 이 현상을 연구하기 시작했다. 예를 들면, 프랑스의 과학자 앙페르(André-Marie Ampère, 1775~1836)는 각각 전류를 운반하는 두 도선이 두 자석처럼 행동하는 것을 입증했다. 다시 말해 그것들은 자기적으로 서로를 끌어당기거나 밀 수 있었다. 데이비는 패러데이의 도움으로 전자기에 대한 실험을 수행했고 결과적으로 그 주제에 대한 패러데이의 호기심이 자극되었다.

1821년에 패러데이는 전자기 회전이라는 현상을 발견했다. 그는 전류로 하여금 도선이 자석 주위를 돌게 하고 역으로 자석이 도선 주위를 돌게 하는 장치를 고안했다. 이 실험의 기본적 설계는 다음과 같다(그림 1).

왼편의 자석은 수은 비커 속에서 자유롭게 돌 수 있도록 축에 고정되어 있다. 수은은 금속이어서 전기를 통할 수 있기 때문에 선택되었다. 그리고 그것은 액체이므로 자석이 그 속에서 돌 수 있다. 전지의 한 끝에 연결된 고정 도선이 수은에 담긴다. 자석이 연결된 금속 축은 전지의 다른 끝에 연결되어 있다. 도선을 통해 전류가 흐를 때, 완전한 전기회로가 이루어지기 위해 수은을 통해 전도된다. 수직으로 고정된 도선은 전자기 유도에 의해 자석이 된다. 이 도선 주위의 자기장이 축에서 도는 전선과 상호작용을 할 때, 자석은 원형으로 도선 주위를 움직이게 되는 것이다.

오른편의 자석은 움직일 수 없도록 고정되어 있다. 자유롭게 회전할 수 있도록 수직으로 매달린 도선이 수은에 담겨 있다. 전류가 도선과 수은을 통해 흐를 때 자기장이 도선 주위에 유도된다. 이 자기장은 고정된 자석의 자기장과 상호작용을 하여 결과적으로 도선이 자석 주위를 돌게 되는 것이다. 패러데이는 이 실험의 결과를 자석 주위에 둘려있는 '역선(力線)'에 의해 해석했다. 패러데이에 의하면 자석의 역선과 도선을 통한 전류의

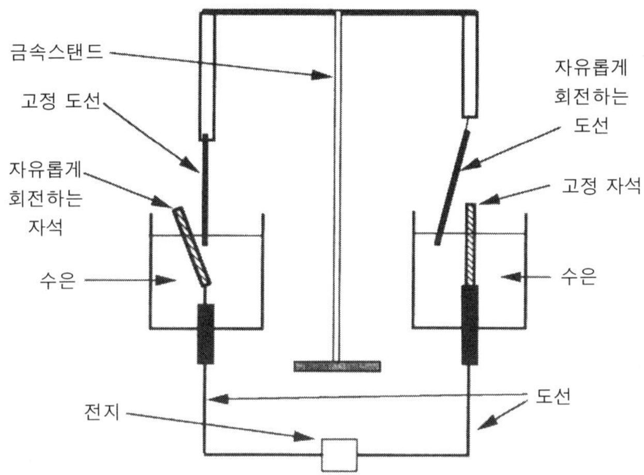

그림 1 ▶ 전자기 회전을 보여주는 패러데이의 장치. 전류가 장치를 통해 흐를 때, 축에 고정된 왼편의 자석이 고정된 도선 주위를 회전하게 되어 있었고, 자유롭게 매달린 오른편의 도선이 고정된 자석 주위를 회전하게 되어 있었다.

흐름에 의해 유도된 자기장의 역선 간의 상호작용이 관찰되는 회전을 일으킨다. 이 역선의 개념은 나중에 전자기 이론의 수학적 분석에 대한 맥스웰의 연구에 큰 영감을 주었다(2장).

전류로부터 연속적인 운동을 일으킨 것은 이것이 처음이었다. 패러데이는 전지에서 생긴 전기 에너지를 운동 에너지(도선이나 자석의 운동)로 전환시켰던 것이다. 전기 에너지를 운동 에너지로 변환시키는 이러한 장치를 **전동기**라고 부른다. 패러데이의 전자기 회전장치는 원시적 전동기로서 실제로 오늘날 우리의 많은 기술이 그것에 의존하고 있다.

이 간단한 장치가 그렇게 지대한 영향력을 행사한다는 것은 놀라운 일이며, 패러데이는 거의 전적으로 전자기를 지배하는 자연의 법칙을 이해하기 원했기 때문에 최초의 전동기를 만들었다는 사실은 훨씬 더 주목할 만하다. 그의 물리학적 탐구가 예기치 않은 엄청난 양의 유익을 만들어냈던 것이다.

전자기 회전을 만들어내는 장치는 단순하였지만 많은 과학자들은 패러데이의 실험 결과를 다시 얻어내는 데 실패했고 적지 않은 과학자들이 패러데이의 발견에 대해 회의적이었다. 그러므로 패러데이는 전자기 회전장

치의 소형 모형을 만들어 전지에 연결만 하면 되는 상태로 몇 사람에게
보냈다. 그 모형을 받은 사람들은 패러데이가 실제로 연속적인 전자기 회
전을 일으켰다는 것을 의심할 수 없었다.

전기가 자기장을 일으킬 수 있다는 사실은 이미 알려져 있었기 때문에
패러데이는 자기장이 전기를 만들어 낼 가능성을 고려하기 시작했다. 전
자기 회전의 발견 이후에 그는 자석을 도선 근처에 놓음으로써 전류를 만
들어내려고 몇 번 시도했다. 이 실험들은 실패했고 그가 다시 그 실험으
로 돌아가 성공하기까지는 거의 10년이 걸렸다. 1831년 8월 29일에 패러
데이는 인류에게 엄청난 충격을 가져다줄 또 하나의 장치를 만들었다. 그
는 쇠고리의 한편에 도선 코일을 감았고 그 고리의 다른 편 주위에 분리
된 또 하나의 코일을 감았다(그림 2).

두 코일은 그것들과 쇠고리 사이에 접촉이 없도록 절연되었다. 한 코일
(그림 2에서 A)은 전지에 접속되고 다른 코일(그림 2의 B)은 갈바노미터
에 접속되었다. 코일 A를 통해 전지로부터 전류를 흐르게 했을 때, 패러
데이는 놀라운 현상을 관찰했다. 전류의 스위치가 켜지자마자 코일 B에
접속된 갈바노미터의 바늘이 한 방향으로 움직였다. 그러나 바늘은 전류
가 계속 코일 A를 통해 흐르는데도 재빨리 영으로 돌아갔다. 전류의 스위
치가 꺼지자 갈바노미터의 바늘은 다시 순간적으로 움직였다. 그런데 이
번에는 전류를 켰을 때 움직였던 방향과 반대 방향으로 움직였다. 코일 B
에서 전류를 유도하는 열쇠는 일정한 전류를 유지하는 것이 아니라 코일
A의 전류를 변화시키는 것임을 패러데이는 깨달았다.

패러데이는 한 코일에 전류를 통과시킴으로써 확실히 또다른 코일에
전류를 유도했던 것이다. 그는 코일 A의 전류가 쇠고리 주변에 자기장을
유도했고 이 자기장이 코일 B의 전류를 유도했다고 정확히 추론했다. 이
장치는 전기를 자기로 바꾸는 이전의 전환을 포함하지만 자기를 전기로
전환한 것은 이것이 처음이었다.

이 장치는 간단한 설계지만 최초의 변압기였다. 그것은 이전에 가능했
던 것보다 훨씬 더 큰 양으로 전기가 발전될 수 있게 해 주었다. 코일 B
의 감은 수를 증가시키면 코일 A의 낮은 전압이 코일 B에서 더 높은 전
압을 만들어내게 할 수 있었다. 다시 말하면, 낮은 전압이 더 높은 전압

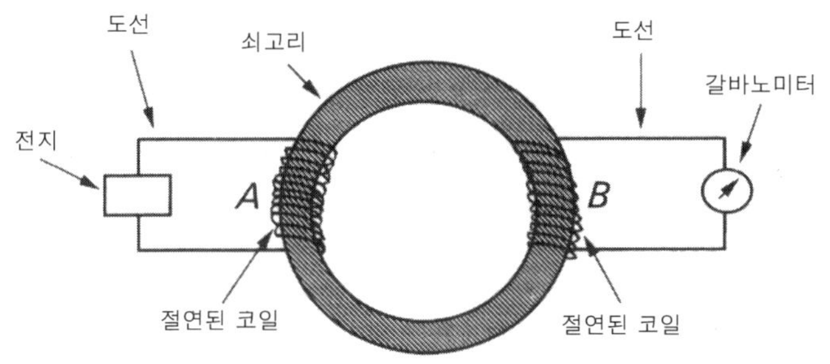

그림 2 ▶ 패러데이의 변압기. 전류가 쇠고리 주위에 감겨진 절연된 도선 코일(A)를 통과했다. 반복적으로 이 전류를 켰다 껐다 함으로써 전류가 절연된 도선의 2차 코일(B)에 유도되었다.

으로 변환될 수 있었다. 같은 식으로 높은 전압은 더 낮은 전압으로 변환될 수 있었다. 변압기는 수천 개의 전기 장치에서 전세계적으로 사용되고 있다. 이것들은 고전압의 전기가 발전소에서 발전되게 해주었고, 가정에서도 사용될 수 있게 안전한 낮은 전압으로 전환될 수 있었다. 모든 가정, 병원, 백화점 및 사무실 지역은 전기의 공급을 위해 변압기에 의존한다. 페러데이의 전기와 자기의 관계에 대한 호기심의 결과로 최초의 변압기가 만들어진 것이다.

최초의 변압기에 대한 연구에 이은 계속된 실험을 통해 패러데이는 이번에는 자기장으로부터 직접 전류를 만들어냈다. 그는 이 현상을 유발시키기 위해 전원장치를 전혀 사용하지 않았다. 그는 몇 개의 장치를 만들었는데 그 중의 하나가 그림과 같다(그림 3).

이 장치에서 자석은 도선 코일 안으로 들어갔다 나왔다 했다. 이 운동은 전류가 도선을 통해 흐르게 했다. 이 전류는 코일에 접속된 갈바노미터에 의해 검출되었다. 자석이 멈추면 다시 갈바노미터의 바늘은 영으로 돌아갔다. 자석을 더 빨리 코일 안팎으로 움직이면 전류는 도선에서 더 많이 유도되었고 전류는 자석이 코일 안으로 들어가거나 나옴에 따라 반대 방향으로 흘렀다.

패러데이는 이 연구에 대하여 "다양한 실험들은 보통의 자기로부터 전기를 생산할 수 있음을 완전하게 입증한다고 생각한다"고 적었다. 그는 자석을 사용한 전류의 발생에 대하여 자전기 유도(magnetoelectric induc-

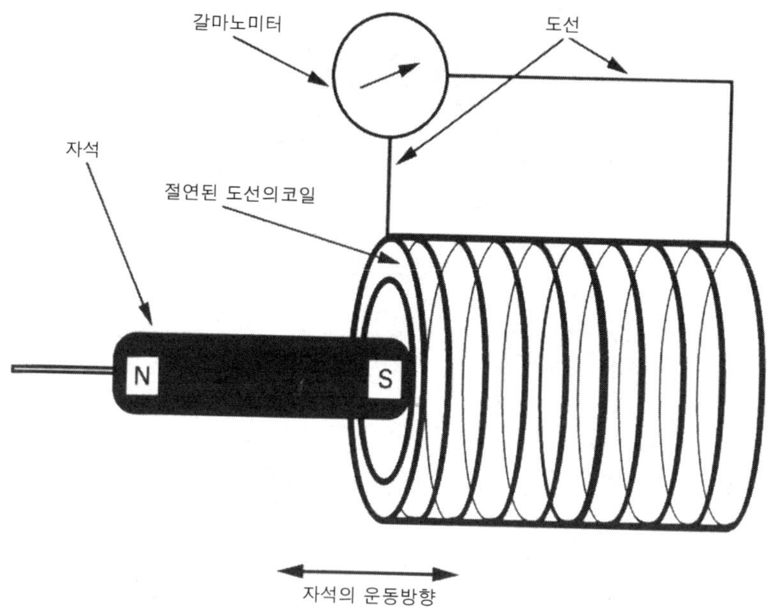

그림 3 ▶ 자전기 유도를 입증하기 위해 패러데이가 사용한 장치. 자석을 갈바노미터에 연결된 도선 코일에 집어넣었다 뺐다 했다. 이 운동은 코일에 전류를 발생시켰다.

tion)라는 용어를 지어냈다.

이 실험 직후에 패러데이는 연속적인 전류가 자석으로부터 발생할 수 있는 기계를 고안했다. 이 장치는 자극 사이에 구리판이 있는 자석으로 이루어져 있었다(그림 4).

구리판이 회전하면, 전류가 구리판에 발생한다. 이것이 바로 최초의 발전기, 역학적 에너지(구리판을 회전시키는)를 전기 에너지로 전환하는 기계였다. 이 장치와는 반대로 전류가 판을 돌리기 위해 사용될 때 그 장치는 오늘날의 전동기의 직접적인 조상이다.

자전기 유도는 최초로 전지의 사용 없이 전기의 생산을 가능하게 했다. 패러데이의 시대에 전지는 비싸고 무겁고 자주 교체해야 했다. 자전기 유도는 이 모든 것을 바꾸어 놓았다.

또한 패러데이는 물질에 대한 우리의 이해에 기여한 바가 크다. 전류가 통과하는 액체 물질이 화학적으로 분해되는 과정인 전기분해에 관한 그의

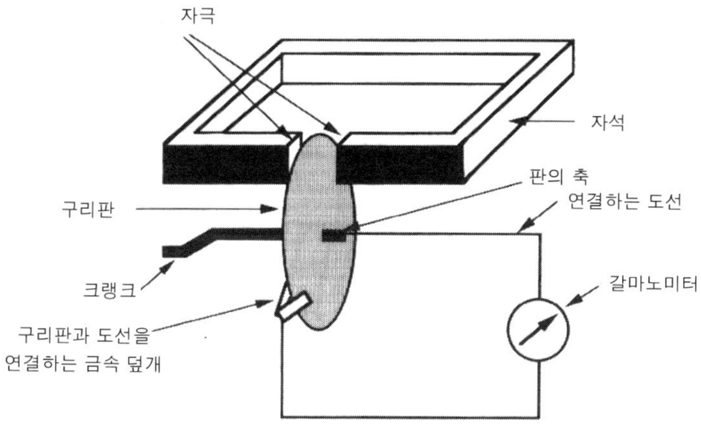

그림 4 ▶ 패러데이의 발전기. 구리판을 강력한 자석의 자극 사이에서 손으로 돌리면 연속적인 전류가 발생했다.

연구는 두 가지 전기분해의 법칙으로 이어졌다. 원자와 전기를 연결하는 이 발견은 뒤이어 이루어진 원자의 구조와 화학 반응에 대한 이해에 중요한 요인이 되었다.

전자기와 전기분해에 대한 그의 연구에 추가하여 패러데이는 다른 중요한 발견들을 했다. 그는 소위 '영구적인 기체(염소)'를 액화한 최초의 사람이었다. 그때까지 이 기체는 결코 액화될 수 없다고 생각되었다. 그는 또한 벤젠을 발견하고 추출해냈고 이것은 그 후에 염색 및 제약 산업에 특히 중요했다. 그리고 그는 벤젠의 화학적 조성을 알아냈다. 그는 염소와 탄소의 화합물을 만든 최초의 과학자였다. 패러데이의 강철 합금 연구는 근대 합금 연구의 기초를 놓는 데 도움을 주었다.

1845년, 그가 50대 중반이었을 때 그는 자성을 띠지 않는다고 생각된 유리 같은 많은 물질들이 전자석의 자극 근처에 매달려 있을 때, 실제로 어느 정도의 자성을 띠는 반자성(反磁性) 현상을 발견했다. 자기장이 편광 광선에 영향을 준다는 '패러데이 효과'도 그의 발견 중 하나이다. 전자기의 물리적 본성에 대한 패러데이의 생각은 맥스웰 같은 물리학자에게는 영감이었다. 이로부터 맥스웰은 빛에 대한 중요한 전자기 이론을 전개했다(2장).

몇 가지 전기 단위가 패러데이를 기념하여 이름 붙여졌다. 전기 용량

(전기를 잡아두는 물질의 능력)의 단위인 '패럿,' 전기분해 동안 화학적 분해를 야기하는 전기의 양의 측정 단위인 '패러데이' 등이 그것이다. 윌리엄 셰익스피어가 그랬듯이, 패러데이의 초상화는 1991년 영국의 20파운드 지폐에 그려지는 영예를 누렸다. 과학적 공로와 과학을 전파하는 일에 대한 많은 영예로운 상들이 패러데이의 이름을 땄고, 그는 전기공학이라는 전문직의 창시자로 인정받는다.

페러데이의 과학과 사회에 대한 기여는 엄청난 것이었다. 그러나 그는 자연을 사랑하고 진리를 탐구하는 헌신적이고 호기심 많은 과학자로 머물렀다. 그는 기사 작위를 거절했고, 자신의 연구를 순수한 수준으로 추구하기 위해 수익이 짭짤한 자문역할의 많은 제의들을 거절했다. 그의 열망은 죽기까지 '평범한 패러데이 씨'로 남아 있는 것이라고 그는 말했다.

마이클 패러데이는 사회뿐 아니라 물리학의 엄청난 도약을 이룩한 천재였다. 그러나 그는 13세에 학교를 그만두었기 때문에 공식적인 수학적 훈련을 받지 못했다. 때문에 전자기 현상을 시각적으로 보았고 그것을 수학적으로 분석하려는 아무 시도도 하지 않았다. 수학적 취급이 없었기 때문에 전자기 현상은 불완전하게 이해된 채로 남아 있었다. 패러데이가 최초로 변압기를 만든 후 33년이 지난 1864년이 되어서야 위대한 수학자 맥스웰이 마침내 전자기 현상을 수학적 형태로 해석했다. 맥스웰의 분석은 전파와 엑스선과 마이크로파의 발견으로 이어졌고, 빛의 본성에 대한 그의 생각은 물리학에서 기대하지도 않았던 또 하나의 혁명을 일으켰다.

2
인류를 위한 위대한 도약

"그것은 한 인간에게는 작은 걸음이었지만 인류에게는 위대한 도약이었다." 닐 암스트롱(Niel Armstrong, 1930~)이 1969년 7월 20일, 달에 발을 딛은 첫 사람이 되었을 때 남긴 이 유명한 말은 전 세계 사람들이 안방에서도 들을 수 있었다. 1세기 전만 해도 사람이 달 위를 걸을 수 있으리라고는 아무도 생각할 수 없었다. 더구나 그러한 역사적인 성취가 이루어지는 순간을 일반인들이 직접 보고 들을 수 있으리라고는 아무도 상상하지 못했다. 암스트롱의 목소리가 40만 km의 우주공간을 통과해서 어떤 사람의 집까지 전달될 수 있었다는 것은 너무나도 믿어지지 않는 일이어서 우리는 그 업적을 기적 정도로 여기고 넘어가려고 할지도 모른다. 그러나 그것은 무선통신 분야에서의 1세기도 안되는 발전의 산물이었다. 무선통신은 1888년에 독일의 물리학자 하인리히 헤르츠(Heinrich Hertz, 1857~1894)가 전파를 발견함으로써 시작되었다.

헤르츠의 획기적 발견은 더 위로 근원을 거슬러 올라갈 수 있는데, 특히 총명한 스코틀랜드 수학자인 제임스 맥스웰(James C. Maxwell, 1831~1879)의 공이 컸다. 맥스웰은 실험을 해보지도 않고 전파의 존재를 예견했다. 그의 접근법은 철저히 수학적이었고, 수학이 인간 사회와 기술발전에 미칠 수 있는 중요한 영향력을 입증했다. 프랑스의 최초의 황제였던 나폴레옹 보나파르트(1769~1821)는 "수학의 진보와 원숙은 국가의 번영과 긴밀하게 연결되어 있다"고 말했다. 전기와 자기에 대한 맥스웰의 수학적 분석은 많은 국가의 복지를 향상시켰고, 전체적으로는 세계의 복지를 향상시켰다. 왜냐하면 그것은 사람들이 거의 상상도 할 수 없었던 규모로 원거리 통신의 개선을 초래했기 때문이다.

맥스웰은 전파를 예언했을 뿐만 아니라 패러데이가 그렇게 멋지게 연구해 놓은 전자기 현상을 정확하게 수학적으로 설명했다. 맥스웰은 양자역학과 아인슈타인의 상대성이론 같은 20세기의 발전을 위한 길을 닦은 물리학의 새시대를 열었다. 그는 엑스선과 마이크로파의 발견 및 현재 인류에게 유익이 되는 다른 많은 기술적 진보의 씨를 뿌렸다. 우리 중 얼마나 많은 사람들이 전자레인지가 수학 방정식들에 그 기원을 두고 있음을 깨닫고 있을까?

무선통신의 초기 발전은 3단계를 거쳤다. 첫 단계에는 맥스웰의 전자기에 대한 이론적 연구가 핵심이었다. 두번째 단계는 헤르츠의 전파 발견을 포함했다. 세번째 단계는 무선통신의 기술이 개선되고 확장되는 단계로, 특히 이탈리아의 위대한 발명가인 마르코니(Guglielmo Marconi, 1874~1937)의 선구적인 업적의 결과였다. 우리는 먼저 맥스웰과 수학에서 시작해 보기로 하자.

맥스웰과 그의 방정식

맥스웰은 1831년 스코틀랜드의 에든버러에서 태어났다. 그는 어려서부터 수학을 잘했다. 기하학에 관한 첫 논문을 썼을 때 그는 겨우 14세였다. 그의 성장 배경은 패러데이와 현저한 대조를 이룬다. 그는 부유한 가정에서 태어나 훌륭한 수학 교육을 받았으며 대학을 다녔다.

맥스웰은 1854년에 잉글랜드의 케임브리지 대학을 졸업했다. 그는 그곳에서 대학원생으로 전자기학을 공부하기 시작했다. 그는 특히 전자기 현상에 관한 패러데이의 해석에 관심이 많았다. 패러데이는 자석 주위의 공간이 자기의 '역선(力線)'으로 채워져 있어서 탄성 밴드처럼 행동한다고 제안했다. 이 역선들이 진동할 때 전기가 생긴다고 패러데이는 말했다. 맥스웰은 패러데이의 발견과 전기와 자기의 다른 알려진 성질들을 수학적인 형태로 표현하는데 몰두했다. 맥스웰은 패러데이의 위대한 책인 『화학 실험 연구(*Experimental Researches in Chemistry*)』에서 큰 영감을 얻었다. 이 책에는 전자기 현상들이 자세하게 기술되어 있었다. 후에 맥스웰은 이렇게 말했다. "나는 내가 패러데이의 『화학 실험 연구』를 읽을 때 발견한 똑같은 즐거움을 다른 사람들에게 전달하는 것을 최우선의 목표 중 하나로 삼겠다."

맥스웰은 패러데이처럼 전기와 자기를 서로 긴밀하게 연관된 것으로 파악했다. 그는 그것들이 '전자기장'을 형성한다는 것을 상정해야 한다고 말했다. 1864년에 런던의 킹스 칼리지(King's College)에서 교수로 있었을 때, 그는 전자기의 수학적 분석에서 클라이맥스에 도달했다. 그는 그의 수학적 능력과 논리, 그리고 전기와 자기 사이의 관계들에 관한 이전의 지식들만을 사용해서 4개의 방정식을 유도했다. 이것들은 **맥스웰의 방정식**으로 불린다. 이 4개의 방정식은 전자기 현상을 정확하게 기술하는 것 이상의 일을 했다. 즉 그것은 물리학의 혁명을 창출했던 것이다.

맥스웰의 주요 주장 중의 하나는 진동하는 전류는 '전자기파'를 만들어내고, 이 파동은 전기의 근원에서 퍼져나와 공간을 통과해서 이동한다는 것이었다. 그가 전자기파의 이동 속도를 계산해 보니 놀랍게도 그가 얻은 값은 이미 광파(光波)의 속도로 결정된 값과 사실상 일치했다. 두 현상이 연관되어 있지 않다면 다른 두 현상에서 초속 30만 km의 이 속도가 두 번 나타날 수 있겠는가? 그는 수학의 위력과 아름다움을 사용함으로써 자신이 빛을 전기, 자기와 통일하였음을 올바르게 깨달았다. 그것은 패러데이가 수십 년 전에 추측했던 일이었다. 맥스웰은 "빛 자체는 전자기 법칙에 따라… 전파되는 전자기적 교란이다"라고 말했다.

미국의 수학자 리처드 파인만(Richard P. Feynman, 1918~1988)은 나중에 이 발견의 엄청난 중요성을 이렇게 요약했다. "맥스웰은 그의 발견을 완료하면서, '전기와 자기가 있으라 하니 빛이 있더라!'라고 말할 수 있었다."

맥스웰의 전자기파 이론은 빛이 전자기 현상임을 예견했을 뿐 아니라 그때까지 발견되지 않았던 전자기파가 존재한다는 것을 함축했다. 그 당시에는 가시광선, 자외선, 적외선이, 알려진 복사의 형태의 전부였다. 맥스웰 방정식은 실험실에서 전류를 반복적으로 진동시킴으로써(전지의 한 극에서 다른 극으로의 전류의 방향을 반대로 바꾸는 것을 반복함으로써) 전류로부터 새로운 전자기 현상을 만들어낼 수 있음을 예견했다. 전자기 복사의 스펙트럼은 맥스웰에 따르면 그 당시에 알려진 것보다 훨씬 더 넓었다.

전파의 발견

맥스웰의 시기 이전에도 이미 가시광선은 빨간색에서 시작해 무지개색을 거쳐서 보라색까지 색의 스펙트럼으로 이루어져 있음이 잘 알려져 있었다. 1801년에 독일계 영국의 천문학자인 윌리엄 허셜(William Herschel, 1738~1822)은 그 스펙트럼의 빨간색 끝부분의 빛이 열 효과를 가짐을 발견했다. 더욱 놀라운 사실은 스펙트럼의 빨간색의 영역에서 떨어진 곳에서 훨씬 더 큰 열이 생긴다는 것이었다. 이 열 효과를 만들어내는 복사는 눈으로 볼 수 없었다. 허셜은 그 보이지 않는 파를 적외선이라고 불렀다. 같은 해 독일의 물리학자 요한 리터(Johann Ritter, 1776~1810)는 스펙트럼의 자외선 밖의, 역시 보이지 않는 자외복사를 발견했다. 그러므로 19세기 초의 스펙트럼은 적외선에서 무지개색을 통과해서 자외선까지 펼쳐져 있었다. 맥스웰의 놀라운 방정식이 전자기 복사 스펙트럼으로 알려지게 된 확장, 즉 새로운 유형의 보이지 않는 광선이 적외선과 자외선의 바깥 쪽에 존재해야 한다는 것을 이미 알려주었지만 상황은 75년이 훨씬 지나도록 별로 달라지지 않았다.

맥스웰의 방정식은 새로운 전자기파의 진동수가 전류의 진동률에 의해 결정된다는 것을 예견했다. 전류의 진동수가 높아질수록 발생하는 전자기파의 진동수는 커져야 한다는 것이다.

많은 과학자들은 맥스웰의 방정식을 진지하게 고려하지 않았고, 그것의 혁명적인 의미가 처음에는 인정되지 않았다. 불행하게도 맥스웰은 1879년에 암으로 죽었고 거의 10년이 지나서야 그가 예견한 새로운 유형의 전자기파가 마침내 발견되었다. 그의 생각의 확증은 1888년에 와서야 이루어졌다. 하인리히 헤르츠가 실험실에서 전파를 만들어내고 그것을 검출해냈던 것이다.

헤르츠는 1883년부터 맥스웰의 전자기 이론을 연구하기 시작했다. 그는 실험의 어떤 단계에서 유도 코일이라는 장치를 사용했다. 유도 코일은 진동하는 전류를 만들어냈다. 간격이 벌어진 두 도선에 이 유도 코일이 접속되면, 그 간격을 가로질러 스파크가 발생했다. 1888년에 그는 이 장치에서 발생한 스파크가 실제로 옆에 놓여진 비슷한 코일에 있는 제2의 간격에 또다른 스파크를 일으키는 것을 관찰했다(그림 5). 계속된 실험들은 이것과 일치했다. 간격을 가진 두번째 도선 고리가 전원에 연결되지 않은 채 첫번째 스파크 간격에서 약 1.5미터 떨어져 놓여 있다면, 첫번째 간격이 있는 회로의 전원 스위치가 켜질 때, 두번째 간격에 스파크가 나타났다.

헤르츠는 이것이 오래 전에 예견된 맥스웰의 전자기파의 증거임을 확신했다. 그는 첫번째 스파크 간격에서 오는 신호가 맥스웰이 예견한 바로 그 성질을 가진 것을 발견했다. 그것은 마치 전자기 복사처럼 행동했다. 예를 들면, 그것은 직선으로 진행했고 거울에서 빛이 반사되듯이 금속판에서 반사될 수 있었다. 그가 이 단순한 장치에서 만들어낸 파동들은 전파로 알려지게 되었다.

헤르츠는 맥스웰의 예언들을 성취했다. 전파를 만들어내고 검출하는 헤르츠의 장치는 무선통신 체계의 원형(原形)이었다. 첫번째 스파크 간격이 있는 유도 코일은 전파 발신기와 동일했고 간격을 가진 2차 코일은 전파 수신기로 작용했다.

이 발견이 무선통신의 수단으로서 응용될 수 있는 가능성은 그 당시엔 분명하지 않았다. 헤르츠는 그의 장치를 원거리 통신의 수단으로 개발하는 일은 심각한 과학적 문제와 직면할 것이라고 믿었다. 그는 자신이 맥스웰의 이론을 확증했다는 사실을 더 기뻐했다. 어쨌든 헤르츠는 1894년에 37세의 젊은 나이로 죽었다. 헤르츠의 장치를 무선 전신의 수단으로

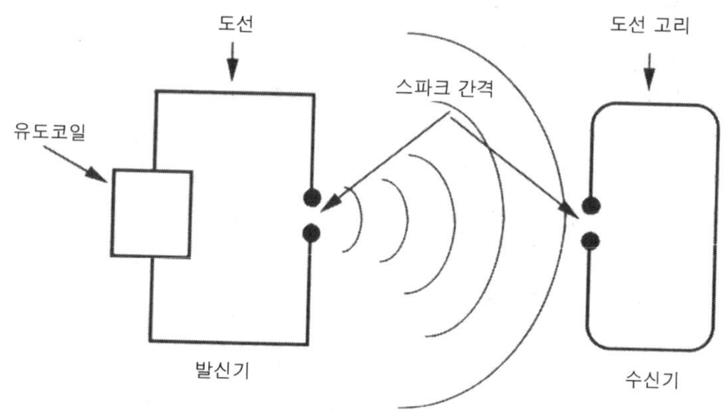

그림 5 ▶ 전파를 만들어내고 검출하기 위해 헤르츠가 사용한 장비. 유도 코일에서 만들어진 진동하는 전류는 유도 코일에 부착된 도선에 있는 간격에 스파크를 발생시켰다. 전파는 이 간격에서 발생했고 처음의 간격에서 약간 떨어진 거리에 놓여진 도선 고리에 있는 간격에 스파크를 유도하는 성질에 의해 검출되었다. 유도 코일과 첫번째 스파크 간격은 전파 발신기의 원형(原形)을 구성했고, 간격이 있는 두번째 도선 고리는 전파 수신기의 원형이었다.

발전시키는 일은 마르코니에 의해 주로 이루어지게 된다.

마르코니와 무선통신

마르코니와 헤르츠의 연결 고리는 이탈리아 볼로냐 대학의 강사인 리기(Augusto Righi, 1850~1920)였다. 그는 마르코니의 스승 중 하나였는데, 헤르츠의 원래의 전송기 개선에 종사했다. 헤르츠가 죽었을 때, 리기는 이탈리아의 과학 학술지에 추도문을 썼다. 당시 겨우 20세였던 마르코니는 그 추도문을 읽었고 헤르츠의 작업에 흥미를 갖게 되었다.

마르코니는 학구적인 과학자라기보다는 발명가이면서 기술자였다. 그는 그런 자신의 관점에서 헤르츠를 보완했고 전파를 응용했다. 나중에 "이 복사를 증가시키고 발전시키고 제어할 수 있다면 공간을 통하여 매우 먼 거리에 신호를 틀림없이 보낼 수 있을 것 같았다"고 마르코니는 회상했다. 그는 다락방에서 일하면서 헤르츠의 전파 수신기와 전송기를 열심히 연구했다. 그는 10m의 거리에서, 그리고는 30m에서 2차 스파크를 만들어 내는 데 성공했다. 그는 전송기와 수신기 사이의 거리를 3km까지 증가시켰고, 전송기와 수신기 사이에 작은 산이 있을지라도 아무런 문제가 없는 것 같았다.

이런 시점에서 마르코니는 그의 작업이 엄청난 가능성을 가진 것으로 인정받으리라는 믿음에서 연구 자금을 위해 이탈리아 정부와 접촉했다. 그러나 실망스럽게도 재정 지원을 거절당했다. 다른 과학자들조차도 그것이 먼 거리까지 전달될 수 있음을 믿기는 힘들다고 생각했다. 특히 전파가 직선으로 퍼져나가므로 곡률이 있는 지구 위에서 신호는 수신기에 도달하지 못할 것으로 여겨졌다. 마르코니는 그들의 추론을 받아들이지 않고, 아주 먼 거리간의 무선 신호 전송을 성취하려는 노력을 인내를 가지고 계속했다. 그는 자신의 계획에 대한 재정적 원조를 영국으로부터 받아내는 데 성공했고 작업을 계속하기 위해 1896년에 영국으로 건너갔다.

1897년에 마르코니는 14.5km의 거리에서 전파를 주고 받을 수 있었고, 1898년에 그는 영국 해협을 가로질러 첫 전파 전송에 성공했다. 1901년에 그는 뉴펀들랜드의 세인트 존스에서 임시용 수신 안테나를 실은 연을 날렸고 성공적으로 모스 신호의 'S'자를 수신했다. 그것은 3,200km 떨어진 영국의 콘월(Cornwall)의 폴두(Poldhu)에서 전송된 신호였다. 이것이 최초의 성공적인 대륙간 전파 송신이었다. 전파는 정말로 엄청난 거리를 통과해서 전달될 수 있었다.

무선통신의 수단으로서 전파의 전송은 이후에 빠르게 발전했다. 1906년에 송수신 장치의 정교화가 크게 이루어져 세계의 한 곳에서 이루어진 연설이 다른 어떤 곳에든지 보내지는 것이 가능해졌다. 무선통신은 처음에는 특히 배와 육지간의 통신에 중요했다. 전파가 발견되기 훨씬 전부터 전선이 육지의 한 곳에서 다른 곳으로 소식을 전하는데 사용되어 왔었다. 실제로 1876년에 스코틀랜드계 미국 발명가인 알렉산더 벨(Alexander G. Bell, 1847~1922)은 전화를 특허냈고, 그것은 소리를 전선을 통해 전기 펄스로써 전송할 수 있었다. 그러나 무선통신은 일반적으로 더 실용적이었고 특히 원거리에서 그러했다. 오늘날의 세계에서 전파는 방송(라디오와 텔레비전), 산업, 군사 및 우주통신과 일상생활의 더 많은 영역에서 사용되고 있지만, 우리는 그것이 맥스웰의 전자기의 수학적 분석에서 시

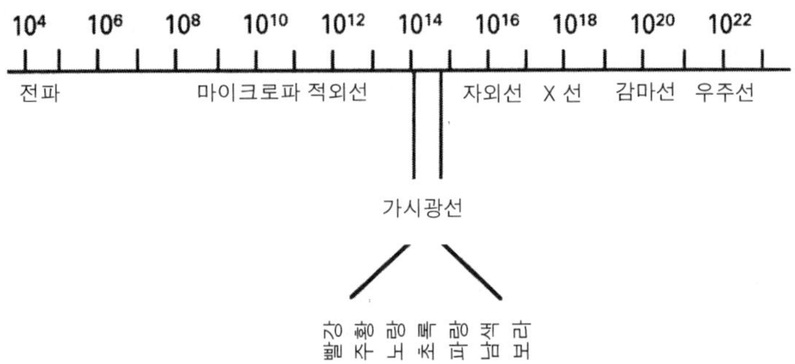

그림 6 ▶ 전자기 복사선의 종류들을 나타내는 전자기 스펙트럼. 헤르츠가 전파를 발견하기 전에는 적외선, 가시광선, 자외선만이 알려졌다. 맥스웰의 전자기 이론이 다른 진동수들의 존재를 예견했다. 전파는 이런 유(類)의 첫번째 발견이었다. 진동수 값은 초당 진동수이다.

작되었다는 것을 인식하기는 쉽지 않다.

전파에 관한 마르코니의 연구의 부산물로 이루어진 하나의 재미있는 발견은 대전된 입자를 품고 있는 대기의 상층인 전리권의 발견이다. 과학자들이 전리권에 대하여 알지 못했다면 전파가 한 나라에서 다른 나라까지 멀리 전송될 가능성에 대하여 회의적인 것이 논리적이다. 모든 전파는 지구의 곡률 때문에 수신기에 도달하지 못하거나 위로 올라가 대기의 위층에서 소실되어야 한다. 그러나 실제상으로 전파는 전리권에서 반사되어 지구로 돌아온다. 전파가 그렇게 먼 거리까지 성공적으로 전송될 수 있는 것은 이러한 반사 때문이다. 마르코니에게는 실제로 원거리 전파 통신이 이루어져야 한다고 믿을 논리적인 이유가 없었다. 그럼에도 불구하고 그의 원거리 송신은 성공적이었고, 그의 인내는 과학자들이 재고할 여지가 있는 중요한 실험을 포기하기로 결심하기 전에 다시 한 번 주의깊게 생각해야 함을 말해 준다. 그 당시의 지식이 어떤 실험이 실패할 것이라고 예견할 때에도, 중요한 발견이 이루어지는 것은 드문 일이 아니다. 마르코니의 경우에도 그의 실험은 아무도 있으리라고 생각지 못했던 전리권의 존재 때문에 성공했다.

전파는 가시광선, 적외선, 자외선의 진동수보다 훨씬 낮은 진동수를 갖

는다. 전자기 스펙트럼은 오늘날 알려진 바로는 패러데이와 맥스웰에게
알려진 스펙트럼보다 훨씬 넓은 영역의 진동수에 걸쳐 있다(그림 6).

전파 외에도 스펙트럼의 자외선 끝부분 너머에 나타나는 복사들도 맥
스웰 방정식에 의해 예측되었다. 후에 엑스선, 감마선, 우주선이 발견되었
고 전자기파 이론을 더욱 보완했다.

마이크로파도 적외선과 전파 사이의 진동수에서 발견되었고, 레이더,
통신, 의학, 천문학, 그리고 전자레인지에도 물론 사용되고 있다.

오늘날의 과학자들은 맥스웰의 방정식이 현대 물리학의 여명을 밝혔다
고 인정하고 있다. 빛과 전기와 자기를 통일함으로써 맥스웰은 물리학자
들이 세계를 바라보는 방식을 바꾸었다. 이 점에 대해 아인슈타인은 "실
재에 대한 이러한 개념 변화는 뉴튼 이후에 물리학이 경험한 가장 심오하
고 가장 풍성한 성과였다"라고 말한다.

19세기가 막을 내리기 전에 엑스선은 순전히 우연에 의해 발견되었고,
20세기가 열렸을 때 맥스웰의 이론은 물리학의 개가로 인정받았다.

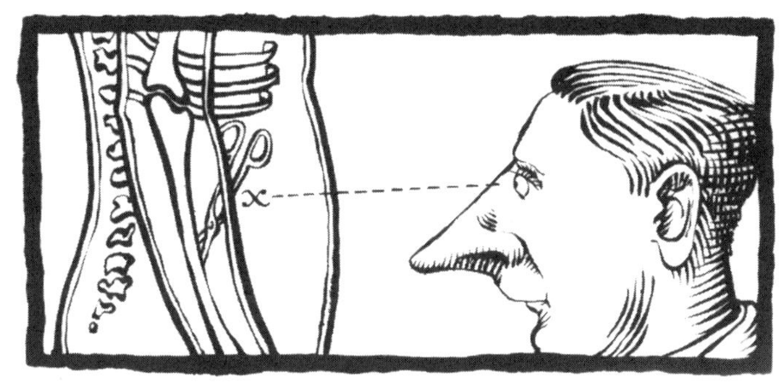

3
의학의 놀라운 광선

맥스웰 방정식은 가시광선보다 낮은 진동수로 진동하는 전파의 존재를 예측했을 뿐만 아니라 자외선보다 높은 진동수를 갖는 전자기 복사가 존재해야 함을 말해 주었다. 1895년에 독일의 과학자 빌헬름 뢴트겐(Wilhelm Röntgen, 1845~1923)은 세계를 놀라게 하고 의학계에 큰 충격을 가져다 줄 새로운 종류의 광선을 확인했다. 이제는 엑스선으로 더 잘 알려진 뢴트겐선의 발견은 과학 연구에서 행운이 중요한 역할을 했던 훌륭한 예이다. 그것은 또한 "기회는 오직 준비된 마음만을 선호한다"는 파스퇴르의 말을 예증했다. 왜냐하면 몇몇 물리학자들은 뢴트겐 이전에 엑스선을 검출했지만 그것의 중요성을 알지 못했기 때문이다. 뢴트겐은 이상한 무언가를 알아차리고 더욱 연구함으로써 자신이 새롭고 근본적인 현상을 발견했다는 것을 깨달았다.

개발된 국가들의 거의 모든 병원에는 엑스선 과(科)가 있으며, 이런 국가에 사는 사람들 중에서 엑스선 촬영을 한 번도 해보지 않은 사람은 거의 없다. 엑스선은 골절, 우연히 삼킨 물건, 부상자에게 박힌 파편, 유리 조각, 심지어 수술 중에 뱃 속에 남겨놓은 수술 도구를 찾아내는 데 사용된다. 엑스선은 또한 암의 종양을 찾아낼 수 있고, 엑스선의 강력한 빔(beam)은 어떤 암세포를 파괴하는 데 사용된다. 1970년대에 발명된 기계인 컴퓨터 단층사진 촬영기(computerised axial tomography scanner, 흔히 CT 촬영기로 불림)는 컴퓨터를 사용해 신체의 단면에 있는 작은 영역의 조직을 조사하는 엑스선 장치이다. 그것은 오늘날 선례가 없는 정확성으로 병든 조직을 확인하는 데 사용된다. 뢴트겐의 우연한 발견의 결과로 무수한 생명이 살아났고 의학적 문제들이 해결되었다.

　엑스선은 또한 기초적 과학 연구에 엄청난 충격을 가져다 주었다. 예를 들면 그것은 단백질과 다른 물질들의 3차원 분자 구조를 결정하는 데 사용된다. 그러한 연구들은 당뇨병으로부터 심장병까지 넓은 영역에 속하는 질병들의 치료를 위한 약품 설계에 응용되고 있다. 연구의 성과들이 이용될 날이 그리 멀지 않았다. 엑스선에 의해 이미 의학계에서 이룩된 놀라운 성과들은 장차 이루어질 것들과 비교하면 빙산의 일각에 불과하다. 산업적으로는 엑스선이 기계와 건물의 구조적 결함을 찾아내는 데 사용된다. 그것은 대상을 해체하지 않고 고스란히 들여다 볼 수 있게 해준다. 미술계에서는 엑스선이 덧칠된 것의 아래에 '숨겨진' 원화(原畵)를 조사하는 데 사용되어 왔다. 또한 엑스선은 비행기에 실리는 짐들을 조사하는 데 일상적으로 사용된다.

　뢴트겐이 처음에 엑스선에 관해 설명했을 때, 이 새롭고 신비한 복사선은 대중과 공공매체에 많은 두려움과 오해를 불러일으켰다. 런던의 란제리 제조업자는 엑스선이 통과하지 않는 속옷을 광고했다. 뉴저지의 한 정치가는 오페라 극장의 쌍안경에 엑스선의 사용을 금하는 법안을 제출하기도 했다. 엑스선이 가정의 벽을 뚫고 개인의 사생활에 종식을 고할지도 모른다는 생각이 널리 퍼졌다. 그러한 두려움은 근거 없는 것이었고 무지로 말미암은 것이다. 새로운 이 광선의 혜택은 발견 이후 몇 달 되지 않아 드러났다. 뉴햄프셔의 한 병원이 엑스선을 최초로 골절을 진단하는 데 사용했다. 엑스선이 사회적 유익을 위하여 응용된 속도는 과학적 발견 중 타의 추종을 불허한다. 순수 연구의 열매들은 보통 나타나는 데 시간이 훨씬 더 걸린다. 엑스선의 과학과 의학에서의 잠재력은 엄청난 것이어서 뢴트겐은 1901년에 곧바로 그의 위대한 업적으로 최초의 노벨 물리학상을 받았다.

엑스선을 발견했을 때 50세였던 뢴트겐은 독일 뷔르츠부르크 대학의 물리학 교수였다. 이 위대한 발견의 도구가 된 것은 **음극선관** 또는 크룩스관이라고 불리는 장치로 이미 물리학자들이 전기와 물질의 성질을 연구하는데 얼마 동안 사용해 왔었다. 이 장치는 마이클 패러데이에 의해 수행된 이전의 연구의 결과로 개발되었다.

음극선

패러데이는 전기의 '입자'를 검출할 가능성에 흥미를 느꼈다. 1838년에 그는 전지의 두 극이 봉해진 유리관 속의 공기를 약간 빼면 음극은 맞은편 구역을 빛나게 하지만 양극은 그런 일을 못함을 발견했다. 이 장치는 음극선관의 선두주자였다. 그것의 수많은 별형(別形)들이 영국의 과학자 윌리엄 크룩스(William Crooks, 1832~1919)에 의해 고안되었다.

음극선관은 반대쪽 끝에 음극과 양극이 있는 봉해진 유리관으로 이루어져 있다. 유리관에서 삐져나온 출구는 공기나 다른 기체가 관 안으로 주입되거나 비워지는 데 사용된다(그림 7). 이 장치는 오늘날의 형광관이나 네온사인의 선조격이고 텔레비전의 부품이기도 하다. 그것은 외부 신호(소리나 운동 등)를 전기적 자극으로 바꾸어 화면에 그래프로 나타내는 음극선 오실로스코프의 필수 성분이다. 음극선 오실로스코프는 과학 연구, 산업 그리고 엔지니어링에 가장 광범위하게 사용되는 도구 중의 하나다.

음극에서 나온 무언가가 직선으로 이동해서 맞은 편의 양극을 때린다는 것이 19세기 말 경에 밝혀졌다. 양극이 음극의 정반대쪽에 놓여지지 않았을 때 음극에서의 방출물은 양극을 빗나가서 대신에 음극 정반대쪽의 유리벽을 때려서 유리 위에 밝은 점을 만들어냈다. 물체가 관 내부의 음극 앞에 놓여지면 그 물체의 그림자가 관의 벽면에 나타났다. 몇몇 과학자들은 이 특성들을 통해 음극이 일종의 복사선을 방출하고 있다고 믿었고 그 방출은 음극선으로 불리게 되었다. 어떤 과학자들은 음극선이 전기의 입자라고 생각했다. 특히 그것은 자석의 극에 의해 굽어졌지만 보통

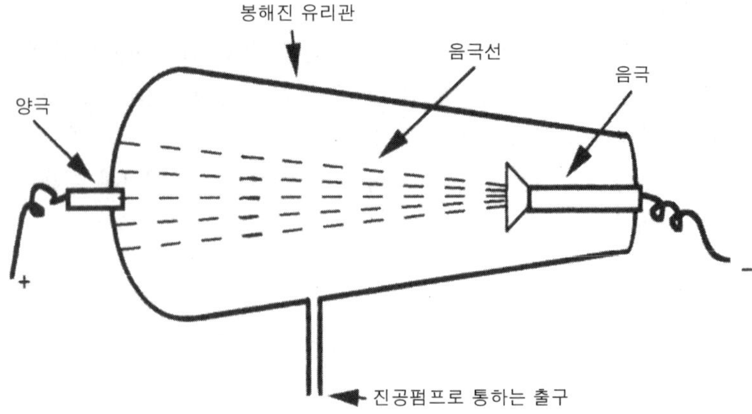

그림 7 ▶ 음극선관. 전원의 음극과 양극은 봉해진 유리관의 양쪽 끝에 연결되어 있었다. 전기가 들어오고 공기가 관에서 빠져나오면 전자의 흐름(음극선)이 음극에서 방출되었다. 이 전자들은 유리관의 벽면에 부딪히고 형광이 발생했다. 뢴트겐은 음극선이 형광을 야기한 유리관의 벽면에서 엑스선이 발생하는 것을 발견했다.

빛은 자석에 영향을 받지 않는다는 것이 알려졌기 때문이었다. 현재 우리는 음극선이 전기를 운반하는 원자의 보편적 구성 성분인, 음으로 대전된 입자인 전자의 빔이라는 것을 알고 있다.

음극선은 유리관의 벽에 만들어진 금속막의 작은 창문을 통해 음극선관 밖으로 통과해 나올 수 있었다. 그것은 금속막의 창으로부터 수 cm에 놓여진 어떤 화학 물질에 형광을 야기하는 성질에 의해 관 밖에서 검출될 수 있었다. 형광은 어떤 물질이 복사선에 노출된 결과로 빛을 발할 때 발생한다. 그 복사가 중단되면 형광물질은 빛을 발하기를 멈춘다. 형광 스크린을 사용하여 물리학자들은 음극선이 보통의 공기를 겨우 2~3 cm만 통과할 수 있다는 것을 입증했다. 이 거리를 넘어서면 음극선은 공기 중의 입자들에 의해 흡수되어 소실되었다.

뢴트겐이 엑스선을 발견한 것은 이러한 지식을 사용해서였다. 그는 특히 음극선에 의해 발생한 형광에 관심이 있었고, 음극선이 음극선관의 유리벽을 통과할 수 있는지도 알고자 했다.

뢴트겐의 발견

　1895년 11월, 뢴트겐은 산란된 형광이 유리관의 벽면에서 유출되는 것을 확실히 막기 위해 음극선관의 바깥 벽면을 얇은 종이판으로 덮었다. 유리벽의 작은 부분은 덮지 않은 채로 남겨두고 이 부분의 근처에 형광물질의 스크린을 놓을 생각이었다. 만약 음극선이 유리를 통과한다면 그것은 형광 스크린을 빛나게 할 것이다. 그는 음극선관을 장치했고 실험실의 불을 끄고 음극선관의 전원을 켰다.

　관의 벽면에서 유출되는 형광은 분명히 없었다. 그러나 그는 그의 시야의 한 구석에서 초록색 빛을 발견했다. 그것은 음극선이 관통하기에는 너무 먼 거리인 1m 이상 떨어진 물체로부터 나오고 있었다. 그는 다시 유리 벽면에서 나오는 산란된 빛을 체크했지만 새는 빛이 없었다. 관으로 흐르는 전류가 다시 켜졌을 때, 같은 장소에서 초록색 빛이 다시 나타났다.

　이 시점에서 다른 과학자들은 그 현상을 무시하고 수행하고 있던 특정한 실험을 계속했을 것이다. 그러나 뢴트겐은 자신이 무언가 아주 이상하고 흥미있는 것에 맞부딪힌 것을 깨닫는 통찰력을 가졌다. 그는 음극선이 도저히 그 초록색 빛을 낼 수 없으리라는 것을 알고 있었다. 그것은 공기 중에서 수 cm 이상 이동할 수 없었다. 그는 그 초록색 빛의 근원을 탐구했고 그것이 형광물질로 만들어진 스크린 중 하나로부터 나오고 있다는 것을 깨달았다. 이전에 한 번도 언급된 적이 없는 무언가가 음극선관에서 나와서 1m 이상의 공기를 통과하여 이 형광 스크린이 빛을 내게 하고 있었다.

　이러한 발견에 매우 흥분한 뢴트겐은 이후 6주 동안이나 실험실에 틀어박혀 밤낮으로 작업을 했다. 이 짧은 기간 동안 그는 극히 투과성이 좋은 새로운 유형의 복사선을 발견했다고 확신했다. 비록 납은 이 광선을 정지시켰고 어떤 물질들은 다른 것들보다 더 투과성이 있었지만, 알려지지 않은 그것의 성질 때문에 그가 엑스선(X線)이라고 명명한 이 광선은 종이(1,000페이지의 책까지도), 주석 박판(薄板), 나무, 고무, 그 외의 많은 물질들을 통과할 수 있었다. 뢴트겐은 또한 손이 음극선관과 형광 스크린 사이에 놓여지면 뼈의 어두운 그림자가 손 자체의 약간 어두운 그림자 상 안에 보이는 것을 관찰했다. 사람이 해부가 되지 않은 채 살아있는 사람의 뼈를 본 것은 이것이 처음이었다. 그는 계속해서 엑스선이 사진 건판을 검게 하는 것을 발견하고, 그의 아내의 뼈와 결혼반지가 나타나 있는 최초의 엑스선 사진을 촬영했다. 게다가 그는 엑스선이 나무 상자 안에 싸여 있는 금속 물체를 알아내는 데 사용될 수 있다는 것도 입증했다.

음극선과 달리 엑스선은 자석에 의해 구부러지지 않았으며 공기 중의 분자들을 대전시킬 수 있었다. 그러나 비록 엑스선의 많은 성질들이 광파나 다른 전자기 복사선에 비할 만했지만, 뢴트겐은 엑스선을 렌즈로 초점에 모이게 할 수 없었고, 그것이 회절할 수 있다는 것도 입증할 수 없었다. 10년 이상이 지나서야 물리학자들은 엑스선의 파동성을 적절하게 입증할 수 있었고 전자기 스펙트럼의 제 위치에 그것을 놓을 수 있었다(그림 6). 엑스선은 파동의 진동수가 높고 파장이 짧아서, 결정 속의 원자의 열 사이에 존재하는 간격처럼 극히 좁은 간격을 통해서만 회절한다. 실제로 결정(結晶)에 의한 엑스선의 회절은 많은 물질의 분자 구조가 결정(決定)될 수 있게 하였다. 엑스선 결정학은 현대 화학과 생화학의 막강한 도구이다. 엑스선 결정학은 세포와 유기체의 많은 생물학적 과정을 수행하는 단백질인 효소의 이해에 크게 기여했다. 그것은 또한 유기체를 유기체로 만드는 정보를 담은 분자인 디옥시리보핵산(DNA)의 구조를 결정하는 데 주된 역할을 했다.

뢴트겐은 그의 음극선관에서 나온 복사선이 형광 스크린에 부딪쳐서 생긴 실험실 구석의 초록색 빛을 우연히 관찰했고 그것의 중요성을 깨달았다. 엑스선의 발견은 과학자들이 한 현상의 연구를 착수하여 그 실험을 해 나가는 과정에서 새로운 현상에 직면한 많은 예 중의 하나이다. 우연한 발견을 언급하는 데 사용되는 용어인 세렌디프 발견(serendipity)이라는 말은 영국의 정치가 호레이스 월폴(Horace Walpole, 1717~1797)이 만들어냈다. 이 말은 오래된 페르시아의 이야기인 '세렌디프의 세 왕자'에서 유래했다. 거기서 세 왕자는 일정하게 우연한 발견을 하게 된다(세렌디프는 스리랑카의 옛 말이다).

1896년에 뢴트겐이 엑스선을 발견한 지 겨우 한 달만에 그 발견의 결과로서 또다른 획기적인 세렌디프 발견인 방사능의 발견이 이루어졌다. 1년 안에 물리학은 변환되고 인류는 원자 시대로 돌입했다.

4
어둠 속에서 빛나는 것들

1988년에 바티칸은 스위스와 영국과 미국에 있는 세 실험실이 예수 그리스도의 수의로 알려진 종교적 유물인 '토리노(Torino)의 수의'의 작은 조각을 받도록 허락했다. 그들의 목표는 탄소 14 연대측정법(방사성 탄소 연대측정법이라고도 한다)이라고 불리는 과정을 사용해서 수의의 연대를 결정하는 것이었다. 1578년 이후로 이탈리아의 토리노에 보관되어 온 그 세마포 수의에는 턱수염 난 남자의 앞면과 뒷면의 분명한 상이 사진같이 세밀하게 찍혀 있었다. 가시 면류관과 다른 찢어지거나 벗겨진 상처들뿐 아니라 예수의 수난에서 생긴 것이라고 하는 자국들이 그 상에는 나타나 있었다. 1970년대의 검사는 수의 위의 자국들이 염료로 칠해진 것인지 눌은 것인지 또는 다른 과정에서 기인한 것인지 여부를 결정적으로 알아내는 데 실패했다. 탄소 14 연대측정법이라는 강력한 수단은 최근에 정교화되어 더 정확성을 갖게 되었기 때문에 수수께끼인 그 천(cloth)의 연대를 확실히 풀 것으로 여겨졌다. 그 수의의 나이는 그것에 그리스도의 흔적이 남을 수 있기 위해 요구되는 2000년이었을까?

놀랍게도 세 실험실에서 나온 탄소 14 연대측정 결과들은 토리노의 수의가 1260년에서 1390년 사이의 어떤 시기에 만들어졌다는 데 일치했다. 로마 카톨릭 교회는 그 데이터를 받아들였고, 탄소 14 연대측정법 덕택에 그 수의는 예수와 관련되었을 리 없다는 것이 밝혀졌다.

토리노의 수의의 경우는 현대의 과학적 기법들이 고고학적 문제들을 어떻게 풀 수 있는가를 명쾌하게 예시해 주었다. 탄소 14 연대측정법은 생명체가 비방사성 형태인 많은 양의 보통 탄소(탄소 12) 외에, 적지만 측정할 만한 천연적인 방사성 탄소(탄소 14)를 조직에 축적한다는 데 기초하고 있다. 모든 생명체에 있어서 탄소의 궁극적 근원은 대기 중의 이산화탄소이다. 대기의 이산화탄소 안의 탄소 12 : 탄소 14의 비율은 본래 일정하다. 각각의 탄소 14 원자는 결국 붕괴되어 비방사성이 되지만, 우주선(宇宙線)에 의해 생성된 중성자와 충돌한 공기 중의 질소의 일부가 탄소 14로 전환되는 핵반응에 의해 일정하게 보충되고 있다.

유기체가 죽을 때, 그것은 더이상 신선한 대기 중의 이산화탄소를 빨아들이지 못한다. 그러므로 죽은 동물, 식물, 박테리아 안의 탄소 14는 그것이 붕괴되면서 수 년이 지나면 점차 줄어들게 된다. 반면에 탄소 12는 비방사성이므로 유기체가 죽었을 때 그대로 남아 있게 된다. 다시 말하면 탄소 14 : 탄소 12의 비율은 유기체가 죽은 이후에 시간이 증가함에 따라 감소한다. 탄소 14의 양이 반으로 떨어지는 시간은 5730년으로 알려져 있다. 그러므로 탄소 14 : 탄소 12의 비율은 5730년이 지나면 원래의 값(죽었을 때)의 반으로 떨어진다. 그러므로 죽은 유기체의 탄소 14 : 탄소 12의 비율을 측정함으로써 그 유기체가 죽은 연도가 추정될 수 있다. 탄소 14 연대측정법은 고고학과 지질학에서 광범위하게 쓰이고 있다. 나무, 석탄, 천(토리노의 수의 같은 세마포), 뼈, 조개껍질, 동식물의 조직 등, 일단 한 번 살아 있었던 물질이라면 무엇이든지 이 기술에 의해 처리될 수 있다. 고대 인류의 주거지나 이집트의 무덤, 지질학적 암석층, 그리고 다른 많은 역사적, 고고학적, 지질학적 가치를 가진 항목들의 연대가 결정될 수 있다.

탄소 14 연대측정법은 20세기에 얻어진 방사능에 관한 지식을 응용한 많은 사례 중 하나다. 생물학과 의학 그리고 화학의 기초 연구는 이 정보를 통해 많은 유익을 얻었고, 실용 의술도 크게 혜택을 누렸다. 방사능 물질로부터 나오는 광선으로 악성종양을 죽이는 암치료법은 방사능이 발견된 직후에 실용화되었다. 초기에는 라듐이 암의 방사선 치료에 사용되었으나 요즘에는 코발트-60같은 다른 인공 방사능 물질들이 쓰이고 있다. 방사능 물질을 체내에 주입하여 그것을 특정한 기관에 도달하게 할 수 있고 거기서 그것들의 방사선을 감지할 수 있다. 이러한 방법들은 뇌종양, 갑상선 질환, 심장병 등 많은 질병을 진단하는 데 사용되어 왔다.

방사능은 1896년에 프랑스의 물리학자 앙리 베크렐(Henri A. Becquerel, 1852~1908)에 의해 발견된 이래로 오랜 시간이 지났다. 뢴트겐의 엑스선 발견처럼 방사능은 순수과학과 겉보기에 단순한 발견이 수년에 걸쳐 엄청나게 다양하게 응용될 수 있음을 보여주었다. 방사능의 발견은 우연적이었고, 그것의 우연한 발견은 관계한 과학자들의 예리한 관찰이 정말 필요하다는 것을 다시 한 번 보여준다. 방사능 이야기는 과학사에서 가장 낭만적으로 전개된 것 중의 하나이다. 마리 퀴리(Marie Curie, 1876~1934)와 피에르 퀴리(Pierre Curie, 1859~1906)라는 부부 과학자 팀이 열정과 인내로 어려움을 무릅쓰고 베크렐의 발견을 발전시켰다. 마리 퀴리는 세계 최초의 진정 위대한 여성 과학자였고, 그녀의 유명한 업적들에 대하여 하나도 아닌 두 개의 노벨상을 수상하며, 여성으로서 과학자의 세계에 멋지게 입성했다. 그녀는 여성 과학자들이 남성 강세의 과학계의 장벽을 깨뜨리도록 용기를 북돋웠다.

베크렐과 퀴리 부부의 업적이 과학과 사회에 미친 충격은 숨막히는 것이었다. 기초연구, 의학과 산업 등 엄청나게 다양한 응용 사례는 제쳐놓더라도 핵 연료는 거의 제한 없는 에너지를 사회에 공급할 가능성뿐 아니라 위험성도 가지고 등장했고, 원자탄은 서서히 그 싹이 트고 있었다. 방사능의 역사는 베크렐로부터 본격적으로 시작된다.

베크렐의 발견

앙리 베크렐은 1895년에 파리에 있는 에콜 폴리테크닉(Ecole Polytechnique)의 물리학 교수로 임명되었다. 그 곳에 부임한 직후 그는 방사능을 발견했다. 그는 어떤 물질에 가시광선이나 다른 전자기 복사선을 가했을 때 빛을 내는 성질인 형광과 인광에 관심이 많았다. 형광물질이 조사(照射) 받을 때만 빛을 내는 반면에, 인광 물질은 조사 이후 얼마 동안 빛을 낸다. 뢴트겐은 음극선이 충돌하여 형광을 내는 음극선관의 유리 벽면에서 엑스선이 방사되는 것을 관찰했다(3장). 베크렐은 형광이나 인광 물질이 일반적으로 엑스선을 방출할지도 모른다고 생각했다. 그렇다면 음극선관을 사용하지 않고도 엑스선을 만드는 것이 가능할 것이었다.

이 가설을 시험하기 위해 베크렐은 밝은 태양빛에 노출시켰을 때 인광을 내는 어떤 우라늄염을 선택했다. 그의 가설이 옳다면 그 우라늄염이 몇 시간 동안 태양 아래 놓여진 후에 그것으로부터 엑스선이 나오는 것을 감지할 수 있으리라고 그는 생각했다.

베크렐은 어떤 빛도 닿지 못하게 사진 건판을 검은 종이로 포장했다. 그리고 나서 이 포장 위에 우라늄염의 결정들을 놓았다. 우라늄염은 인광을 낼 수 있도록 몇 시간 동안 햇빛에 노출되었다. 그리고 나서 사진 건판이 인화되었다. 베크렐은 그 필름 위에서 우라늄염의 선명한 상을 발견했다. 그것은 우라늄염이 방출한 방사선이 종이를 관통하여 감광액을 검게 만들었음을 나타냈다. 이 결과는 인광을 내는 우라늄염이 엑스선을 방출하고 있다는 그의 가설과 확실히 일치했다. 왜냐하면 엑스선이 종이 층을 통과해서 사진 건판에 이러한 효과를 낸다는 것을 뢴트겐이 발견했기 때문이다.

베크렐은 그의 신나는 발견을 확증하기 위해 그 실험을 반복했다. 그러나 파리의 기후 상태가 역사의 흐름을 더 나은 쪽으로 바꾸어 놓게 된 일련의 운명적인 사건이 발생했다. 베크렐은 다시 검은 종이로 사진 필름을 싸고 그 종이 위에 우라늄염을 놓았다. 그러나 그가 우라늄염을 태양에 노출시키러 갔을 때, 구름이 태양을 덮어 버렸다. 그는 햇볕이 다시 비추기만을 기다렸지만 그날은 태양이 구름에서 고개를 내밀지 않았다. 결국 베크렐은 다시 실험을 계속할 요량으로 염과 사진 건판을 그의 실험실 서랍에 집어넣기로 했다.

그러나 다음 3일간 파리의 태양은 구름에 가려 있었고, 실험을 계속하기를 열망한 베크렐은 어쨌든 사진 필름을 현상해 보기로 결심했다. 그는 약한 빛에 노출되어 약간만 인광을 냈을 우라늄염이 필름 위에 희미한 상을 남겼을 것을 기대했다. 그러나 놀랍게도 염들은 몇 시간 동안 매우 강한 햇볕에 그 결정을 노출시켰을 때 생겼던 것보다 훨씬 더 강하게 감광액을 짙은 검은 색으로 변색시켰던 것이다. 그는 우라늄염이 인광에 무관하게 광선을 방출할 수 있음을 깨달았다. 그는 그 염이 빛에 전혀 노출되지 않고 어둠 속에서 사진 건판 위에 놓여졌을 때조차 감광액을 검게 하는 것을 확인함으로써 이것을 확증했다.

빛은 이 광선의 발생에 필요하지 않았다. 우라늄염들은 자발적으로 그것들을 내놓고 있었다. 베크렐은 이렇게 적었다. "그 방사선들은 우라늄염들이 빛에 노출되었을 때 뿐 아니라 어둠 속에 보관되었을 때도 방출되었다. 두 달 동안 같은 염들은 이 새로운 방사선을 눈에 띄게 양이 주는 것도 없이 계속 내놓았다."

베크렐은 계속해서 방사선을 자발적으로 내놓는 것이 모든 우라늄염의 공통되는 성질임을 입증했다. 그리고 순수한 우라늄이 이 염들보다 더 강한 방출 물질임을 보임으로써 그 염의 다른 성분이 아니라 우라늄 자체가 방사선의 근원이라고 결론지었다(우리는 현재 순수한 우라늄의 방사능이 시간이 지남에 따라 증가하는 것을 알고 있다. 이것은 우라늄이 방사능이 더 강한 또 하나의 원소로 붕괴되기 때문이다. 우라늄 자체보다 이것이 방사능의 주된 근원이다). 그는 그 방사선들이 투과력, 감광액을 검게 하는 성질, 공기 중의 분자들을 대전시키는 성질 등에서 엑스선을 닮았다는 것을 발견했다. 몇 종류의 방사선이 베크렐이 관찰한 이런 현상들과 연관이 있었고, 엑스선보다 더 큰 진동수를 가진 전자기 복사선인 감마선이 베크렐의 방사선의 엑스선을 닮은 성질과 연관있음이 나중에 확인되었다.

이것은 물리학자들에게는 이상한 현상이었다. 그것은 그들이 설명하기 어려운 현상이었다. 누구도 방사선이 자발적으로 물질에서 방출될 수 있다는 것을 확인한 적이 없었다. 베크렐도 우라늄에 의해 방출되는 방사선이 우라늄의 화학적 상태나 온도 등과 같은 물리적 조건에 영향을 받지 않는다는 것을 확인했다. 방사선의 방출은 완전히 주변환경의 변화에 영향을 받지 않는 것 같았다.

과학자들 중 베크렐의 발견이 가진 엄청난 함축을 안 사람은 거의 없었다. 그러나 파리에서 공부하고 있었던 물리학자인 마리 퀴리는 그것의 중요성을 알아보는 데 필요한 통찰력을 갖고 있었다. 그녀는 '방사능'이라는 이름을 그 현상에 붙여주었고, 남편인 프랑스 물리학자 피에르 퀴리와 함께 새로운 두 종류의 방사성 원소를 발견하고 분리해냈다. 1903년에 노벨 물리학상은 「자발적 방사능의 발견」으로 베크렐과 「앙리 베크렐 교수가 발견한 방사 현상에 대한 공동 연구」로 퀴리 부부가 공동수상했다.

퀴리 부부

마리 퀴리는 1867년에 폴란드의 바르샤바에서 마리아 스클로도프스카(Marya Sklodowska)로 태어났다. 그녀는 1891년에 물리학을 공부하러 파리로 왔고, 소르본느 대학에서 같은 학년 중에 최고 물리학 점수를 받았다. 그녀는 폴란드로 돌아가 가르치는 일을 하려고 계획했으나 그 대신에 피에르 퀴리라는, 역시 파리에서 일하고 있던 한 물리학자와 결혼했다. 마리는 피에르의 실험실에서 급료 없이 박사학위 연구를 하는 것으로 결정이 났다. 퀴리 부부는 베크렐의 새 발견에 흥미가 있었고, 마리와 피에르는 그녀의 박사학위 논문을 베크렐 방사선의 본성과 기원에 관한 것으로 정했다.

마리 퀴리는 우라늄에 의한 방사선은 그것의 화학적 반응성과 관계없는 우라늄 원자의 성질이라고 믿었다. 방사능이 원자의 내부 구조에 관해 근본적인 사실을 드러낼지도 모르는 원자의 성질이라는 생각은 위대한 통찰력의 하나였고, 그것이 마리 퀴리가 연구 주제를 방사능에 고정한 주된 이유였다. 이것은 그녀가 물질의 근본적인 성질에 관해 흥미진진한 발견을 약속하는 분야의 처녀지에서 일할 기회가 마련해 주었다.

이전에 창고로 사용되었던 춥고 축축하고 장비도 형편없는 실험실에서 박사학위 연구를 시작한 지 불과 몇 주만에 마리는 방사능의 강도가 방사능 시료의 우라늄 양에 관계있음을 확인했고, 방출되는 방사선의 양은 우라늄의 화학적 및 물리적 상태에 영향을 받지 않음을 입증하여 베크렐의 결과를 확인했다.

마리는 우라늄 외에 방사능을 가질 만한 다른 물질을 찾으려 했다. 그 당시에 알려진 원소를 함유한 많은 화학 물질과 광물의 시료를 선별해 냄으로써 그녀는 또다른 원소인 토륨도 방사능을 가지고 있음을 발견했다. 우라늄만이 아니었다. 방사능은 처음에 인식했던 것보다 더 널리 퍼져있었다.

그녀가 더 많은 광물들, 특히 피치블렌드(우라늄 원광)를 조사했을 때 그녀는 그것들 중에 몇몇의 방사능 양이 우라늄과 토륨의 양에 의해 설명될 수 있는 것보다 훨씬 많은 것을 발견했다. 그녀는 이 광물들에 또다른 하나 또는 그 이상의 방사능 원소가 있음에 틀림없다고 생각했다. 알려진 모든 원소를 함유한 광물들을 조사했기 때문에 그녀는 이 추가적인 방사성 물질은 아직 발견되지 않은 새 원소임에 틀림없다고 결론지었다.

다른 과학자들은 그녀가 실수했다고 생각했지만 피에르는 그녀의 의견에 동의했다. 퀴리 부부는 그들이 적어도 하나의 새 원소의 존재에 대한 증거를 갖고 있다고 믿었다. "우리와 대화했던 물리학자들은 우리가 실험에서 실수했다고 생각하고 우리에게 주의하라고 충고했다. 그러나 나는 실수하지 않았다고 확신한다"라고 마리는 적었다. 이런 다른 물리학자들의 충고를 받은 사람 중에 위대한 마리 퀴리보다 더 세심하고 주의깊은 사람은 없었다. 그녀는 심지어 실험했던 정확한 시각을 일지에 적어 놓았고, 종종 작업하던 춥고 음침한 실험실의 기온도 기록했다. 피에르가 그녀를 보좌했는데 어떻게 경험과 통찰력이 있는 그들의 결과의 유효성에 대하여 다른 의심이 있을 수 있겠는가?

1898년에 퀴리 부부는 피치블렌드 원광 속에 새로운 방사성 원소의 존재 가능성을 발표했고 그들은 그것의 분리에 착수했다. 마리의 학위 연구의 나머지는 그 중요성을 인식한 피에르와 함께 수행되었다. 피치블렌드 광석을 성분 화학 물질로 분해함으로써 그들은 그 광석의 강한 방사능에 직접 연관된 원소가 하나가 아닌 둘이 존재함을 발견했다. 이 새 원소 중의 첫번째 것은 마리의 사랑하는 조국인 폴란드를 따서 **폴로늄**으로 명명되었다. 나중에 **라듐**이라고 불려진 두번째 원소는 폴로늄보다 훨씬 방사능이 강했고, 그것의 분리에는 길고도 힘든 4년의 세월이 필요했다.

라듐은 피치블렌드 안에 극소량이 존재했다(중량으로 1백만 분의 1보다 적은 양). 그것을 원광에서 순수하게 분리해내기 위해 막대한 양의 피치블렌드가 필요했다. 퀴리 부부는 피에르의 쥐꼬리만한 월급으로 자신들과 아이들을 부양해야 했기에 재정적 어려움을 벌써부터 겪고 있었다. 피치블렌드는 우라늄의 상업적 원료였고 그것은 비싸서 피에르는 그의 연구소로부터 필요한 재원을 얻을 수 없었다. 그러나 마리는 우라늄이 산업적으로 추출된 피치블렌드 찌꺼기로부터 라듐과 폴로늄을 얻을 수 있다는 것을 깨달았다. 이 찌꺼기는 산업적으로 폐기되었고 값싸게 사용할 수 있었다. 그것은 새 원소들의 이상적인 출처였다.

마리와 피에르는 보헤미아의 광산에서 파리의 실험실까지 1톤의 피치블렌드 찌꺼기를 운반하기 위해 돈을 지불했다. 그들은 폴로늄과 라듐의 정제를 실행할 더 큰 실험실을 요구했으나 거절당했다. 대신에 그들은 그들의 실험실 근처에 버려진 헛간을 사용할 수 있도록 허락받았다. 이 헛간은 지붕이 새고 흙바닥에 적절한 장비도 없었다. 이 곳이 역사상 가장 영웅적인 과학적 열정이 쏟아 부어진 장소였다. 노벨상을 받은 연구가 행해진 실험실 중 이보다 더 열악한 곳은 거의 없었을 것이다.

퀴리 부부는 재정적인 곤란 속에서 살면서 소름끼치는 조건 속에서 일했다. 그러나 1902년까지 그들은 1톤의 피치블렌드에서 순수한 염화라듐 0.1g을 분리했다. 마리와 피에르는 합리적인 의심을 뒤엎고 라듐이 실제 새 원소임을 입증했다. 아무리 회의적인 물리학자조차도 퀴리 부부가 위대한 발견을 했다는 것을 인정했다.

라듐을 분리하는 동안 마리와 피에르는 때때로 한밤중에 그들이 발견한 라듐이 푸르스름한 빛을 내는 것을 관찰하러 그들의 헛간으로 내려가곤 했다. 나중에 그 힘들었던 시절에 대하여 마리는 "우리 인생에서 가장 아름답고 행복했던 날들을 보낸 것은 열정적으로 일에 헌신되었던 이 비참하고 오래된 헛간에서였다. 나는 종종 하루종일을 거의 나만한 키의 쇠막대로 끓는 물질을 휘저으며 보냈다. 저녁이 되면 나는 녹초가 되곤 했다."

1903년에 마리는 박사학위논문을 제출했다. 곧바로 퀴리 부부는 노벨물리학상을 받았다. 퀴리 부부에 의해 수행된 방사능에 관한 작업은 공동의 노고였고, 영예는 둘에게 모두 돌아가야 하겠지만 마리의 성취는 특히 주목할 만한 것이었다. 그녀는 그 당시에 드문 여성 과학자였을 뿐만 아니라 박사학위논문으로 노벨상을 받은 것이었다. 그녀는 여성으로는 최초로 노벨상을 받았고 8년 후에 두번째 노벨상을 받았다. 이번에는 화학상으로 폴로늄과 라듐의 분리와 성질에 관한 연구로 받았다. 그녀는 남편이 1906년에 마차의 뒷바퀴에 머리를 치는 교통사고로 현장에서 사망했기 때문에, 두번째 노벨상은 남편 없이 받게 되었다.

피에르 퀴리는 교수직에 지원하고 제대로 장비가 갖추어진 실험실을 위해 자금을 요청했으나 그의 탄원은 항상 거절당했다. 퀴리 부부가 벌써 뛰어난 과학자로 잘 알려졌을 때, 영국을 방문한 적이 있었는데 피에르가 한 호사스런 파티에 참석해서 거기 나온 부유한 부인들이 찬 비싼 보석들을 보고, 그 목걸이와 반지들로 얼마나 많은 실험실을 구입할 수 있는지를 계산하는 데 그날 저녁의 많은 시간을 보냈다는 이야기는 잘 알려져 있다.

마리아와 피에르는 총명하고 헌신적인 과학자들일 뿐 아니라 최고의 도덕성을 가진 사람들이었다. 그들은 금방 산업화된 라듐을 분리하는 방법을 특허내서 큰 돈을 쉽게 벌 수 있었지만, 그들은 그 기술을 요구하는 사람이나 회사가 있으면 모두 무료로 그 특허감인 정보를 제공해 주었다. 마리는 "우리의 발견이 상업적 미래를 가지고 있다면 그것은 우리가 이익을 보지 말아야 할 우연한 상황이다. 라듐은 병을 치료하는 데 사용될 것이다. …그것을 이용하는 것은 불가능한 것 같다"고 말했다. 피에르도 "그것은 과학적 정신에 위배될 것이다"라고 동의했다. 그들은 또한 명성을 마다했다. 그들은 1903년의 노벨상 수상식에 참석하지도 않았다. 대신에 그들은 가르칠 일이 너무 많아 참석 못한다는 내용의 편지를 스톡홀름에 있는 위원회에 보냈다. 그들은 다음 해까지 노벨상 수상자 강연을 연기했다.

그들의 어려움에도 불구하고 퀴리 부부는 그들의 연구를 위해 형편없는 상황을 참아냈고 그들의 인내는 결국 보상받았다. 이제는 노벨상 수상자가 된 피에르는 마침내 소르본느 대학의 물리학 교수로 임명되었고, 잘 구비된 실험실에 대한 평생 소원을 이룰 기회도 제공받았다. 그러나 슬프게도 그는 새 실험실을 보지 못했다. 실험실이 그가 죽기 전에 완성되지 못했기 때문이다. 마리는 남편의 교수직을 대신 맡았고 소르본느 대학에서 교수가 된 최초의 여성이 되었다.

　마리와 피에르를 포함하여 라듐을 가지고 일한 많은 과학자들은 라듐이 제대로 취급하지 않으면 잠재적으로 위험한 물질임을 인식하기 시작했다. 마리 퀴리는 다량의 라듐을 가지고 너무나 많은 일을 했기 때문에 그녀의 연구 경력 동안 엄청난 양의 방사능에 노출되었다. 결국 불행하게도 나중에 1945년 8월의 히로시마와 나가사키 원자폭탄의 희생자들과 1986년 4월 체르노빌 핵 누출 사고의 희생자들에게 명백하게 나타났던 방사선병이 마리의 건강을 침범해 왔다. 이 방사선 노출의 결과로 그녀는 백혈병에 걸려서 1934년에 타계했다. 아이러니컬하게도 방사능의 혜택 중 하나가 백혈병을 포함한 암 종양의 치료에 방사능을 이용하는 것이었다.

　방사능 연구의 진보를 위해 주목할 만한 진보는 피에르와 마리의 딸인 이렌느 졸리오 퀴리(Irène Joliot-Curie, 1897~1956)와 그녀의 남편인 프랑스의 물리학자 프레드릭 졸리오(Frederic Joliot, 1900~1958)의 협동 연구로 이루어졌다. 그들은 비방사성 원소가 실험실에서 방사성 원소로 변환될 수 있음을 입증하는 인공 방사능을 발견했다. 이것은 과학과 의학 그리고 산업에 큰 가치가 있는 새로운 수백 종의 방사능 물질을 만들어내는 길을 열어 놓았다. 예를 들면, 인공방사능 물질인 요드-131은 갑상선의 질병을 진단하는 데 사용되고 비타민 B12를 코발트-60(코발트는 비타민 B12의 분자 구조의 일부이다)으로 꼬리표를 달아 소변 속의 코발트-60의 배설을 조사함으로써 악성 빈혈을 진단할 수 있다. 이렌느는 그녀의 어머니처럼 1935년에 프레드릭 졸리오와 함께 노벨 물리학상을 수상했다. 그녀도 실험실에서 방사능에 과다 노출된 결과로 백혈병으로 사망했다.

방사능 붕괴

　방사능이 원자의 성질이고 그것이 원자 구조에 대한 중요한 정보의 근원일 수 있다는 마리 퀴리의 생각은 옳았다. 폴로늄과 라듐의 발견에 이어 결국 방사능은 핵을 둘러싼 전자와 연관되기보다는 오히려 원자핵의 성질이라는 것이 분명해졌다. 그 당시에 전자는 물질 사이의 화학 반응에 관여하는 것으로 여겨졌고 원자의 다른 성분이나 그것들의 원자 내부 배열에 관하여는 거의 알려진 것이 없었다. 나중의 연구에 의해 원자핵이 원자의 질량의 거의 대부분을 갖고 있지만 원자 부피의 극소 부분, 즉 겨우 10^{14}분의 일을 차지함이 입증되었다.

방사능은 원자핵이 불안정할 때 생긴다. 원자핵은 방사능 붕괴를 하여 더 안정한 원자핵이 된다. 원소의 정체는 원자핵에 의해 결정되므로 방사능은 한 원소가 다른 원소로 변환되는 과정이다. 예를 들어 우라늄 원자핵은 불안정하므로 우라늄은 토륨으로 붕괴된다. 이 토륨도 불안정한 핵을 가진 또다른 원소인 프로탁티늄으로 붕괴된다. 덜 안정된 핵을 가진 것에서 더 안정된 핵을 가진 것으로 변하는 원소의 변환은 비방사성(안정된) 원소가 만들어질 때까지 계속된다. 우라늄은 비방사성 원소인 납으로 붕괴되기까지 14단계를 거친다. 라듐과 폴로늄은 이 방사성 붕괴 계열의 중간에 있다.

원자핵이 방사성 붕괴를 경험할 때, 그것은 다양한 유형의 복사선이나 입자를 방출할 수 있다. 20세기 초에 우라늄과 그것의 딸 원소들에게서 방출되는 것으로 알려진 3종류의 방출 유형은 알파입자, 베타입자, 감마선이다. 알파입자는 헬륨 원자핵이고 비교적 무겁다. 그것은 더 무거운 방사성 원자핵의 작은 조각이다. 베타입자는 핵에서 기원한 전자다. 반면에 감마선은 높은 에너지의 전자기 복사선이다. 방사능은 원자핵을 연구하는 명쾌한 방법을 제공해 준다. 불안정한 원자핵의 방출물에 대한 조사는 물질의 구조에 대한 보다 완전한 이해의 길로 이어졌다.

5
빛의 꾸러미

방사능은 대부분의 과학자들에게 경이로 다가왔다. 방사성 원자로부터 겉보기에 끊임없이 나오는 복사 에너지의 흐름은, 에너지는 생성되거나 소멸될 수 없다는 널리 받아들여진 법칙에 예외적인 것으로 보였다. 방사성 물질의 에너지는 모두 어디에서 나오는 것일까. 이 수수께끼의 해답은 결국 알베르트 아인슈타인(Albert Einstein, 1879~1955)으로부터 나왔다(6장). 방사성 붕괴 중에 원자핵을 구성하는 극소량의 물질이 막대한 양의 에너지로 전환되어 방출된다.

이 방사능의 수수께끼에도 불구하고 19세기 말에 살았던 많은 물리학자들은 물리 세계의 거의 완전한 이해에 도달했다고 믿었다. 맥스웰의 전자기 이론은 특히 물리학의 개가였는데 그것은 빛과 전자기를 합쳐서 많은 현상들을 설명했기 때문이었다. 그것은 또한 새로운 종류의 광선들의 존재를 예견했는데 그것은 곧이어 전파와 엑스선의 형태로 발견되었다. 맥스웰의 이론은 빛이 전자기적 요동의 연속적인 파동으로 이루어져 있다는 것을 함축했고 이 생각을 의심하는 물리학자는 거의 없었다. 그것은 대부분의 빛의 성질, 특히 회절(빛이 모서리를 돌아 구부러지는 성질)과

간섭(두 갈래로 갈라진 빛이 서로 다시 만날 때 서로 보강되거나 상쇄되는 성질) 현상을 설명했다. 빛이 미세한 입자로 이루어졌다는 아이작 뉴튼(Isaac Newton, 1642~1727)의 이론은 완전히 사장되는 것 같았다. 빛은 입자가 아니라 전자기 파동으로 이루어져 있다는 것에 모두가 동의했다. 전자기 복사에 추가하여 원자로 이루어진 물질이 있었다. 그리고 다소 이해가 안되는 중력이 있었다. 뉴튼은 이미 어떻게 물체가 운동하는지 수학적으로 기술하였고, 중력의 효과를 기술하는 방정식을 만들어 놓았던 것이다.

그럼에도 빛의 파동 이론으로 명쾌하게 설명이 안되는 전자기 복사의 몇 가지 특성이 있었다. 하나는 물체가 아주 높은 온도로 가열될 때 빛이 방출되는 정확한 방식이었다. 또다른 하나는 빛이 금속의 전자를 방출하게 하는 현상이었다. 이 현상들이 자세히 연구되었을 때, 빛이 파동으로 이루어져 있다는 생각과 대립됨이 발견되었고, 다시금 빛의 입자 이론을 대두시켰다. 이것으로 18, 19세기의 소위 고전 물리학과 20세기의 양자 물리학 사이의 전환기가 시작되었다.

양자 물리학의 창시자는 베를린 대학의 교수였던 독일의 이론 물리학자인 막스 플랑크(Max Planck, 1858~1947)였다. 그의 위대한 이론은 혁명적이었지만 누군가가 그것을 알아채기까지는 5년이 걸렸다. 모든 시대에 걸쳐 가장 위대한 과학자 중의 하나였던 알베르트 아인슈타인이 플랑크 이론의 중요성을 밝혀냈다. 물리학과 우리가 사는 우주에 대한 우리의 이해는 그 이후로 크게 변화되었다.

왜 빛의 입자이론이 부활했는지를 이해하기 위해서는 이 개념의 재등장을 야기한 두 현상인 광전효과와 흑체복사에 대한 약간의 지식을 갖는 것이 필요하다.

광전효과

1887년에 헤르츠가 맥스웰이 예측한 전파를 발견하여 빛의 전자기파 이론을 분명하게 확증한 실험을 수행하고 있는 동안(2장), 그는 나중에 맥스웰의 이론에 위배되는 것으로 밝혀질 또다른 현상을 발견하였다. 헤르츠는 그의 원형(原形) 전파 전송기와 수신기 장치(2장, 그림 5)에 있는 첫번째 스파크 간극에서 발생된 빛이 두번째(수신기) 스파크 간극에 유도되는 스파크를 강화하는 것을 발견했다. 실제로 그가 두번째 간극에 직접 램프를 비추었을 때, 스파크들은 훨씬 강해졌다. 웬일인지 빛이 2차 스파크 간극에 흐르는 전류의 세기에 영향을 미치고 있었다.

1년 후, 독일 물리학자 빌헬름 할박스(Wilhelm Hallwachs, 1859~1922)는 자외선이 음으로 대전된 아연판을 중성이 되게 하지만 양으로 대전된 것은 그렇게 하지 않는 것을 발견했다. 이 결과와 헤르츠의 관찰에 대한 설명은 영국의 물리학자 존 톰슨(John Thomson, 1856~1940)과 독일 물리학자 필립 레나르트(Phillip Lenard, 1862~1947)가 빛이 금속 표면에서 전자를 방출하게 하는 것을 실험적으로 확인했을 때 명쾌해졌다. 헤르츠의 실험에서 빛은 2차 스파크 간극의 금속 전극으로부터 전자가 방출되게 하여 전파에 의해 생성된 스파크에 추가하여 스파크를 만들어냈다. 할박스의 실험에서는 전자(음으로 대전됨)가 음으로 대전된 아연판에서 빛에 의해 방출되어 그것의 전하를 중화시켰다. 빛이 금속 표면으로부터 전자를 방출시키는 과정은 **광전효과**로 알려지게 되었다.

광전효과는 20세기 초의 이론물리학에서 중심적인 역할을 했을 뿐 아니라 많은 응용물을 낳았다. 텔레비전, 사진 노출계(photographic light meter), 도난경보기, 자동문, 전자 스위치, 태양 발전 장치 등은 빛이 전기로 전환되는 성질을 응용한 몇 가지 예이다.

맥스웰의 빛의 파동이론에 의하면 금속 표면에 입사하는 빛의 강도가 증가하면, 더 큰 속력(더 높은 에너지)을 가진 전자들이 표면에서 방출되어야 한다. 빛의 진동수를 바꾸는 것은 빛의 세기가 일정하다면 방출되는 전자의 에너지에는 아무 영향도 미치지 말아야 하기 때문이다. 이 예측을 검증하기 위해 필립 레나르트는 광전효과 동안 전자의 방출에 대한 입사광의 세기와 진동수를 변화시키는 효과를 조사했다.

레나르트는 맥스웰의 빛의 파동이론에서 기대된 것과는 정반대로 빛의 강도를 증가시키는 것은 방출 전자의 에너지에 아무 효과가 없다는 것을 발견하고는 크게 놀랐다. 대신에 빛의 강도가 증가됨에 따라 증가하는 것은 금속 표면에서 방출되는 전자의 에너지가 아니라 수였다. 그러나 빛의 진동수는 전자의 에너지에 영향을 미쳤다. 높은 진동수에서 방출되는 모든 전자의 에너지는 서로 동일했다. 빛의 진동수를 낮추고 강도는 그대로 유지하면 같은 수의 전자가 방출되지만 그것들의 에너지는 낮아졌다.

이러한 특이한 결과는 빛이 연속파로 공간을 통과한다는 널리 알려진 생각과 대립되는 것으로 수년 동안 수수께끼로 남아 있었다. 광전효과에 대한 한 설명이 대두되었을 때, 두 이론물리학자인 막스 플랑크와 알베르트 아인슈타인은 그 수수께끼에 대한 해답을 제시했고 이로써 물리학의 새 시대가 열렸다.

흑체복사

빛이 공간을 통과하는 파동이라고 보는 19세기 물리학자들의 사고와 모순되는 것으로 나타난 또다른 실험 결과들은 흑체복사에 대한 연구를 포함했다. 흑체는 입사하는 모든 전자기 복사선을 진동수에 관계없이 흡수하는 물체이다. 이 복사선은 모두 흑체가 높은 온도로 가열될 때 다시 방출된다. 대부분의 사람들은 물체가 가열될 때 뜨거워질 뿐만 아니라 색깔이 붉은색에서 주황색, 노란색을 거쳐서 흰색으로 변하는 것을 알고 있다. 별들도 온도가 증가함에 따라 붉은색에서 노란색을 거쳐서 흰색으로 그리고 나서는 파란색으로 각각 다른 색으로 빛난다. 이것은 물체가 가열될 때 방출되는 빛의 진동수가 증가한다는 말과 똑같다. 흑체에 대한 지식은 우리의 태양을 포함한 별들의 온도를 그들이 방출하는 빛의 진동수로부터 결정할 수 있게 해 주었다. 예를 들면, 태양에서 방출되는 빛의 강도와 진동수는 섭씨 6,000도의 온도를 가진 흑체가 방출하리라 기대되는 것과 똑같다. 이것은 태양의 표면온도가 6,000도임을 나타낸다. 흑체에 대한 지식은 또한 빅뱅이론에서 우주의 기원에 대한 증거를 해석하는 데 큰 영향을 미쳤다(7장). 초기 우주는 흑체처럼 행동했고, 우주 배경 마이크로파 복사는 초기 우주에서 남겨졌을 흑체복사에 해당하는 예측된 진동수와 온도를 갖고 있다.

진짜 흑체는 찾기가 어렵지만 독일의 물리학자 빌헬름 빈(Wilhelm Wien, 1864~1928)은 상당히 비슷한 대상을 찾아냈다. 빈은 벽에 작은 구멍이 있는, 빛이 통하지 않는 용기가 흑체처럼 행동할 것이라고 제안했다(그림 8). 빛이 그런 용기에 구멍을 통해 비추어지면 모든 빛은 결국 내벽에서 흡수된다. 빛이 구멍을 통해 빠져나갈 가능성은 매우 작아서 비록 그 빛이 초기에 반사된다 할지라도 그것은 벽면의 다른 부분들에 부딪쳐서 결국 흡수된다. 다시 말하면 그 구멍으로 들어가는 모든 빛은 그 진동수나 세기에 관계없이 흡수된다. 이것은 정확하게 흑체의 요구 조건을 만족한다. 그리고 나서 그 용기가 가열되면 이 흡수된 빛은 벽면에서 방출될 것이고, 구멍을 통해 방출되는 복사는 흑체복사로 나타날 것이다.

19세기 중엽 독일의 물리학자 구스타프 키르히호프(Gustav Kirchihoff, 1824~1887)는 특별한 물질이 특정 진동수의 빛을 흡수하는 것을 발견했다. 예를 들면, 나트륨은 노란 빛을 흡수하는 반면에 칼륨은 보라색 빛을 흡수한다. 그는 또한 물질들이 가열되면 그것들이 흡수한 것과 똑같은 진동수의 빛을 방출하는 것을 발견했다. 그래서 나트륨은 가열되면 노란 빛을 내고 칼륨은 보라색 빛을 방출한다. 그러므로 흑체는 가열되면 모든 진동수의 빛을 방출해야 한다.

빈은 흑체가 가열될 때 빛의 에너지와 진동수가 방출되는 정확한 방식에 특히 흥미가 많았다. 주어진 온도의 흑체에서 방출된 전자기 복사는 어떤 다른 진동수보다 특정한 한 진동수가 될 가능성이 높다는 것을 발견했다. 흑체의 온도가 올라가면 더 많은 빛 에너지가 모든 진동수에서 방출되지만, 다시 하나의 특정 진동수가 우세해지면 이것은 남은 온도에서 우세했던 진동수보다 높다.

빈은 그의 결과를 설명하는 수식을 만들어냈다. 그러나 그것은 다양한 온도의 흑체로부터 방출된 빛의 높은 진동수에서 얻은 결과는 잘 설명해 주었지만 낮은 진동수의 복사에서 얻은 결과는 잘 설명하지 못했다. 낮은 진동수의 데이터를 설명하는 또 하나의 방정식이 나와 있었지만 이 식은 높은 진동수의 결과를 설명하지 못했다.

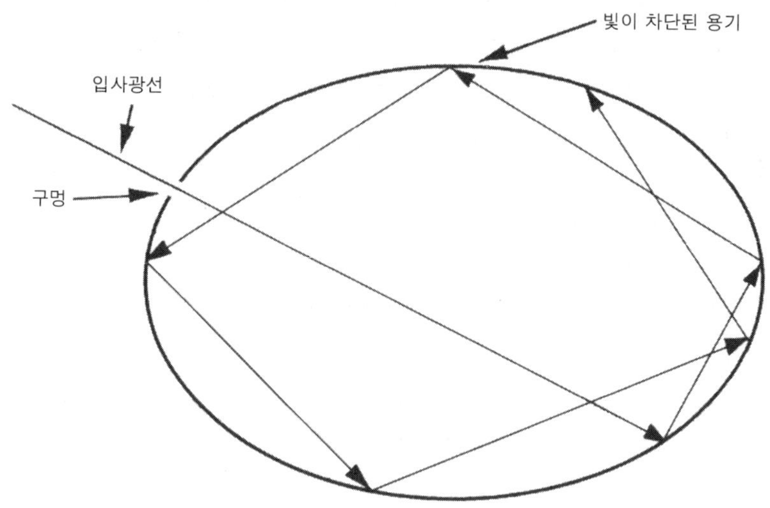

그림 8 ▶ 흑체로 사용된 모형. 빌헬름 빈은 벽에 작은 구멍이 뚫린 용기가 흑체를 흉내낼 것이라고 제안했다. 그 구멍을 통해 용기에 들어간 어떤 빛이든 내벽에서 흡수된다. 빛이 처음에 벽에서 반사되면, 결국은 벽의 다른 부분에 부딪쳐 흡수되는데 이것은 구멍을 통과해 나갈 가능성이 무시할 만큼 작기 때문이다. 그리고 나서 그 용기가 가열되면, 흑체복사선이 구멍에서 방출되고, 그 진동수와 에너지는 다른 여러 온도에서 측정될 수 있다.

막스 플랑크와 양자 물리학

막스 플랑크는 흑체복사에 흥미를 느꼈다. 그는 데이터를 반밖에 설명하지 못하는 두 방정식으로부터 필요한 방정식을 만들어낼 위대한 통찰력을 소유했다. 플랑크는 그 방정식을 이론적으로나 실험적으로 유도하지 않았다. 그는 단순히 그것을 '추측'해 내었다. 이 말은 플랑크의 명석함을 부인하려는 것이 아니다. 그것은 위대한 천재성을 요구하는 영감있는 추측이었다.

그럼에도 불구하고 플랑크는 다른 과학자들에게 그것의 유효성을 납득시키기 위해서는 제1원리들로부터 이론적으로 새 방정식을 유도해야 함을 알고 있었다. 단순히 추측해내었다는 것은 충분하지 않았다. 그러므로 그는 과업에 착수했다. 그가 이것을 시작했을 때 그는 올바른 그 방정식을 논리적으로 마무리할 수 있는 유일한 방법은 빛이 연속파의 형태가 아니라 작은 '꾸러미'로 흑체에 의해 포획되거나 방출된다고 가정하는 것뿐임을 깨닫게 되었다. 그는 이 빛 에너지의 꾸러미를 '양자'라고 불렀다. 그리하여 1900년에 양자 물리학이 탄생했다.

플랑크에 의하면 흑체는 빛을 양자라 불리는 작은 묶음으로 흡수하거나 방출한다. 나중에 아인슈타인은 플랑크가 발견한 의외의 새 사실을 맥주를 연속적인 흐름이 아니라 되[升] 단위로만 내놓는 맥주통에 비유했다. 여기서 맥주통의 수도꼭지는 흑체에, 맥주는 방출되고 흡수되는 복사선에 해당하고, 되 단위는 양자에 비유되었는데 수도꼭지에서는 되 분량씩으로만 맥주가 흘러나올 수 있었다.

플랑크의 이론은 흑체복사에 대한 하나의 설명을 제안한 것 같았지만 그 후 5년 동안 대부분의 물리학자들에게는 무시당했다. 그것은 시대에 앞선 놀라운 과학적 대발견이 그 시대에 확립된 이론에만 사로잡혀 있던 과학자들에게 무시당한 예 중 하나이다. 그리고 나서 1905년에 양자 물리학은 대학에서 자리도 잡지 못한 채, 스위스 베른에 있는 스위스 특허국의 사무원이었던 한 이론물리학자의 연구 결과로 물리학자들 앞에 다시 부상했다. 인류 역사상 가장 위대한 과학자였던 이 물리학자는 적어도 2세기 전에 아이작 뉴튼이 이룩한 것만큼 의미깊은 혁명을 물리학에서 일으켰다. 그의 이름은 알베르트 아인슈타인이다.

아인슈타인과 광자

1905년에 알베르트 아인슈타인은 유명 과학 학술지에 4편의 이론물리학 논문을 발표했다. 그것들 중의 둘은 상대성 이론과 관련된 것이었다(6장). 또 하나는 브라운 운동에 관한 것이었다. 브라운 운동은 공기나 액체 속에서 떠다니는 미세입자의 불규칙적이고 변덕스런 운동을 일컫는다. 4번째 논문은 광전효과에 대한 설명을 제안하고 있었는데, 이것이 오래 버려졌던 빛의 입자 이론을 부활시키고 플랑크의 생각이 과학계의 각광을 받게 한 논문이었다. 아인슈타인의 1905년 논문 4편 중 어떤 하나가 그를 뛰어난 물리학자로 만들었으리라고 알려져 왔다. 대부분의 사람들은 그것을 상대성 이론으로 기억한다. 하지만 그가 1921년에 노벨 물리학상을 받은 것은 광전효과에 대한 그의 이론적 업적 때문이었다.

아인슈타인은 빛의 파동 이론이 광전효과를 설명 못하는 것을 잘 알고 있었다. "빛 에너지가 빛이 이동하는 공간에 걸쳐 연속적으로 분포되어 있다는 통상적인 생각은 광전 현상을 설명하려 할 때 아주 큰 어려움에 봉착한다"고 그는 말했다. 그는 빛이 에너지의 양자로 방출되고 흡수된다는 흑체복사에 대한 플랑크의 설명을 알고 있었다. 아인슈타인은 광전효과의 문제를 풀기 위해 이것에 관심을 돌렸다.

플랑크가 빛은 흑체에 의해 양자로 흡수되고 방출된다고 생각한 것과 상당히 유사한 방식으로 아인슈타인은 빛이 입자, 즉 양자로 이루어져 있다고 간주하는 것이 그것의 해결책이라고 제안했다. 이 빛의 양자는 나중에 광자(photon)로 알려지게 되었다. photon은 그리스어로 '빛'을 의미하는 단어에서 유래했다. 그러나 플랑크가 흑체 자체의 성질 때문에 빛이 흑체에서 빛의 묶음으로 흡수되고 방출된다고 믿은 반면에 아인슈타인은 흑체의 성질은 무관하며, 빛은 어떤 물체에서 흡수되고 방출되든지 상관없이 입자로 이루어져 있다고 말했다. 플랑크의 모형은 맥주통에서 되 단위로만 맥주가 나올 수 있다는 것으로 생각한 반면에 아인슈타인의 이론에서는 맥주가 수도꼭지에서 나오기 전부터 벌써 되 단위로 존재한다는 것이다.

아인슈타인에 따르면 금속 표면을 투과하는 광자는 금속에 있는 전자와 충돌하고 그 에너지를 전자로 전달한다. 특정한 광자에서 전달되는 에너지의 양이 충분히 크면 그것은 전자가 금속 표면으로 나와 튀어나가게 할 수 있다. 그래서 광전효과가 발생한다(그림 9).

아인슈타인에 따르면 입사광의 세기가 증가하면 주어진 시간에 금속 표면에 도달하는 주어진 진동수의 광자가 더 많아진다는 것이다. 그러므로 입사광의 세기를 증가시키는 것은 더 많은 전자가 방출되게 하고 그것들의 에너지는 변하지 말아야 한다. 이것은 실제 일어나는 것 그대로다. 아인슈타인은 또한 빛의 진동수를 증가시키면 방출되는 전자에 광자가 전달하는 에너지가 증가해야 하지만 방출되는 전자의 수에는 아무 영향을

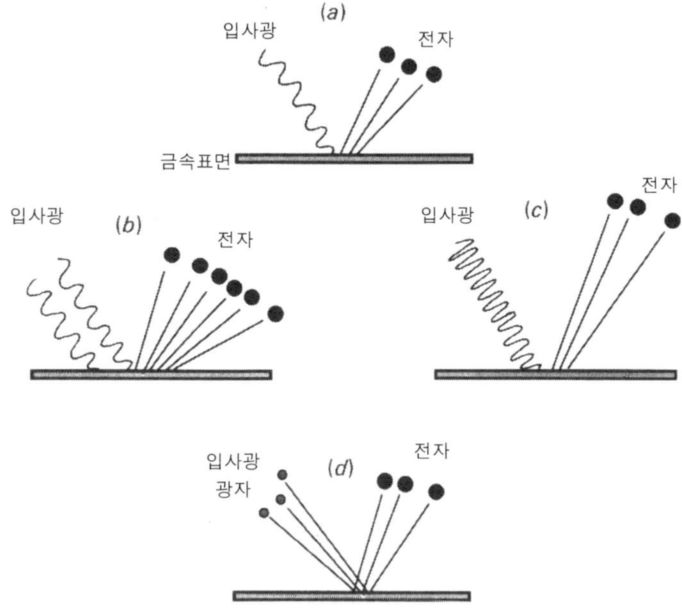

그림 9 ▶ 광전효과는 빛이 금속 표면에 비춰진 결과로 그 표면으로부터 전자가 튀어나올 때 일어난다(a). 입사광의 세기가 증가하면 더 많은 전자가 방출된다(b). 입사광의 진동수가 증가하면 같은 수의 전자가 방출되지만 전자들은 더 큰 에너지를 갖는다(c). 이 결과는 빛에 대한 고전 파동 이론에 의해 설명이 되지 않는다. 그래서 아인슈타인은 빛이 입자(광자)로 이루어져 있다고 생각할 수 있음을 제안했다. 각각의 광자는 전자와 충돌하여 그것을 금속 표면에서 방출시킨다(d). 빛의 세기를 증가시키면 광자의 수가 증가하고(그러므로 방출되는 전자의 수도 증가) 반면에 빛의 진동수를 증가시키면 각각의 광자의 에너지는 증가하고 같은 수의 더 높은 에너지를 갖는 전자를 방출시킨다.

미치지 않아야 함을 입증했다. 이것도 정확하게 광전효과에서 일어나는 그대로다.

광전효과 중에 방출되는 전자에 대한 입사광의 세기와 진동수의 효과에 대한 정확한 정량적 측정들은 아인슈타인이 1905년 논문들을 발표했을 때는 가능하지 않았다. 그러나 그 현상에 대한 그의 수학적 분석은 얻어져야 할 결과를 정확하게 예측해 주었다. 이 예측들은 아인슈타인 이론이 받아야 할 신랄한 검증이었다. 그때까지 얻어지지 않은 과학적 결과들이 한 이론에 의해 올바르게 예측된다면 과학자들은 그 이론을 신뢰할 수 있다. 1906년에 미국의 물리학자 로버트 밀리컨(Robert A. Millikan,

1868~1953)은 광전효과에 대해 요구되는 정확한 실험을 수행했다. 그의 데이터는 완전히 아인슈타인의 예측과 일치했다. 빛은 정말로 광자로 이루어진 것으로 나타났다.

빛의 파동 이론이 흑체복사나 광전효과를 설명하지 못한 반면, 광자 개념은 간섭과 회절 현상을 쉽게 설명하지 못했다. 실제로 간섭과 회절은 여러 해 동안 파동이론을 지지하는 데 사용되었다. 아인슈타인은 광자 개념이 회절과 간섭을 설명할 수 없는 것을 알고 있었다. 오늘날 우리는 극히 작은 수준에서는 우리의 일상적인 관점이 반드시 유효하지 않다는 것과 빛이 입자이면서 동시에 파동이기도 하다는 것을 받아들이게 되었다. 이것은 파동-입자 이중성으로 알려졌고 모든 전자기 복사의 형태에 적용된다.

광자처럼 작은 크기의 수준으로 오게 되면 파동과 입자의 양 측면이 다 나타날 수 있다. 빛이 간섭과 회절을 할 때, 그것은 파동이라고 생각될 수 있다. 광전효과나 흑체복사에 관여할 때는 빛이 입자화되었다고 생각할 수도 있을 것이다. 영국의 물리학자 윌리엄 브래그(William Bragg, 1862~1942)는 그것을 좀더 일상적으로 표현했다. "빛은 월·수·금요일에는 파동처럼 행동하고, 화·목·토요일에는 입자처럼 행동하고, 일요일에는 어느 것처럼도 행동하지 않는다."

빛의 파동-입자 이중성은 프랑스 물리학자인 루이 드 브로이(Louis de Broglie, 1892~1987)에 의해 물질로 확장되었다. 그는 전자기파가 입자처럼 행동할 뿐 아니라 입자도 파동처럼 행동할 수 있다고 제안했다. 드 브로이에 의하면 인간이나 행성 같이 큰 물체조차도 약간의 파동성을 가지고 있다. 그것이 미소하고 입자성이 아주 지배적이지만 말이다. 그러나 전자는 매우 작은 입자여서 드 브로이의 이론은 전자가 감지될 만한 파동성을 나타내야 한다고 주장했다. 그의 생각은 뒤이어 전자가 회절과 간섭 현상을 나타내고 그 파장이 측정되면서 확증되었다. 실제로 전자의 파동성은 전자현미경의 개발에 특히 유용했다. 전자현미경은 광선 대신 전자 빔을 사용하여 작은 물체를 볼 수 있게 해준다. 전자현미경은 가시광선을 사용하는 현미경보다 더 강력해서 광학현미경으로 쉽게 볼 수 없는 바이러스와 세포의 내부 같은 대상의 상을 얻는 데 특히 유용하다.

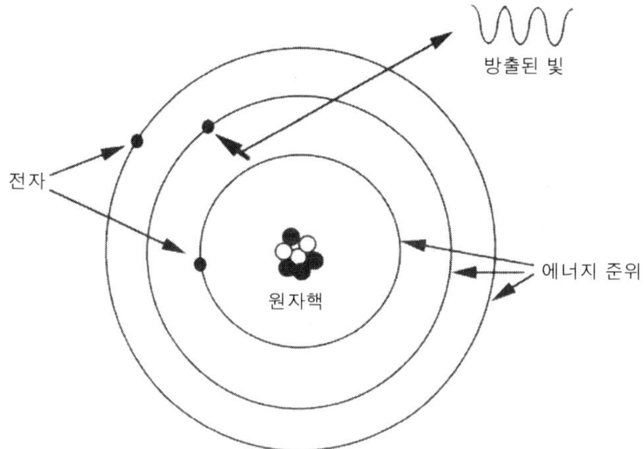

그림 10 ▶ 플랑크의 양자론에 기초한 보어의 원자모형. 전자들은 원자핵 주위의 특정한 에너지 준위(여기에서는 동심원으로 그려져 있다)만을 차지할 수 있고 그 사이의 에너지 준위는 차지할 수 없다. 전자가 높은 에너지 준위에서 낮은 준위로 도약할 때, 전자가 방출되고 전자의 진동수는 두 준위 사이의 에너지 차에 의해 결정된다. 이 모형에서 전자는 그냥 원자핵으로 소용돌이 선을 따라 떨어지지 않으며 이것은 실험적 관찰과 잘 맞는다. 전자가 높은 에너지 준위에서 낮은 에너지 준위로 떨어질 때 특정 진동수의 빛만이 방출된다.

아인슈타인이 흑체의 빛 흡수와 방출에 대한 플랑크의 이론을 다시 부상시킨 후에 덴마크의 과학자 닐스 보어(Niels Bohr, 1885~1962)는 양자 개념을 원자 구조에 대한 새 모형을 제안하는 데 사용했다(그림 10).

보어는 왜 특정한 원소의 원자들이 특정 진동수의 빛을 흡수하고 방출하는지 설명했다. 그의 원자 모형에서 음으로 대전된 전자는 양으로 대전된 원자핵 주위에 분포한다. 그러나 전자들은 원자핵 주위 아무데서나 존재할 수 없다. 그것들은 에너지 준위라 불리는 정해진 에너지 상태에 존재해야 한다. 원자가 빛을 흡수할 때, 빛 에너지는 전자로 전달되고 이 전자는 더 높은 에너지 준위로 도약한다. 그러나 이것은 광자의 에너지(또는 진동수)가 전자를 낮은 에너지 준위에서 높은 에너지 준위로 옮길 만할 때만 일어난다. 전자는 두 에너지 준위 사이의 아무 곳이나 뛰어오를 수 없다. 그것은 전자(前者)나 후자 중 한 준위에 있어야 한다. 결과적으로 원자는 에너지의 묶음(양자)을 흡수한다. 같은 식으로 전자가 높은 에너지 준위에서 낮은 준위로 떨어질 때 전자는 빛 에너지를 방출한다. 그러나 단지 정해진 이동만이 일어날 수 있으므로 방출되는 빛의 에너지는 띄엄띄엄 떨어진 값을 가져야 한다. 그러므로 방출되고 흡수되는 광자는 특정한 진동수를 갖는다. 보어의 원자 모형은 전자의 에너지 준위가 양자화되어 있음을 보여주었다.

원자나 아원자입자, 전자기 복사 같은 매우 작은 세계를 이해하기 위해 요구되는 양자 물리학은 물리학에 혁명을 일으켰다. 많은 물리학자들이 양자 물리학과 매우 큰 세계를 이해하게 해주는 이론을 결합시켜서 우주의 기원에 관한 설명을 찾고 있다. 매우 큰 세계를 수학적으로 이해할 수 있게 해주는 한 이론이 아인슈타인의 상대성 이론이다. 양자 물리학이 20세기 물리학의 가장 중요한 두 가지 발전의 첫번째 것이라 한다면 그 두번째 것은 이 이론이다.

양자론이 물리학에 가한 엄청난 충격을 생각해 볼 때, 단지 흑체가 나름의 방식대로 전자기 복사선을 흡수하고 방출하는 이유를 설명할 방정식을 찾고자 했던 막스 플랑크의 영감받은 추측으로 양자이론이 시작되었으며, 알베르트 아인슈타인이 광전효과에 대한 설명을 찾는 과정에서 그것이 엄청나게 강화된 것은 일견 기이해 보인다.

6
아인슈타인의 만년필

아인슈타인은 1905년에 빛이 입자(광자)로 되어 있다는 생각을 담은, 광전효과에 관련된 발표로 후에 노벨 물리학상을 받았다. 그러나 아인슈타인은 역시 1905년에 첫번째 것이 발표된 상대성 이론으로 훨씬 더 잘 알려져 있다. 물리학자로서 그가 동료 과학자들에게 상대성 이론이 아니더라도 높이 평가받았을 것에 의심의 여지가 없는 것은 상대성 이론 이외에도 물리학에서의 그의 기여들이 실제로 매우 컸기 때문이다. 세계 역사상 아인슈타인만큼 위대한 과학자가 나타나는 것은 매우 드문 일이다. 그는 고전 물리학이 설명하지 못한 많은 난제들을 해결했을 뿐 아니라 우리 주변의 세상에 대한 우리의 사고방식을 극적으로 변화시켰다. 아인슈타인의 상대론은 또한 우주의 기원에 관한 현대적 사고를 탄생시켰다(7장). 오늘날 모든 물리학자들은 아인슈타인의 이론에 크게 영향을 받은 방식으로 가르침을 받고 있고, 아인슈타인이 지금까지 세상에 존재한 가장 위대한 물리학자라는 것을 의심하는 과학자도 거의 없다.

그는 생전에 아주 존경받고 인기 있는 대중적 인물이 되었는데, 그것은 과학자들이 통상적으로는 좀처럼 얻기 어려운 위치였다. 그의 인기의 열쇠는 아마도 그가 친절하고 우쭐대지 않는 인격과 이상적인 정치적, 도덕적 가치관을 가진 위대한 천재로 비춰진 것, 그리고 그의 과학적 사고가 우주의 작동에 대한 깊은 통찰력을 주었다는 것에 있었다. 그는 또한 원자탄의 개발을 포함하여 몇몇 정치 상황에 개입하였다. 그는 이스라엘 대통령직을 제안받았으나 거절했다.

아인슈타인은 맥스웰과 플랑크(2장, 5장)처럼 이론물리학자였다. 그의 실험은 그의 머리에서 행해졌다[그가 한 실제적인 일 한 가지는 헝가리의 물리학자인 실라르드(Szilard, 1898~1964)와 함께 소음 없는 가정용 냉장고를 개발해 특허를 낸 것이었다]. 그러한 '사고실험'이 과학과 기술에 얼마나 많이 기여했는가를 생각할 때, 우리는 순수한 사고와 그것의 수학적 표현이 적어도 실험 과학만큼 인류의 진보에 중요하다는 것을 깨닫게 된다. 한번은 아인슈타인이 어떤 사람으로부터 그의 실험실을 보여달라는 요청을 받았을 때, 그는 그의 주머니에서 만년필을 꺼내며 말했다. "그것은 여기 있습니다!" 또 한번은 그의 과학 장비 중 가장 중요한 것이 그가 계산을 할 때 썼던 종이를 버리는 휴지통이라고 말한 적이 있었다.

어떤 사람들에게는 아인슈타인이 뉴튼의 운동 법칙이 틀렸음을 효과적으로 입증했다는 오해가 있다. 어떤 과학비평가들은 이것이 과학자들이 모든 것을 잘못되게 만들어 왔고 그들 스스로 계속 모순되고 있는 증거라고 주장해 왔다. 관성의 법칙이라고도 하는 뉴튼의 제1법칙은 물체에 가해진 합력이 '0'이면 그 물체는 정지해 있거나 같은 속력으로 같은 방향을 향해서 직선 운동을 한다는 것이다. 뉴튼의 제2법칙은 물체가 '0'이 아닌 합력을 받으면 가속되고 그 합력(F)은 물체의 질량(m)에 그것의 가속도(a)를 곱한 것과 같다. 즉 $F=ma$ 라는 것이다. 뉴튼의 제3법칙은 한 물체가 다른 물체에 힘을 작용할 때, 두번째 물체는 똑같은 크기의 힘을 반대 방향으로 첫번째 물체에 작용한다는 것이다. 우주 공간에서는 이것을 명쾌하게 알 수 있다. 한 우주비행가가 어떤 방향으로 물체를 던지면 그 물체는 크기는 같지만 방향이 반대인 힘을 우주비행사에게 작용하여 그를 반대 방향으로 민다.

동·식물의 종이 진화했다는 생각에 반대하는 몇몇 창조론자들은 한때

확립된 '사실들'(이 경우에는 뉴튼의 법칙)이 종종 나중에 뒤엎어지는 증
거로 심지어는 아인슈타인의 이론을 사용하기도 했다. 그러나 뉴튼의 법
칙들은 일상적 조건 속에서는 완벽하게 들어맞으며 물리학과 기술(技術)
에 엄청나게 유용했다. 아인슈타인이 한 일은 사물들이 광속(초속 30만
km)에 접근할 때 뉴튼의 운동 법칙들이 수정될 필요가 있다는 것을 보인
것이다. 광속보다 훨씬 느린 보통 일상생활에서 볼 수 있는 속력에서는
운동하는 물체들이 아인슈타인과 뉴튼의 운동 기술(記述)이 별 차이가 없
게 행동한다. 실제로 아인슈타인은 모든 속력에서 유효하도록 뉴튼의 운
동 법칙을 세련화했다. 이러한 기존의 개념들의 수정은 과학이 진보하는
통상적인 과정이다.

　아인슈타인은 물리학 전체에, 특히 상대성에 대한 그의 이론으로 혁명
을 일으켰다. 상대성 이론은 두 개의 주된 이론을 포함한다. 1905년에 발
표된 특수 상대성 이론과 1916년에 발표된 일반 상대성 이론이 그것이다.
이것들을 설명하기 전에 아인슈타인의 과학적 배경에 대하여 먼저 알아보
자.

아인슈타인 이전의 물리학: 에테르

　20세기 이전, 빛이 파동으로 되어 있다는 생각이 물리학의 사고를 지배
하던 시절에, 과학자들은 광파가 전파되는 매질이 있어야 한다고 생각했
다. 요컨대 물의 파동은 물에 의해 운반되고 음파는 공기 중의 분자들에
의해 운반된다(사실은 소리를 전달하는 매질은 무엇이든 상관없다). 예를
들면, 소리는 진공을 통해 전달될 수 없는데 그 이유는 소리를 전해 줄 아
무런 분자가 없기 때문이다. 파동은 운반해 줄 물질이 없이는 전달될 수
없다고 생각되었고 그래서 빛은 지원하는 매질이 있어야 했다. 광파의 전
달에 관여하는 매질은 에테르(ether)라고 불렸다(ether라는 용어는 '불꽃'
에 해당하는 그리스어에서 유래했다. 고대 그리스인들은 그 단어를 별들
을 구성하는 원소를 표현하는 데 사용했다). 아무도 에테르가 무엇인지
정확히 알지 못했다. 빛이 파동으로 되어 있다는 관점을 받아들이기 위해

서는 에테르의 존재를 가정하는 것이 필요했다.

빛도 유한한 속력을 갖는다. 빛은 광원에서 다른 물체로 이동하는 데 약간의 시간이 걸린다. 먼 별에서 지구에 도달하는 빛은 아주 먼 거리를 여행했기 때문에, 우리가 감지하는 것은 실제로는 별이 얼마나 멀리 떨어져 있느냐에 따라서 수천 년, 수백만 년 또는 수십억 년 전의 별에서 온 빛이다. 물론 빛이 유한한 속력을 갖는다는 것은 일상 생활에서는 알아차리기가 쉽지 않다. 그것은 아주 빨라서 빛이 몇 미터 떨어진 광원에서 우리 눈에 도달하는 데는 불과 수십억 분의 1초밖에 걸리지 않는다. 불이 방에서 켜질 때, 빛이 전구에서 우리 눈으로 이동하는 데 걸리는, 1초보다 훨씬 짧은 시간을 우리는 알아차리지 못한다. 광속을 측정하려는 최초의 시도는 1676년에 덴마크의 천문학자 올라프 뢰머(Olaf Roemer, 1644~1710)에 의해 행해졌다. 보다 정확한 측정이 나중에 이루어졌는데 이로써 빛이 일정한 속력을 가졌다는 것이 분명해졌다. 빛이 파동으로 이루어져 있음을 가정한 맥스웰의 방정식에 의하면(3장) 빛은 공기 중에서보다는 물이나 유리같이 조밀한 투명 물질에서 더 느리게 움직여야 한다. 다른 물질에서 광속을 측정한 실험들은 이 사실을 확증했다. 예를 들면 유리 블럭에서 전파되는 빛의 속력은 1/3이 줄어들어 시속 20만 km의 속력을 냈다. 이는 빛이 전달 중에 유리 속의 원자들에 의해 흡수되고 방출되는 데 시간이 걸리기 때문이다.

빛의 상세한 성질들이 좀더 확립되었을 때, 계산해 본 결과, 에테르는 빛이 통과할 때 진동하는 고체이어야 했다. 아무도 에테르를 보거나 감지할 수 없었으므로 그것은 단단할 뿐 아니라 매우 미세해야 하며 모든 곳, 진공에까지 존재해야 했다. 왜냐하면 빛은 진공 중에서도 이동할 수 있기 때문이다. 확실히 에테르는, 만약 그것이 존재한다면, 이전에 알려진 물질들과 비교해 볼 때, 새로운 종류의 '물질'이어야 했다.

그럼에도 불구하고 에테르가 존재한다면, 그 존재를 알아낼 실험을 고안하는 것이 가능해야 한다. 실제로 1887년에 미국의 두 과학자인 앨버트 마이컬슨(Albert Michelson, 1852~1931)과 에드워드 몰리(Edward Morley, 1838~1923)는 에테르를 검출하기 위해 정확한 실험을 수행했다. 그들은 지구가 운동하고 있으므로 수영하는 사람이 물을 헤쳐가듯이 지구가 정지한 에테르를 헤쳐가야 한다고 추론했다. 이것은 지구를 지나서 '흘러가는' 에테르 때문에 '에테르 압력'을 생기게 할 것이다. 더욱이 지구는 태양 주위를 타원 궤도로 돌 뿐만 아니라 스스로 자신의 축 주위를 돌기 때문에 에테르를 통과하는 방향은 시간에 따라 달라지고 지구 위의 특정 지점에서 '에테르 압력'의 방향은 지구의 운동에 따라 변할 것이다. 그 측정된 속력은 에테르 속의 지구의 운동 방향과 비교하여 빛이 같은 방향으로 운동하느냐 다른 방향으로 운동하느냐에 따라 달라질 것이다. 계산해 본 결과, 회전 운동 중에 에테르가 외관상 흐르는 방향과 평행하게 움직이는 빛의 측정된 속력은 이 흐름의 방향에 수직으로 이동하는 빛의 측정된 속력보다 느려지는 것을 알 수 있었다. 예를 들어 물의 흐름에 대하여 어떤 거리를 이동하는 데 위아래로 헤엄치는 사람은 같은 거리를 그 흐름에 직각으로 헤엄쳐서 이동하는 사람보다 더 오래 걸린다는 것이다. 마이컬슨과 몰리는 지구의 운동 방향과 비교하여 다른 방향들에서 광속을 동시에 측정하기 위해 매우 정확한 장치를 사용했다. 그들의 장비는 에테르를 통과하는 운동을 쉽게 감지해 낼 수 있었다. 그러나 그들은 수천 번의 시도를 해 보았으나 광속의 측정치들 사이에 어떤 차이도 발견할 수 없었다. 그들은 어떠한 에테르 압력도 검출해낼 수 없었다. 그들은 에테르를 검출할 수 없었던 것이다.

마이컬슨과 몰리가 그들의 실험을 실행한 이후로 더 많은 과학자들이 에테르의 증거를 찾으려고 시도했다. 그 실험 중의 몇몇은 더 최근에 고도로 정교화된 기술을 사용해 실행되었다. 이 실험들 중 어느 것도 에테르의 존재에 대한 증거를 찾지 못했다. 광속은 언제나 어떤 방향으로 측정되든 일정했다.

19세기의 물리학자들에게 에테르는 단지 빛이 전파되는 데 필수적인 매질만은 아니었다. 그것은 또한 물체의 운동을 결정하는 절대 좌표계였다. 이 진술의 의미를 설명하기 위해 예를 들면, 어떤 일정한 속력으로 시골길을 움직이는 기차를 생각해 보자. 기차 위의 승객들은 나무와 들이 스쳐 지나가는 것을 보고 있기 때문에 그들이 운동하고 있다는 것을 의심하지 않는다. 그러나 나무와 들판의 배경이 없어지고 기차의 속력이 변하지 않는다면 자신이 운동하고 있는지 정지해 있는지 알기가 더 어려워진다(기차의 속력이 바뀔 때에는 승객은 기차의 가속과 감속에 의해 생길 힘을 느낄 수 있다). 또다른 기차가 옆의 궤도에 나타난다면, 어느 기차가 더 빨리 운동하고 있는지 알기가 어렵고, 심지어 첫번째 기차가 정지해 있는지 운동하고 있는지도 알기 힘들다. 만약 첫번째 기차가 시속 100km 로 달리고 있다면, 그 상황은 승객들에게 첫번째 기차가 시속 40km로 달리고 두번째 기차는 정지해 있을 때와 똑같이 보인다. 좌표계인 배경이 없다면, 한 기차의 승객이 어느 기차가 운동하고 있는지 확인하는 것은 불가능할 것이다. 그들은 각자 그들이 정지해 있고 다른 기차가 운동하고 있다고 주장할 수도 있고, 그들이 운동하고 있고 다른 기차가 정지해 있다고 주장할 수도 있을 것이다.

운동하는 기차의 배경 풍경의 중요성은 그것이 우리가 운동하고 있다고 말할 수 있는 좌표계를 제공한다는 것이다. 그것은 기차가 그 배경(지구)에 상대적으로 운동하고 있다고 말할 수 있게 해준다. 좌표계가 없다면, 속력이 일정한 어떤 것이 운동하고 있는지 정지하고 있는지 말하는 것도 불가능하다. 실제로 지구는 태양 주위를 시속 108,000km로 돌고 있고, 태양과 태양계는 우리 은하계의 중심 주위를 시속 500,000km로 돌고 있으며, 우리 은하계는 시속 2,300,000km의 속력으로 우주 속을 달리고 있다. 우리 모두가 숨막힐 정도의 속력으로 우주 속을 날고 있다는 것은 의심의 여지가 없지만 우리는 일상 생활에서 이것을 감지할 수 없다.

에테르는 물리학자들에게 물체의 절대 운동이 파악될 수 있는 보편적 배경을 제공해 주었다. 지구가 태양 주위를 돌고 있다고 말할 때, 우리는 태양을 좌표계로 사용한다. 지구의 공전은 태양에 상대적으로 고려된다. 그러나 태양이 마찬가지로 운동하고 있다면, 우리는 지구의 절대 운동에 대한 아무런 정보도 얻지 못한다. 우리는 태양의 운동을 뭔가 다른 것, 예를 들면 또다른 별 같은 것에 상대적인 것으로 생각해야 한다. 그러나 이 다른 별도 운동하고 있다면, 그때는 무엇이 지구와 태양의 진정한 (절대) 속력이 되는 것인가? 정지한 에테르는 절대 정지의 좌표계를 제공했다. 그것은 완전히 정지해 있고 지구, 태양, 별 또는 다른 천체와 함께 운동하지 않는다고 여겨졌다. 지구의 속력이 에테르에 대하여 측정될 수 있다면, 지구의 절대 속력은 결정될 것이며, 지구에 상대적으로 측정된 어떤 것의 속력은 그 물체의 절대 속력을 결정하는데 사용될 수 있을 것이다.

뉴튼은 상대 운동의 문제를 잘 알고 있었다. 그의 절대 정지의 개념은 종교적인 것이었다. 우리는 우리가 보는 어떤 물체도 절대적으로 정지해 있다고 확신할 수 없지만 뉴튼은 절대적으로 정지한 것이 존재하며 하나님이 그것을 알고 있다고 했다. 신앙은 어떤 상황에서는 좋은 것일 수 있지만 실제 세계에서 사물을 판가름하는 실제적 방법을 제시하지 않는다. 에테르는 절대적 정지 상태에 있는 좌표계를 제시하는 더 구체적이고 명백한 방법이었다. 불행하게도 에테르의 존재는 검출될 수 없었으며 절대 정지는 토대로부터 흔들리고 있었다.

이것은 고전 역학에 막대한 타격이었다. 예를 들면 뉴튼의 운동 법칙은 절대 정지의 좌표계의 존재를 요구했고, 맥스웰의 방정식도 절대 좌표계를 필요로 했다. 에테르 없이는 광파를 전달해 줄 매질이 있을 수 없었고, 그것에 대하여 운동하는 물체의 속력을 측정할 절대 좌표계도 있을 수 없었다.

마이컬슨과 몰리의 에테르 검출 실패를 설명하기 위해 아일랜드의 물리학자 조지 피츠제럴드(George FitzGerald, 1851~1901)는 운동하는 물체는 그것의 절대 운동의 방향으로 길이가 줄어든다고 제안했다. 피츠제럴드에 의하면, 지구의 운동과 같은 방향을 가리키는 자는 길이 방향으로 수축하고 반면에 지구 운동에 수직 방향을 가리키는 자는 길이 방향으로 수축하지 않는다(대신에 그 끝 모서리가 지구와 같은 방향으로 운동하므로 폭 방향으로 수축이 일어난다). 피츠제럴드는 지구 운동과 같은 방향으로 광속을 측정하면, 측정치는 측정 기구의 수축으로 상쇄되어 지구 운동의 수직 방향으로 측정된 광속의 측정치와 같아진다는 것이다. 다시 말하면 에테르는 여전히 존재할 수 있지만 마이컬슨과 몰리가 한 것 같은 광속 측정으로는 에테르를 검출할 수 없을 것이다. 대상이 운동 방향으로 수축한다는 생각은 오히려 어색해 보였지만 그것은 실험 데이터에 가능한 설명이 되었다. 아인슈타인은 상대성 이론에서 같은 개념을 사용했다.

대부분의 일상적 상황에서 운동하는 물체의 수축 정도는 피츠제럴드에 의하면 극소량이지만 속력이 광속에 접근하면 수축이 분명해진다. 그래서 30cm의 자는 광속의 반(150,000km/s)으로 운동할 때, 약 27cm로 수축하고 광속의 3/4에서는 20cm 가량이 되며 광속에서는 길이가 0이 된다.

뒤이어 네덜란드의 과학자인 헨드릭 로렌츠(Hendrik Lorentz, 1853~1928)는 물체가 절대 운동의 방향으로 수축할 뿐 아니라 그 질량도 증가해야 함을 수학적으로 보여주었다. 예를 들면, 1kg의 물체가 광속의 반으로 운동하면 1.15kg 정도 나가게 되고, 광속의 3/4의 속력으로 운동하면 1.5kg까지 질량이 증가하며 광속에서는 그 질량이 무한대가 되어야 한다. 로렌츠는 이 효과를 운동하는 대전 입자에 대해 기술했지만 나중에 아인슈타인은 질량 증가가 모든 운동하는 물체에서 일어남을 입증했다.

운동하는 물체의 속력이 증가하면 길이가 수축될 뿐 아니라 질량이 늘어난다는 것이 우습게 들릴지 모른다. 그 모든 생각이 상식에 어긋나 보인다. 그러나 상식은 속력이 광속에 비해 매우 작은 일상 세계를 취급한다. 시속 60km로 달리는 자동차는 광속의 1,800만 분의 1의 속력으로 운동하고, 그 결과 길이 수축과 질량 증가를 알아차릴 수 없을 정도다. 속력이 광속에 접근하면 길이 수축과 질량 증가는 정말로 분명해진다. 그러나 우리는 대부분의 보통 상황에서 이런 속력으로 운동하는 물체를 보지 못했다.

피츠제럴드가 에테르의 존재를 구제하려고 길이 수축을 제안했지만, 물체의 운동 방향으로의 수축이나 속력에 따른 질량 증가는 에테르의 존재와 무관했다. 알베르트 아인슈타인은 에테르를 무시함으로써 그의 **특수 상대성 이론**에 도달했다. 그에 따르면 에테르는 불필요했다. 물체의 운동에 대한 이러한 해석은 또한 고전물리학이 설명하지 못했던 많은 문제들을 해결했다.

특수 상대성 이론과 일반 상대성 이론

아인슈타인의 특수 상대론과 나중에 나온 일반 상대론은 물리학계의 기념비적 업적이어서 많은 전기(傳記)작가들이 무엇이 그를 그런 천재로 만들었는지 설명하려고 시도해 왔으나 별로 성공을 거두지 못했다. 아인슈타인은 1879년 독일에서 태어났지만 그는 나중에 독일 시민권을 버리고 스위스 시민이 되었다. 그의 유년시절은 그가 그런 위대한 지적 업적을 남기리라고 생각할 여지가 거의 없었다. 실제로 그는 3살이 될 때까지 말도 제대로 못했고, 그의 부모는 그에게 학습 장애가 있지 않을까 걱정했었다. 그는 외로운 아이였고, 나중에는 고독으로 돌아갔다. "외로움을 경험해 본 개인은 쉽게 집단 암시의 희생자가 되지 않는다"고 그가 말한 적이 있었다. 아인슈타인은 학교에서 행해지는 주입식 학습 방식을 포함해서 어떤 종류의 통제도 싫어했다. 이것은 그를 학교 학습 방식에 반항적으로 만들었지만 그것은 또한 그가 스스로 배우고 독립적으로 생각하도록 도왔다. 수학은 그가 가장 잘하는 과목이었고, 그는 나중에 취리히에 있는 스위스 연방 기술학교에서도 수학을 공부했다. 1902년에 그는 베른에 있는 스위스 특허국에 특허 사무원 자리를 얻었다. 그가 거기서 일하는 동안 그는 여가 시간에 이론물리학을 연구했고, 광전효과(5장), 브라운 운동, 특수 상대성 이론에 관한 논문들의 발표로 세계를 뒤흔들었다.

특수 상대론은 고전 물리학과 모순되어 보이는 몇 가지 문제들을 해결하는 아인슈타인의 이론적 방법이었다. 예를 들면 고전 물리학에 의하면 대전 입자는 운동할 때 자기장과 연관된다. 무엇에 대한 운동인가라는 의문이 생긴다. 지구에 대하여 정지해 있는 지구 표면 위에 있는 대전 입자는 지구가 운동하고 있으므로 여전히 운동하고 있다. 대전 입자와 연관된 자기장을 기술하는 방정식은 입자가 운동하고 있는지 그렇지 않은지를 말하기 위해 절대 좌표계를 요구했다. 아인슈타인은 이 절대 좌표계의 필요성을 없애 버렸고, 등속으로 운동하는 물체의 이론적 연구인 그의 특수 상대론은 그밖에도 고전 물리학의 분명한 모순들을 많이 제거했다. 운동과 전자기에 대한 아인슈타인의 분석에는 절대 좌표계가 필요없다. 물리 법칙들은 관찰자의 운동에 관계없이 누구에게나 동일하다.

뉴턴의 운동 법칙은 한 물체가 어떠한 속력으로든 운동하는 것을 허용했다. 큰 힘이 충분한 시간 동안 충분하게 물체에 작용할 수 있다면, 광속만한 또는 더 큰 속력에 도달하는 것을 아무 것도 막지 못한다. 그러나 아인슈타인의 가장 중요한 가정 중 하나는 등속으로 운동하는 물체의 측정된 속력은 결코 광속보다 커질 수 없다는 것이었다. 그의 방정식과 피츠제럴드와 로렌츠의 방정식은 광속으로 운동하는 물체가 0의 길이와 무한

대의 질량을 갖으며, 광속보다 더 큰 속력에서는 물체의 질량과 길이는 허수가 되어 어떤 의미를 갖지 못한다는 것을 예측했다. 아인슈타인은 벌써부터 이 생각에 대한 근거를 갖고 있었다. 아무도 빛보다 빨리 운동하는 어떤 물체를 관찰한 적이 없었다. 오늘날 이 진술은 여전히 진리이다.

아인슈타인도 진공에서 광속은 항상 광원이나 측정자의 속력에 상관없이 항상 동일한 값으로 측정된다고 말했다. 이 명제의 의미를 이해하기 위해서 움직이는 기차에서 던져진 돌을 생각해보자. 그 속력(주변 배경의 땅 위에 있는 관찰자에 의해 측정된)은 기차가 달리는 방향으로 던져진 경우가 다른 경우보다 더 클 것이다. 돌을 기차의 운동 방향으로 던지면 돌의 속력은 기차의 속력에 더해지지만 정반대 방향으로 던지면 기차의 속력에서 빼진다(그림 11). 반면에 빛은 상당히 다르게 행동한다. 운동하는 기차에서 비춰지는 랜턴(lantern)을 생각해 보자. 빛의 속력은 랜턴이 기차의 운동 방향으로 비춰지면 그것이 다른 방향으로 비춰질 때보다 더 빨라지는 게 아니라 모든 방향에서 동일하다. 기차가 광속의 반으로 운동한다 해도 기차의 운동 방향으로 비춰진 광선의 측정 속력은 광속의 3/2 배가 되는 것이 아니라 기차가 운동하지 않을 때와 동일하다(그림 11).

광속에 대한 이 가정의 결론은 물체의 절대 속력을 계산하는 것이 불가능하다는 것이다. 아인슈타인에게도 절대 속력을 측정할 기준이 되는 에테르는 쓸모가 없었다. 모든 것은 에테르 없이 설명될 수 있었고, 이것은 확실히 아무도 일찍이 그것을 검출한 적이 없다는 사실과 일치했다.

한 물체의 속력이 광속에 접근하면서 그 물체의 측정된 질량이 증가한다면, 특수 상대론이 형성되던 시점에서 널리 사실로 받아들여진 질량 보존의 법칙(물질은 생성되거나 소멸되지 않는다는 법칙, 10장)은 어떻게 되는 것일까? 틀림없이 질량 증가는 이 법칙에 모순되게 질량의 생성을 의미하는가? 아인슈타인은 $E=mc^2$이라는 유명한 방정식을 유도했을 때 이 문제에 대한 해답에 도달했다. 이 방정식은 한 물체의 에너지(E)는 그 질량(m)과 광속(c)에 연관되어 있음을 보여준다. 아인슈타인은 질량 보존의 법칙을 재구성하여 질량-에너지 보존 법칙으로 변환시켰다. 즉 물질과 에너지는 생성되거나 소멸될 수 없으나 서로 다른 것으로 전환될 수 있다.

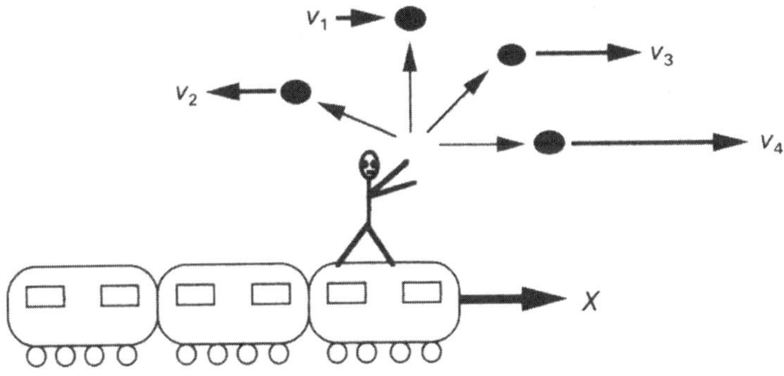

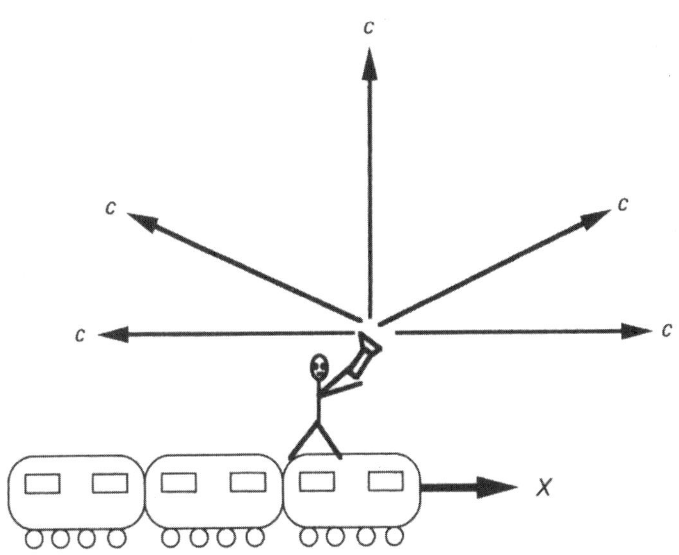

그림 11 ▶ 측정된 광속의 불변성. 운동하는 기차에서 던져진 돌의 속력(위, v1-v4)은 기차의 속력(∞)뿐 아니라 던져진 방향에 의존하는 반면, 광속(아래, c)은 빛이 비추어지는 방향과 기차의 속력에 관계없이 동일하다. 화살표는 방향을 나타내고 화살표의 길이는 속력을 나타낸다.

아인슈타인의 특수 상대성 이론은 즉시 물리학자들에게 수수께끼였던 방사능을 설명했다(4장). 이제 겉보기에 끝없는 양의 에너지가 어떻게 방사능 원자에서 방출되는지 이해될 수 있었다. 질량-에너지 보존 법칙이 준수되고 있었다. 실제로 아인슈타인의 특수 상대론이 발표된 후, 물리학자들은 방사능을 내기 위해 요구되는 방사성 원자핵의 질량 감소를 찾아내려 했고 마침내 찾아냈다. $E=mc^2$ 방정식은 물체가 에너지로 전환될 때 생성되는 에너지의 양은, 물체의 질량이 광속의 제곱에 곱해진 것과 동일함을 나타낸다. 광속은 매우 크기 때문에 이것은 작은 물질의 양이 엄청난 양의 에너지로 전환될 수 있음을 의미한다. 이것은 핵발전과 핵폭탄의 원리다. 핵반응에서 작은 양의 물질은 큰 양의 에너지로 전환된다. 아인슈타인이 공공연한 이상주의자요 평화주의자임을 고려할 때, 물질 대(對) 에너지 전환의 파괴적 사용이 그의 이론에 대한 가장 강한 몇 가지 증거를 제공한다는 것은 모순이 아닐 수 없다.

아인슈타인의 특수 상대론은 또한 시간 개념에 새로운 해석들을 가져왔다. 뉴튼은 절대 시간에 대한 지식을 운동에 대한 절대 좌표계에 대해서처럼 신에게 돌렸다. 빛의 일정하고 유한한 속력의 결과는 길이와 질량의 측정에 추가하여 시간의 측정도 물체의 운동에 따라 변한다는 것이다. 아인슈타인의 방정식은 물체가 광속에 접근할 때, 시간이 늘어나는 것으로 나타난다. 예를 들어 광속의 98%로 운동하는 물체에게 1초는 5초처럼 길어진다. 이 현상은 시간팽창이라고 불린다. 길이와 질량의 측정치의 변화에서처럼 시간에 대한 속력의 효과는 보통 일상 생활에서 경험하는 속력에서는 무의미하지만 그것이 광속에 접근할 때 의미있게 된다.

시간 팽창에 대한 증거는 여러 경우에서 발견되었다. 예를 들면, 광속에 가까운 초고속으로 아원자 입자를 가속시키는 가속기들이 있다. 이 입자들 중 몇몇은 불안정하고 정해진 율로 붕괴한다. 입자들이 더 빨리 운동함에 따라 입자들은 더 느리게 쪼개진다. 입자들이 붕괴하는 데 걸리는 시간은 입자들이 광속에 접근함에 따라 더 길어진다. 시간이 느려진다는 아인슈타인의 주장을 지지해 주는 또 하나의 증거는 고속으로 물체가 가속될 때, 정교한 원자 시계의 째깍거리는 소리의 간격의 측정에서 나온다. 이 시계는 지구 위에 있을 때보다 빨리 운동하는 제트 비행기와 인공위성

위에 있을 때 더 천천히 움직이는 것이 확인되었다.

특수 상대론은 물체의 길이와 질량 및 시간에 대한 등속 운동의 효과를 취급한다. 나중에 아인슈타인은 비등속운동과 관련되어 있고 중력을 바라보는 새 방식을 제안하는 그의 일반 상대론을 전개했다. 뉴튼에게 중력은 두 물체 사이의 인력이었다. 큰 물체는 작은 물체보다 더 큰 중력으로 당긴다. 아인슈타인은 이 개념을 깨뜨렸다. 그는 중력적 인력은 가속도(속도의 증가율)와 동등함을 입증했다. 이것은 등가원리라고 불렸다. 위쪽으로 가속되는 용기에 있는 물체는 물체가 중력에 의해 지구로 당겨지는 것과 정확히 같은 방식으로 아래로 당겨진다.

아인슈타인에게 중력은 물체간의 힘이 아니라 질량의 존재로 야기된 시공간의 굴곡이었다. 물체는 지구의 중력에 의해 당겨지기 때문에 지구로 떨어지는 것이 아니다. 물체는 지구의 질량에 의해 생겨난 시공간의 굴곡을 따라 가장 쉬운 경로를 택하기 때문에 떨어진다. 그것은 탄성 물질의 얇은 막 위에 놓인 쇠구슬의 운동으로 비유될 수 있다. 쇠구슬(지구)은 탄성막(시공간)에 함몰을 야기하고 탄성막은 쇠구슬 주위에서 휘어지는데 쇠구슬에 더 가까울수록 더 가파르게 휘어진다(그림 12). 일반 상대론은 모든 좋은 이론이 그렇듯이 검증 가능하다. 예를 들면, 그것은 빛이 중력에 의해 휘어져야 함을 예측했다. 태양 옆을 지나가는 빛은 아인슈타인에 의하면 태양에 의해 생긴 시공간의 굴곡에 의해 휘어져야 한다. 이것은 정확한 상황에서 측정 가능해야 한다. 태양에 의한 빛의 휘어짐을 관찰할 가장 좋은 상황은 개기 일식 때이다. 1919년에 개기 일식이 서부 아프리카 해안에서 일어났고, 일단의 영국 과학자들이 태양 근처에 있는 별의 위치를 측정하여 예측된 휘어짐을 찾아내어 아인슈타인의 이론을 검증하기 위해 원정대를 조직했다. 그 결과는 아인슈타인의 이론과 일치했고, 이것은 아인슈타인을 전세계의 안방 스타로 만드는 센세이션을 일으켰다. 아인슈타인이 이 일반 상대론의 확증을 알리는 전보를 받았을 때, 그는 놀라우리만큼 잠잠했다. 그때 그와 함께 있었던 학생 중 하나가 그에게 이 사건이 얼마나 흥분할 만한 것인지에 대해 토를 달았지만 아인슈타인은 겉보기에 거의 무감동하게 반응하면서 말했다. "나는 그 이론이 옳다는 것을 알고 있었네." 그 결과가 그의 이론과 불일치했다면 무슨 생

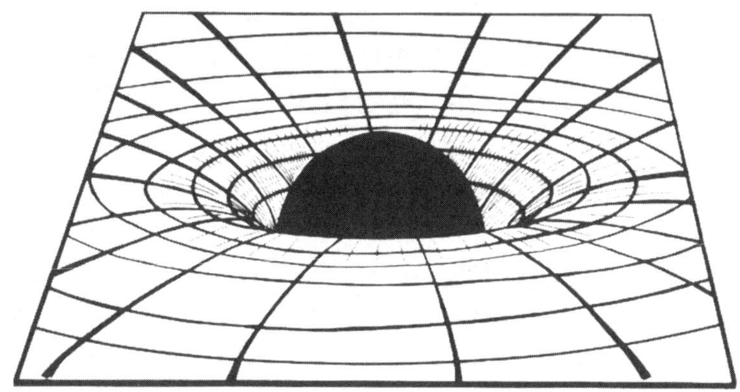

그림 12 ▸ 시공간의 굴곡인 중력. 아인슈타인은 중력을 인력보다는 시공간의 굴곡에 영향을 미치는 물체에 의
해 생겨나는 것으로 생각했다. 그것은 탄성막의 중앙에 있는 쇠구슬에 비유된다. 쇠구슬은 탄성막이 쇠구슬 주변
에서 굽어지게 한다. 이 막을 가로질러 굴려진 작은 구형 물체는 탄성막의 굴곡 때문에 쇠구슬쪽으로 떨어질 것
이다. 비슷한 방식으로 물체들은 지구의 중력의 영향으로 지구로 떨어진다.

각을 했겠느냐는 질문을 받자, 아인슈타인은 "그렇다면 그 이론이 옳기 때문에 친애하는 하나님께 유감을 느꼈을 걸세"라고 대답했다. 그러나 그 당시에 그가 어머니에게 쓴 편지에는 그의 예측이 확증되었을 때, 그가 실제로는 흥분했다는 것이 나타나 있다.

많은 물리학자들이 나중에 1919년 일식 때 행해진 측정의 정확성을 의심했지만 수많은 다른 관찰 결과들은 중력에 대한 아인슈타인의 생각을 지지했다. 또 한 가지 아인슈타인은 그의 일반 상대론이 고전 물리학이 설명할 수 없는 수성의 특이한 궤도의 수수께끼에 해답을 준다는 것을 알고 있었다. 태양 주위의 행성들의 궤도가 거의 타원이지만 완전한 타원은 아니라는 것이 19세기 중엽 이래로 알려져 있었다. 행성들은 세차운동을 한다. 즉 행성들은 매바퀴마다 조금씩 다른 곳으로 돌아가서 닫힌 타원이 아니라 루프(loop)들로 이루어진 궤도가 생겨난다(그림 13). 수성—태양에 가장 가까운 행성—은 가장 큰 정도로 세차운동을 한다. 뉴튼의 이론이 수성의 세차운동에 적용되었을 때 그것은 제대로 설명되지 않는다. 그 현상 때문에 많은 물리학자들이 당황했다. 특히 수성에 힘을 미쳐 그런 변칙을 일으킬지도 모르는 태양에 가까운 다른 행성이 발견되지 않았기 때

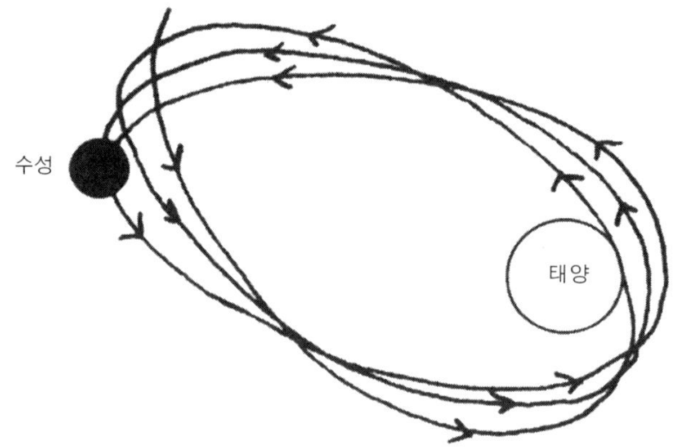

그림 13 ▸ 수성의 세차운동. 수성이 태양 주위를 공전할 때 수성은 세차운동을 한다. 수성은 닫힌 타원을 그리지 않는다. 이 현상은 고전물리학으로 완전히 설명될 수 없었으나 아인슈타인의 일반 상대론은 그것을 정확하게 설명했다.

문에 많은 물리학자들은 막막했다. 고전 물리학은 이 현상을 단순하게 설명할 수 없었다. 그러나 일반 상대론은 그것을 정확하게 설명했다. 아인슈타인이 시공간의 굴곡에 대한 태양의 효과를 기술하는 그의 방정식을 적용했을 때, 수성은 관찰되는 정확한 궤도를 갖는 것이 예측되었다.

아인슈타인의 일반 상대론은 자연을 바라보고 우주의 성질을 설명하는 새로운 방식을 제공했을 뿐만 아니라 우주의 기원과 성질을 연구하는 현대 우주론을 탄생시켰다. 그의 일반 상대성 방정식은 우주가 정지해 있지 않음을 예측했다. 우주는 팽창하거나 수축하고 있다는 것이다. 우주가 정지해 있다고 믿은 아인슈타인은 이런 생각을 거부했지만 다른 물리학자들은 그의 방정식을 팽창하는 우주의 모형을 제시하는 데 사용했고 우주의 기원에 대한 빅뱅(Big Bang) 이론이 만들어졌다. 아인슈타인의 '사고실험'은 존재에 대한 우리의 이해에 확실히 혁명을 일으켰고 계속 혁명을 일으킬 것이다.

7
빅뱅, 모든 것의 시작

　　우주의 모든 것들―수천억 개의 은하, 모든 행성들, 조약돌들, 모래알, 남자, 여자, 아이, 동물, 식물, 박테리아, 그리고 모든 원자와 약간의 에너지―이 한때는 이 문장의 끝에 있는 마침표보다도 훨씬 훨씬 더 작은 것 안에 모두 압축되어 있었다. 이 말이 우습게 들릴지 모르지만 이것이 우주론자들이 말하는 우주의 기원에 대한 이론의 일부이다. 이 이론과 그것의 변형이론들은 소위 우주의 기원에 관한 빅뱅(Big Bang) 이론을 구성한다.

　　종교는 우주가 어떻게 시작되었는가에 대하여 구체적으로는 아무것도 말하지 않는다. 많은 것들이 확보된 과학적 증거들과 대립되거나 단지 신앙의 토대에서 받아들여진다고 한다. 예를 들면, 1650년에 아일랜드의 대주교 어셔(Ussher, 1581~1656)는 성경에 대한 그의 해석을 토대로 지구가 BC 4004년 10월 26일 아침 9시에 창조되었다고 계산했다. 그러나 우리는 지금 지구가 40억 살을 훨씬 넘었다는 것을 확신한다(9장). 그리고 의심할 것도 없이 우주는 지구보다 더 오래되었다. 과학자들은 그들의 존재 영역 내에서 할 수 있는 모든 관찰을 하고 그 증거에 기초하여 논리적 추론을 한다. 우주 기원의 빅뱅 이론은 의미있는 과학적 데이터를 가장 명쾌하게 설명해 준다.

우주의 기원은 근본적인 문제이다. 모든 것이 어디서 생겨났는가 하는 질문을 안 해본 사람은 거의 없을 것이다. 우주는 광대해서 인간의 상상력이 미치기에는 너무 크다. 그러나 시작으로 거슬러 올라가면 모든 것은 단순화되고 우주는 이성이 파악하기에 더 쉬워진다. 인류는 세포보다 우주의 기원에 대해 더 완전한 이해에 도달하게 될 것이라고 한다. 난자가 그것에서 발생한 동물보다 더 단순한 것과 같이 진화의 산물들과 우주의 분화는 우주보다 훨씬 더 복잡하다. 어떤 도덕적 가치를 빅뱅 이론에서 발견할 수 있는지는 밝혀져야 할 문제로 남아 있다. 명쾌한 것은 우주 안의 모든 원자가 같은 기원을 가졌고, 한때는 모든 것이 하나로 존재했다는 것이다.

20세기까지는 과학자들은 일반적으로 우주가 무한하고 정적(靜的)이라고 생각했었다. 그러나 몇 가지 발견들이 우주는 정지해 있지 않으며, 무한히 작고 엄청나게 밀도가 높은 점에서 150 내지 200억 년의 기간에 걸쳐 팽창해 왔다는 생각을 강화시켰다. 일반 상대론을 통해 비정적(非靜的) 우주를 예견하는 수학적 모형을 제공해 준 아인슈타인으로부터 현대 우주론은 시작되었다. 불행히도 아인슈타인조차 몇 가지 확립된 신념을 고수하는 경향이 있었기에 그는 그의 방정식을 바꾸어 억지로 정적 우주에 들어맞게 만들었다. 우주가 실제로 팽창하고 있다는 증거가 얻어지고 비정적 우주에 대한 개념이 물리학자들에게 받아들여지게 된 것은 그로부터 10년이 지나서였다.

일단 이론 물리학자들의 방정식이 우주의 모형들을 제공할 수 있고 많은 모형들이 지구로부터 우주의 성질을 관찰함으로써 검증될 수 있게 되자 우주의 비밀들, 즉 우주의 구조와 행동 및 기원이 물리학자들이 파악할 수 있는 영역으로 들어왔고, 우주론은 그 자체로 과학의 한 분야가 되었다.

우주에 관한 초기의 생각들

아인슈타인이 1915년에 일반 상대론을 발표하기 전에 대다수의 물리학자들은 우주가 무한하며 창조 이후 본질적으로 현재의 형태로 존재해 왔다고 믿었다. 몇몇 물리학자들이 생각한 한 가지 수수께끼는 나중에 올버스의 역설(Olbers' paradox)이라고 불린 것이었다. 독일의 천문학자 하인리히 올버스(Heinrich Olbers, 1758~1840)의 이름을 딴 올버스의 역설은 우주가 한결같고 무한하다는 생각과 연관된 문제를 말해준다. 우주가 공간상에 무한히 펼쳐져 있고 별들이 균일하게 분포되어 있다면 왜 밤하늘이 어두운가? 틀림없이 우주가 무한히 공간상에서 확장된다면, 지구로부터의 모든 시선들은 각각 하나의 별과 마주치게 되고 빛이 모든 시선들을 따라 지구에 도달해야 하고 그러면 하늘이 완전히 밝아져야 할 것이 아닌가? 합리적인 몇 가지 설명이 밤하늘의 어두움을 설명하기 위해 제안되었다. 예를 들면 어떤 물리학자들은 우주가 별로 오래되지 않았기 때문에, 빛이 아주 먼 별에서 아직 우리에게 도달하지 않았고 하늘의 어두운 영역은 우주의 이 먼 영역에 해당한다고 제안했다. 어떤 물리학자들은 먼 별과 지구 사이의 공간이 빛을 차단해 우리에게 도달하지 못하게 한다고 믿었다. 우주가 무한하다는 개념에 이의를 제기한 물리학자들은 거의 없다. 뉴튼의 중력 법칙은 유한하고 정적인 우주는 안쪽의 물체들이 주변부의 물체들을 중력으로 끌어당기기 때문에 붕괴될 것임을 명쾌히 했다.

아인슈타인의 일반 상대론을 우주의 구조에 적용했을 때, 그는 우주가 정적이라는 생각에 의문을 제기하지 않았다. 그의 방정식은 처음에는 우주가 팽창하거나 수축하고 있다는 것을 암시했으므로, 아인슈타인은 '우주론 상수'를 첨가함으로써 방정식을 변화시켜서 그 수식이 외적으로 균질적이고 정적인 우주에 들어맞도록 만들었다. 다른 과학자들은 그 우주론 상수를 제거하고 팽창하는 우주의 모형을 제안했다. 1920년대에 에드윈 허블(Edwin Hubble, 1889~1953)은 팽창하는 우주에 대한 실험적 증거를 얻음으로써 이런 이론적 추론에 신빙성을 더했다. 아인슈타인이 현대 우주론의 아버지이며 모든 시대를 통틀어 세계에서 가장 위대한 과학자로 인정될 수 있지만 팽창하는 우주를 제안한 최초의 과학자가 되지는 못하였다. 그는 나중에 그의 방정식에 우주론 상수를 첨가한 것은 "내 인생에서 가장 큰 실수"라고 말했다.

팽창하는 우주

네덜란드의 물리학자 빌헬름 드 지터(Wilhelm de Sitter, 1872~1934)는 아인슈타인의 일반상대성 방정식에 기초하여 팽창하는 우주에 대한 모형을 최초로 제안한 사람이었다. 그러나 그의 방정식은 물질을 포함하지 않은 우주에만 유효했다. 다른 물리학자들은 드 지터의 모형을 사용하여 그의 우주가 물질 입자를 포함하게 되면 무엇이 일어날지를 기술하는 수학적 모형을 전개했다. 그들은 이 물질 입자들이 모두 서로 멀어지고 있다는 결론에 도달했다. 1920년대 동안 러시아의 물리학자 프리드만(Alexander Friedmann, 1888~)과 벨기에의 과학자 르메트르(Georges Lemetre, 1894~1966)는 아인슈타인의 일반 상대성 방정식을 조사하면서 우주가 같은 성질을 갖고 어떤 방향에서 관찰되어도 동일해 보인다는 가정을 만들어냈다. 르메트르의 해석은 은하들이 서로 멀어져 가고 있다면, 그것들이 과거에는 서로 더 가까웠을 것이며, 충분히 위로 거슬러 올라가면 우주에 있는 모든 물질들이 초고밀도의 단일한 점으로 집중될 것임을 의미했다. 이것이 빅뱅 이론의 탄생이었다. 사실 빅뱅(Big Bang)이라는 용어는 원래 멸시하는 말로 반대자들 중 하나에 의해 사용되었지만 그것이 결국 지지자들에게 채택되었다. 또한 르메트르는 적색 편이(red shift)의 존재를 예측했고 그것은 곧 실험적으로 지지를 받았다.

20세기 초에 천문학자들과 특히 미국의 과학자인 슬라이퍼(Vesto Slipher, 1875~1969)는 성운이라고 불리는 천체의 운동을 측정했다. 알려진 성운의 대다수는 적색 편이를 나타냈다. 성운들에서 나와서 지구로 도착하는 빛은, 정지한 광원에서 기대되는 것과 비교해 볼 때 스펙트럼의 붉은색 끝 쪽으로 치우친 전자기파로 이루어져 있었다. 이 적색 편이는 이 성운들이 지구에서 멀어지고 있음을 의미했다. 그러므로 거의 모든 성운들이 우리에게서 멀어지고 있는 것으로 나타났다.

허블과 그의 동료 밀턴 허메이슨(Milton Humason, 1891~1972)은 성운의 적색 편이를 측정하는 데 큰 진보를 이룩했다. 그들은 성운이 지구에서 멀어지면 멀어질수록 그것의 적색 편이가 더 커진다는 것, 즉 속력이 커진다는 것을 발견했다. 허블의 지구에서 성운까지의 거리 측정은 성운들이 모두 우리 은하계 밖에 있다는 개념을 확립시켰다. 그것들은 사실상 다른 은하계들이었다. 적색 편이가 지구에서 은하계까지의 거리와 관련된다는 허블의 법칙은 우주가 팽창하고 있다는 증거를 제공했다. 그것은 건포도 빵에 비유된다. 빵이 구워지면서 팽창할 때, 그 위치에 상관없이 건포도들은 서로 더 멀어진다(그림 14). 같은 식으로 우주가 팽창하면 모든 은하들은 서로 멀어져야 한다. 허블과 허메이슨의 데이터는 팽창하는 우주를 위해 제안된 모형과 잘 맞았다.

허블과 허메이슨의 데이터는 우주가 팽창하고 있음을 나타냈지만 그들의 데이터가 예측한 우주의 나이와 관련하여 문제가 있었다. 그들의 계산은 우주의 나이가 겨우 20억 년밖에 안 되었음을 나타냈지만 이것은 최고의 암석들에 관한 연구에서 나온 지구의 나이가 45억 년이라는 강력한 증거들과 대립이 되었고, 나중에 어떤 별들과 은하의 나이가 100억 년이라고 추론되었을 때 그 대립은 더 심화되었다. 이 문제는 결국 해결되었다. 그 문제는 허블과 허메이슨이 지구와 은하 사이의 거리를 측정할 때 개입된 부정확에 주로 기인했다. 거리가 작게 잡아졌던 것이다. 팽창하는 우주에 대하여 그들이 내린 해석은 여전히 옳았지만 이제 그들의 데이터에 의해 예측된 우주의 나이는 다른 출처에서 얻어진 데이터와 부합했다.

그때 두 가지 주된 모형이 팽창하는 우주에 기초하여 제안되었다. 첫번째 것은 우주가 무한히 팽창하고 있다고 이야기했다. 두번째 모형은 우주가 팽창의 임계 상태에 도달할 것이고, 거기서 다시 수축하기 시작하여 결국 '빅크런치(Big Crunch)'가 발생해 모든 물질이 높은 에너지의 작은 점으로 압축될 것이라고 예측했다. 그 두번째 모형은 우주가 주기적으로 수축하고 팽창하고 있음을 암시했다.

일단 빅뱅 이론이 신빙성을 얻게 되자 물리학자들은 다양한 시점에서 우주의 이론적 구조를 조사하기 시작했다. 예를 들면, 빅뱅 이후 다른 시각에서 우주의 온도가 수학적으로 계산될 수 있었고, 물질과 에너지의 어떤

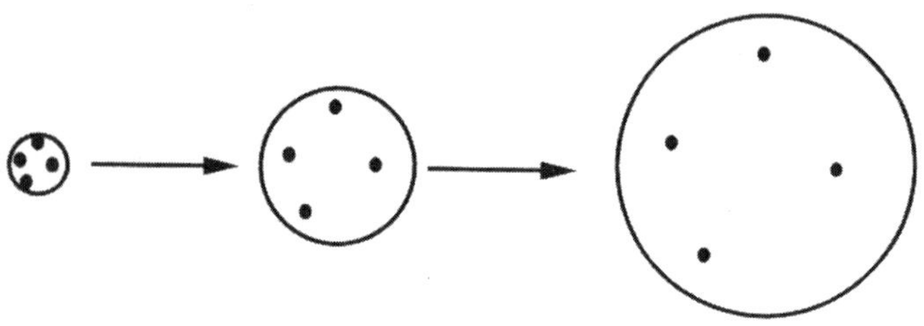

상태가 이런 조건들 속에서 존재할 것인가가 실험을 통해 벌써 알려졌다.
초기 지구의 구성을 밝혀내려는 이런 시도로부터 빅뱅 이론을 실험적으로
검증할 수 있는 예측들이 이루어졌다. 이 예측들 중의 하나는 러시아–미국
계 물리학자인 조지 가모프(George Gamow, 1904~1968)에 의해 만들
어졌는데 초기 우주에서는 매우 뜨거운 열 복사선이 우세했다는 것이었다.
우주의 나이가 1초였을 때, 온도는 100억 ℃였던 반면에, 3분 후에는 겨우
10억 ℃였다. 우주의 나이가 100만 년이 되었을 때, 그 온도는 약 3,000℃
로 떨어졌다. 가모프의 동료인 랠프 앨퍼(Ralph Alpher, 1921~)와 로
버트 허먼(Robert Herman, 1914~)은 초기 우주의 복사선이 우주 전
체에 퍼져 있었고, 지금은 –268℃까지 식었을 것이라고 계산했다. 이 초기
우주의 복사선은 여전히 존재할 것이므로 감지될 수도 있어야 했다. 그것
은 전파나 마이크로파의 진동수 영역에 들 것이라고 예측되었다.

　가모프와 앨퍼는, 수소와 헬륨 원소가 빅뱅 후에 어떤 시기에, 어떻게
더 작은 아원자 입자에서 형성되었는지를 설명하는 팽창 우주 모형을 제
안했다. 자연적으로 존재하는 92종류의 원소들 중에서 수소와 헬륨은 우
주에서 단연 가장 풍부하다. 수소는 별과 은하를 구성하는 물질의 거의
75%를 차지하며 나머지 25%를 헬륨이 차지한다. 수소와 헬륨은 가장 가
벼운 두 원소이며, 초기의 우주가 팽창하고 냉각되고 있었을 때 최초로
형성된 원자들이었다. 그 이전에는 우주의 온도가 너무 높아서 원자들이
존재할 수 없었다. 더 무거운 원소들은 수소와 헬륨에 비하여 우주에 극

소량으로 존재한다. 가모프와 그의 동료들은 빅뱅 이론에 기초하여 보다 무거운 원소들은 설명할 수는 없었지만 수소와 헬륨의 상대적 수준은 아주 정확하게 설명할 수 있었다. 현재 대부분의 더 무거운 입자들은 별들에서 생성되는 것으로 생각된다.

가모프는 뛰어난 유머 감각으로 유명하다. 그는 자신과 앨퍼가 초기 우주에 관한 그들의 모형을 발표한 논문에 한 사람의 이름을 덧붙였다. 그의 이름은 물리학자 한스 베테(Hans Bethe, 1906~)였다(베타와 발음이 비슷하다). 이것은 세 명의 저자들의 이름이 그리스의 알파벳 첫 세 글자인 알파, 베타, 감마와 비슷하게 들린다는 의미였다.

우주에 수소와 헬륨이 풍부할 것에 대한 예측은 허블과 허메이슨에 의해 제시된 팽창에 대한 증거에 추가해서 빅뱅 이론을 지지해 주었다. 그러나 앨퍼와 허먼에 의해 예측된 초기 우주에서 남겨진 복사선이 발견될 수 있다면, 빅뱅 이론에 대한 훨씬 더 강력한 증거가 될 수 있었다.

초기 우주에서 남겨진 우주 복사선의 존재는 1930년대에 예측된 것이었다. 하지만 그것을 심각하게 받아들인 우주론자들은 별로 없었고 그 복사선을 검출하려는 노력도 거의 없었다. 초기 우주의 메아리인 배경 마이크로 복사선은 1960년대에 와서야 발견되었다. 게다가 아노 펜지어스(Arno Penzias, 1933~)와 로버트 윌슨(Robert Wilson, 1936~)은 완전히 우연히 그것을 발견하게 된 것이었다. 그것으로 그들은 1978년에 노벨 물리학상을 수상했고 아직까지도 빅뱅 이론의 가장 확실한 증거가 되고 있다.

우주 마이크로파 배경 복사선

미국의 물리학자 로버트 디키(Robert Dicke, 1916~)와 제임스 피블스(James Peebles, 1935~)는 뉴저지에 있는 프린스턴 대학의 홈델 연구소에서 일했는데 빅뱅에서 방출되었다고 예측된 복사선을 찾는 데 관심이 있었다. 그들이 동료들과 함께 이 복사선을 발견하기 위한 탐지기를 만드는 과정을 진행시키고 있었을 때, 펜지어스와 윌슨은 그 우주 배경 복사선을 찾으려는 의도가 전혀 없었는데 우연히 그것을 발견하게 되었다.

펜지어스와 윌슨은 디키와 피블스의 실험실에서 약 25마일 떨어진 뉴저지에 있는 벨 연구소에서 연구를 하고 있었다. 벨 연구소는 위성통신 시스템을 개발하는 데 열심이었고, 그들의 목표 중 하나는 정보를 마이크로 복사 주파수로 전송하는 것이었다. 그들은 이 목적을 위해 지구의 대기 중에 높이 뜬 풍선들에서 반사되는 신호를 감지할, 거의 7m 길이의 나팔 모양의 대형 수신기를 개발했었다.

펜지어스와 윌슨은 마이크로파 통신 시스템을 개발하는 것보다 전파천문학을 위해 나팔 모양의 대형 수신기를 사용하는 데 더 흥미가 있었다. 그들은 그 수신기를 우주에서 오는 전파를 연구하는 데 사용하도록 허락받았다. 그러나 배경 마이크로파가 그 장치에 상당한 간섭을 일으켰다. 그래서 그들은 이 달갑지 않은 복사선을 제거하는 작업에 착수했다. 그들은 가까스로 간섭의 일부를 제거했지만 사라지기를 완강하게 거부하는 간섭이 여전히 남아 있었다. 이 간섭을 일으킬 수 있다고 생각된 비둘기 배설물을 나팔 모양의 안테나에서 제거한 후에도 펜지어스와 윌슨은 여전히 귀찮은 마이크로파 배경 복사선을 제거할 수 없었다. 그들이 안테나로 어디를 가리키든 그 방해 복사선은 거기 있었고 모든 방향에서 세기가 똑같았다. 그것을 제거하는 것은 불가능한 작업임이 입증되었고 그들은 실패를 자인하기 시작했다.

그때가 1965년, 펜지어스와 윌슨은 그들의 문제에 대한 조언을 얻어보기로 결심했다. 누군가가 그들의 문제 해결에 도움을 줄 사람으로 홈델 연구소의 로버트 디키를 만나보라고 제안했다. 펜지어스는 전화를 걸어 마이크로파 잡음(noise)에 대한 조언을 요청했고, 이 네 명의 과학자들—디키, 피블스, 펜지어스, 윌슨—은 곧 함께 모여 그 문제를 논의했다. 그 잡음은 디키와 피블스가 찾고 있던 대상임이 분명해졌다. 그것은 빅뱅에서 방출되어 나온 우주 복사선이었다. 펜지어스와 윌슨이 비둘기 배설물로 생긴 간섭이라고 생각한 것이 사실은 훨씬 중요한 것임이 판명되었다. 그것은 초기 우주의 속삭임이었던 것이다. 펜지어스와 윌슨에 의해 검출된 배경 복사선의 온도는 −269.5℃였는데, 그것은 피블스와 디키가 예측한 것이나 앨퍼와 허먼이 더 먼저 예측한 것과 별로 차이가 나지 않았다.

피블스, 디키와 이야기하기 전에 펜지어스와 윌슨은, 마이크로파 배경 간섭이 오늘날까지도 우주의 빅뱅 이론을 위한 가장 강력한 증거가 될 줄은 꿈에도 생각하지 못했다. 펜지어스와 윌슨은 배경 우주 마이크로파 복사선을 주의깊게 측정하여, 그것이 흑체복사에서 기대되는 대로 행동하는 것을 입증했는데(5장) 이것 역시 빅뱅으로부터 남겨진 복사선의 특징으로 예측된 것이었다. 다른 과학자들에 의해 계속된 연구들은 이 복사선이 실제로 우주를 탄생시킨 우주적 사건의 잔존물임을 확증했다. 우주의 배경 마이크로파를 구성하는 광자들은 우주에서 가장 오래된 존재들이다. 그것들은 100억 년 이상이나 도처에 널려 있었다.

빅뱅 이론에 대한 증거가 다양한 출처에서 나오고 있으므로 빅뱅 이론이 옳고 그것을 믿을 충분한 이유가 있다면, 우리는 우주의 기원과 오늘날의 우주로의 진화 과정을 어떻게 그릴 것인가?

빅뱅 이후

빅뱅 이론을 묘사하는 방정식은 생성의 '순간' 이후 10^{-43}초 후에만 의미가 있다. 플랑크 시간이라고 불리는 이 시간 전에는 우리가 갖고 있는 물리 법칙들이 의미가 없다. 일반 상대론은 우주 존재의 이 단계에 적용되지 않는다. 일반 상대론에 따르면, 생성의 순간과 이때 이전에 우주는 밀도가 무한대였고, 시공간은 무한히 굴곡되어 있었다. 그러한 점은 특이점이라고 불린다.

그러나 플랑크 시간 이후의 우주의 상태에 대해서는 예측이 가능하다. 빅뱅의 순간에서 플랑크 시간까지는 자연의 네 종류의 힘인 중력, 전자기력, 약한 핵력, 강한 핵력이 하나로 통합되어 있었다. 이때 이후 힘들은 분리된 존재로 나타나기 시작했다.

한 빅뱅 모형에 따르면 우주는 10^{-36}초 이내에 원자 크기보다 훨씬 작은 크기에서 테니스 공 크기의 물체로 팽창했다. 우주의 나이가 10^{-12}초였을 때 직경 몇 m 정도까지 팽창했다. 팽창률의 정도는 10^{-9}초 후에야 그 크기로부터 알 수 있다. 이때에 우주의 크기는 거의 지구의 25만 배로 우리의 태양계만한 크기다. 우주의 나이가 1초였을 때 온도가 100억 ℃ 정도로 식었다. 우주의 나이가 몇 천 년이었을 때조차도 온도는 수천 도로 여전히 매우 뜨거웠다.

우주의 나이가 1백만 년이 될 때까지 원자는 형성될 수 없었다. 그 이전에 아원자 입자들은 복사 광자들과 계속해서 충돌하고 있었다. 50만 년 이후부터 1백만 년까지 광자들은 우주 도처로 자유롭게 움직일 수 있었고, 펜지어스와 윌슨이 발견한 우주 마이크로파 배경 복사선은 실제로 이 복사선의 냉각된 잔존물이다.

빅뱅은 실제로 폭발이 아니었다. 우선 음파가 존재할 수 없었을 것이므로 그것과 연관된 폭음도 없었을 것이다. 또한 빅뱅은 공간이나 시간에서 일어나지 않았다. 우주가 팽창했다고 말할 때, 그것은 시공간 자체가 팽창함을 의미한다. 우리는 팽창하는 초기 우주의 '가장자리' 너머에는 무엇이 존재하는지 의미있게 논의하는 것이 불가능하다.

초기 우주가 균질하였다면 은하들은 어떻게 생겨났을까? 결국 오늘날의 우주는 은하들이 도처에 점점이 박혀 있는 구조이며 우주의 어떤 부분에는 '큰 담(great wall)'이라고 불리는 엄청난 숫자의 성단[은하의 단(團)]이 밀집되어 있다는 증거가 있다. 이러한 비균질성을 만들어내기 위해서는 초기 우주가 완전히 균질했을 리가 없고 요동이 일어났음에 틀림없다. 원자들은 우주가 50만 년 되었을 때 형성되기 시작했고, 이때가 복사선이 아원자 입자들과 충돌 없이 우주 도처로 자유롭게 움직이게 된 시기이므로 많은 물리학자들은 이 시기에 틀림없이 우주에 요동이 있었을 것이고, 이 불균질성은 오늘날의 은하들이 형성된 국소 지역을 야기했다고 믿었다. 물리학자들은 이 초기 우주의 요동이 우주 마이크로파 배경 복사선의 온도 변이로 검출되어야 한다고 예측했다. 그러나 펜지어스와 윌슨 및 다른 과학자들의 측정은 마이크로파의 온도에서 요동을 검출하는 데 실패했다. 그리고 나서 1992년에 미항공우주국(NASA)은 그러한 변이를 검출하기 위해 만든 코비(COBE: Cosmic Background Explorer) 위성을 발사했고, 실제로 마이크로파 배경에 작은 온도 요동이 있음을 발견했다. 이 발견은 빅뱅 이론에 기초한 우주 모형의 또다른 증거로 생각되었다. 다시 이론에 의해 제시된 예측이 실험적으로 확인된 것이다.

초기 우주의 극히 빠른 팽창의 초기 단계 이후에, 좀더 느린 팽창률을 갖는 단계가 있었다는 견해가 제시되었다. 이 '팽창' 시기에 우주는 1초에도 훨씬 못 미치는 엄청나게 짧은 시간에 10^{-28}cm에서 100cm로 팽창했다.

우주 안의 물질의 밀도는 우주의 운명에 결정적이다. 물질 밀도가 임계수준 이상이면 우주는 결국 제 안으로 함몰되어 '빅크런치'가 된다. 그 밀도가 임계수준 이하이면 우주는 영원히 팽창할 것이다. 그러나 밀도가 정확히 임계수준이면 우주는 계속 팽창하되 감소하는 비율로 팽창한다. 어떤 물리학자들은 우주의 밀도가 점차 느린 비율로 팽창하게 되는 임계수준에 있다고 믿고 있다. 이런 상태에 있는 우주를 '평평한' 우주라고 부른다. 그러나 이것이 옳다면 또는 실제로 밀도가 임계수준 이상이면 우리는 아직 우주 안에 존재하는 물질의 10분의 9 이상을 감지하지 못했다는 것을 의미한다. 우리는 이 '놓치고 있는' 물질로 둘러싸여 있을지도 모른다. 정말 그렇다면―아무도 확실히는 모른다― 우주는 우리가 친숙한 보통 입자를 관통할 수 있는 입자들로 이루어져 있어야 한다. 정교한 지하 장비가 이 소위 '암흑물질'을 검출하기 위해 제작되어 왔다. 그것이 발견된다면 그것은 물리학계에 가장 위대한 발견 중의 하나가 될 것이며, 우리가 지금 알고 있는 물질은 존재하는 물질의 극소 부분에 불과하다는 것을 의미할 것이다.

우주의 존재의 초기 단계에 관해 풀어야 할 문제들이 여전히 많다. 플랑크 시간 전에 일반 상대론은 깨어지며 매우 작은 것을 다루는 새 이론이 이 국면을 이해하기 위해 필요하다. 물리학자들은 빅뱅 이후 이 1초에도 훨씬 못 미치는 시간에 우주가 어떠했는지 알아내려는 시도에 양자론(5장)을 사용하고 있다. 빅뱅 이후 10^{-43}초 이전에 대한 연구인 양자우주론이란 새 과학이 이런 배경에서 나왔다. 특히 중력의 양자론이 필요하다. 다른 세 종류의 근본적인 자연계의 힘―약한 핵력, 전자기력, 강한 핵력―은 양자론으로 기술되어온 반면에 중력은 그러한 기술이 어렵다. 어떤 이론들, 예를 들면 초(超)끈 이론(superstring theory)은 양자론으로 모든 4종류의 힘을 포괄하기 위해 개발되었다. 그러나 어느 것도 플랑크 시간 이전의 우주를 명확하게 설명하지 못했다. 아마도 '중력파'의 검출이 약간의 실마리가 될 것이다. 이 파는 존재하리라고 예측되어 있지만 그것을 찾으려는 몇 그룹의 과학자들의 노력에도 불구하고 아직 아무도 발견하지 못했다. 그것들의 흔적은 우주 마이크로파 배경 복사선이 초기 우주에 대한 정보를 제공하였던 것과 똑같이 우주의 초기 단계에 관한 정보를 제공할지도 모른다.

아인슈타인의 일반 상대론이 창조의 '순간'에 존재했으리라고 예측한 무한한 밀도와 무한한 시공간의 곡률을 갖는 상태인 특이점은 어떤 것일까? 영국의 과학자 스티븐 호킹(Steven Hawking, 1942~)과 로저 펜로즈(Roger Penrose, 1931~)는 일반 상대론을 우주에 적용시킬 때 특이점이 존재하여야 함을 입증했다. 그것을 피하려면 새 이론을 개발해야 한다. 역시 중앙에 특이점을 가지고 있다고 예측되는 블랙홀에 관한 자신의 연구에 기초하여 호킹은 우주의 가장 초기의 순간들의 모형을 제공하는 방법이 되는 일반 상대론과 양자론을 통합하는 새 이론을 전개했다. 그 이론은 특이점을 피하게 되어 있다. 이 이론은 우주의 처음부터 현재까지를 설명해 주므로 전개되고 있는 다른 이론들처럼 '모든 것의 이론(theory of everything)'이라고 불린다. 우주는 시작이 없고 '영(zero) 시간'의 개념이 의미가 없을지도 모른다. 한 가지 시나리오는 우주가, 시간은 의미가 없지만 양자론을 사용해 기술될 수 있는 상태로부터 단순히 '나타났다'는 것이다. 플랑크 시간 이후에 그것은 일반 상대론에 따라 진화했다. 어떤 과학자들은 올바른 '모든 것의 이론'이 나타날 날이 멀지 않았다고 믿고 있다. 그때 우리는 '창조'로부터 지금까지의 우주에 대한 수학적 기술을 갖게 될 것이다.

8
분자 축구공

　1991년 12월, 세계 일류 과학자들에게 정평이 나 있는 학술잡지인 ≪사이언스≫는 예년처럼 '올해의 분자'의 선정 결과를 발표했다. 이 명칭은 전형적인 과학적 성과를 예시한다고 인정되는, 그 이전 12개월간에 이루어진 과학적 발전에 주어진다. 1991년의 선정 대상은 C_{60}, 즉 버크민스터풀러렌(Buckminsterfullerene)이라고 불리는 분자였다. 이 멋지고 놀라운 분자를 발견한 이야기는 흥분과 우연한 발견과 탐구심으로 특징지어진다. 이 이야기는 과학의 과정이 어떻게 일어나는지 잘 예시해 주며, 잘 확립된 개념조차도 어떻게 새롭고 기대치 않은 발견으로 수정될 수 있는지를 잘 보여준다.

　순수 탄소로 이루어진 버크민스터풀러렌은 새로운 유형의 분자의 베일을 벗겼고 새로운 화학의 분야를 열었다. 버크민스터풀러렌이 알려지기 전에 탄소는 천연적으로는 두 가지의 형태로 존재하는 것으로 생각되었다. 즉 다이아몬드와 흑연이 그것이다. 그 외에 숯 같은 비결정형태도 알려져 있었다. 1985년에 버크민스터풀러렌이 발견되고 그것이 탄소 결정의 제3의 형태임이 알려졌을 때 많은 과학자들은 상당히 놀랐다. 그때부터 버크민스터풀러렌과 관련된 다른 많은 분자들이 발견되거나 만들어져 왔다. 그들 모두는 풀러렌이라는 물질의 종류에 속한다.

많은 화학자들에게 풀러렌은 흑연이나 다이아몬드보다 훨씬 더 흥미롭고 매력적이다. 이 물질들로부터 이전에 전혀 모르던 화학적 및 물리적 성질을 가진 수백, 심지어 수천 종의 새로운 물질들이 생산되었다. 풀러렌은 새로운 합성 중합체, 산업 윤활제, 초전도체, 분자 컴퓨터와 의학적으로 유용한 약제 등 다양한 물질들의 제조에 충분한 장래성을 갖고 있다.

버크민스터풀러렌의 발견은 독일 화학자 프리드리히 케쿨레(Friedrich Kekule, 1829~1896)가 1865년에 벤젠의 고리구조를 제안한 것을 회상케 한다. 그 당시 화학자들은 얼마나 많은 탄소와 수소 원자를 벤젠 분자가 갖고 있는지(각각 6개) 알고 있었지만 어떻게 이 원자들이 배열되어 있는지 설명하지 못해 당황하고 있었다. 패러데이는 1825년에 최초로 벤젠을 발견했고 독일의 화학자 요한 로슈미트(Johann Loschmidt, 1821~1895)는 그 후에 벤젠 분자가 고리 모양이라고 제안했다. 그러나 마침내 벤젠의 구조를 제대로 제안한 사람은 케쿨레였다. 케쿨레는 잘 알려져 있듯이 6개의 탄소 원자 끈이 뱀으로 변하는 꿈을 꾸었다. 그 뱀은 자신의 꼬리를 물어 고리가 되었다. 그 후 머지 않아 케쿨레는 6개의 고리 구조의 벤젠을 제안하여 완전히 새로운 화학 분야, 즉 '방향족 화학'의 문을 열었고, 거기에서 오늘날 염료에서 약제까지 많은 합성물질들이 만들어졌다. 케쿨레의 발견이 고리 화합물 화학의 시작으로 평가된다면 버크민스터풀러렌은 '구(球)' 화학의 여명을 예고했다고 할 수 있다.

풀러렌 화학은 천문학 분야에서 수행되고 있었던 연구에 뿌리를 두고 있다. 버크민스터풀러렌의 발견에 관여한 과학자들은 처음에는 성간(星間)에 널리 퍼져 존재하는 먼지에 있는 화학물질에 흥미를 가졌다. 만약 풀러렌에서 생겨나리라고 예견되는 다양한 혜택들이 곧 나타난다면, 또한 그럴 것이라고 확신할 충분한 이유가 있다면, 버크민스터풀러렌은 어떻게 우주의 별들에 대한 기초적 연구가 의학적, 산업적 가치가 있는 물질들을 내놓을 수 있는지에 대한 확실한 예가 될 것이다.

버크민스터풀러렌이 발견된 맥락을 살펴보기 위해 다른 두 형태의 탄소의 결정 형태인 다이아몬드와 흑연의 분자 구조를 이해하는 것이 약간의 도움이 될 것이다.

다이아몬드, 흑연, 그리고 탄소별들

다이아몬드는 수천 년 전부터 채굴되었으며 선사시대에도 알려져 있었다. 다이아몬드가 검댕과 동일한 기본 원소(탄소)로 이루어져 있지만, 거시적 수준에서 미적으로 눈을 즐겁게 해 주는 것이 이 물질들 중 어느 것인지는 물을 필요도 없다. 검댕 입자가 아닌, 다이아몬드가 전통적으로 여자의 가장 좋은 친구로 알려져 있다. 다이아몬드는 알려진 바로는 가장 단단한 천연 물질이다. 다이아몬드는 그 단단함 때문에 잘 상처가 나지 않는 보석으로 인정받았을 뿐 아니라 산업적으로 절단 도구와 연마제로 유용하게 사용될 수 있었다.

연필심으로 우리에게 친숙한 흑연은 외양과 성질이 다이아몬드와 현저하게 대조된다. 흑연은 색이 더 어둡고 훨씬 더 무르다. 그 박편성(薄片性) 때문에 우리는 연필을 쉽게 깎을 수 있다. 흑연은 또한 윤활제나 전기 도체로 작용하므로 산업용 기계류와 전기 및 우주 산업에 유용하다.

왜 둘다 근본적으로는 순수 탄소인 다이아몬드와 흑연이 서로 그렇게 다를까? 그 답은 이 분자 구조 안의 탄소 원자의 배열에 있다. 다이아몬드에서는 각각의 탄소 원자가 사면체 형태로 다른 4개의 탄소 원자와 강한 화학 결합을 하고 있다(그림 15). 이 4개의 탄소 원자 각각은 같은 식으로 또 다른 4개의 탄소원자에 4개의 강한 결합에 의하여 연결되어 있다. 이런 방식으로 십자 모양으로 견고하게 고정된 탄소 원자들의 거대한 격자 구조가 형성된다. 탄소 원자간의 연결은 널리 퍼져 있으며 깨어지거나 변형되기 힘들다. 이 배열은 그 구조를 강화시킨다. 결과적으로 다이아몬드는 정말 매우 단단하다.

한편 흑연은 완전히 다른 구조를 갖고 있다. 여기서 각각의 탄소 원자는 강한 결합에 의해 세 개의 다른 탄소 원자에 연결되어 있다. 이것은 탄소 원자의 6각형 고리의 판으로 이루어진 펼쳐진 구조를 이룬다(그림 15). 흑연은 탄소 6각형 판을 이루고 쌓여 있다. 각각의 층은 견고하지만 이웃

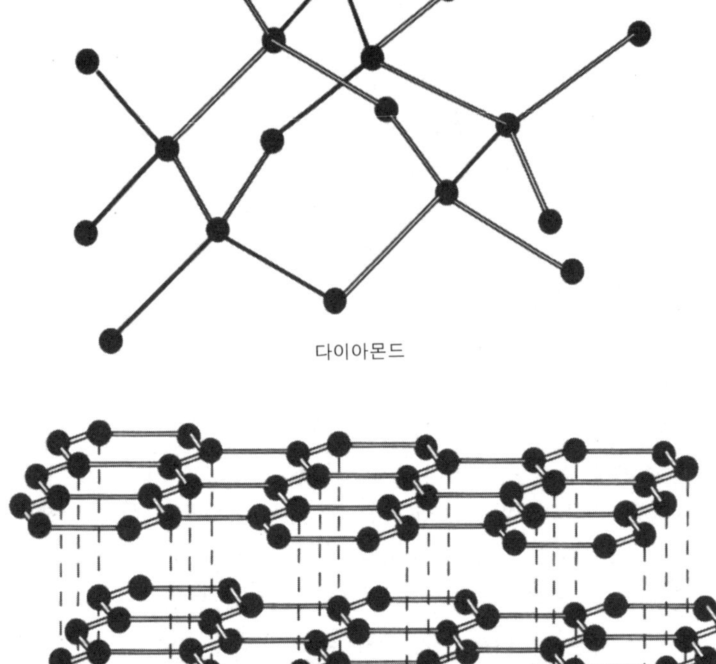

그림 15 ▶ 다이아몬드와 흑연의 구조. 다이아몬드는 4개의 다른 탄소 원자와 연결되어 확장된 견고한 구조를 형성하는 탄소 원자들로 이루어져 있다. 흑연에서 각 탄소 원자는 다른 세 개의 탄소 원자와 강하게 결합하여 6 각형의 고리 층을 형성한다. 탄소 원자는 검은 원으로 표시되어 있다. 강한 결합은 실선이고 약한 상호작용은 점선으로 표시되어 있다.

한 층과는 약한 상호작용만이 존재하여 서로 미끄러지기 쉽다. 탄소 원자들의 층이 서로 미끄러지는 흑연의 이 성질은 그것의 박편성의 원인이 된다. 또한 흑연은 전기에 대하여 좋은 도체이지만 다이아몬드는 그렇지 않다. 그 이유는 흑연에서는 전자들이 탄소 6각형들의 판에서 돌아다니기가 쉽지만 다이아몬드의 전자들은 모두 탄소 원자간의 강한 결합을 형성하는 데 사용되어 돌아다니기가 쉽지 않기 때문이다.

1980년대 초에 탄소는 다이아몬드와 흑연, 두 결정 구조로만 존재한다고 생각되었다. 그러나 많은 전 세계의 과학자들은 우주에, 특히 별 주변에 있는 탄소에 흥미를 가졌다. 1970년대에 우리 은하계를 가로질러 펼쳐져 있는 성간 먼지의 검은 구름이 탄소 원자의 짧은 연결 사슬을 갖는 분자들을 포함하고 있음이 입증되었다. 어떤 과학자들은 이 구름이 적색거성(탄소별)에서 생겨나고 있다고 생각했다. 적색거성은 별빛의 근원이 되는 핵 에너지의 소멸의 결과로 팽창하고 식기 시작한 죽어가는 별로부터 생긴다. 그런 별들은 밤하늘에서 볼 수 있다. 예를 들면, 오리온 자리의 베텔규스는 적색거성이다. 그것들은 자주 엄청난 양의 먼지를 내뿜으며, 한 이론에 의하면 이 먼지는 아마도 검댕을 닮은 탄소 입자를 포함할 것이다.

영국 서섹스 대학의 해리 크로토(Harry Kroto, 1939~) 교수와 그의 팀은 적색거성에 의해 생긴 탄소 분자들의 구조를 결정하려는 시도에 관심이 많은 일단의 과학자들이었다. 크로토와 그의 동료들은 1970년대에 성간 먼지에서 탄소를 포함하는 몇 가지 분자들을 확인해냈다. 그들은 훨씬 더 긴 분자들을 찾고 있었다. 한편, 미국 아리조나 대학의 단 허프먼(Don Huffman, 1935~) 교수와 독일 하이델베르크 대학의 막스 플랑크 핵물리 연구소의 볼프강 크라취머(Wolfgang Kratschmer, 1937~) 교수에 의해 협력 연구가 이루어지고 있었다. 그들은 우주에 있는 것과 유사한 먼지를 만들어내려고 노력하고 있었다. 허프먼과 크라취머는 이 성간 먼지가 주로 탄소로 이루어져 있다고 믿었고, 그것을 흉내내기 위하여 진공 속에 삽입한 두 개의 탄소 전극을 통해 전류를 통과시킴으로써 흑연을 기화시켰다. 기화된 흑연은 검은 연기의 구름을 형성했고 그것을 과학자들은 주의깊게 조사했다.

버크민스터풀러렌의 발견

1982년에 허프먼과 크라취머는 적외선이 그들이 모사한 성간 탄소 먼지를 통과하게 하여 그 먼지를 조사했다. 자외선이 탄소 먼지에 의해 흡수되고 산란되는 방식으로부터 존재하는 분자의 본성에 대한 정보가 얻어질 수 있다. 그들은 특수 제조된 '검댕'에서 얻은 결과를, 실험실의 공기 중에서 석탄을 태워서 만든 보통의 검댕에서 얻은 결과와 비교하였다. 두 종류의 검댕 간의 놀라운 차이에 두 과학자는 충격을 받았다. 몇 가지 특정한 탄소 분자들이 기화된 흑연에서 얻어진 검댕에 특히 많았다. 이 분자들은 자외선 흡수 실험을 기록한 궤적에 강한 흔적을 남겼다. 허프먼과 크라취머는 기화된 흑연으로부터 얻어진 결과를 '낙타혹 스펙트럼'이라고 불렀는데 이는 두 개의 두드러진 봉우리(blip) 때문이었다. 허프먼과 크라취머는 두 개의 봉우리가 무엇이며, 그것들은 왜 탄소 먼지 속에 있는 다른 탄소 분자들보다 두드러지는지 궁금했지만 그들은 더이상 적어도 당분간은 그 연구를 진행시키지 않기로 결정했다.

허프먼과 크라취머의 '낙타혹 스펙트럼'은 5년 동안 실질적인 연구가 없었다. 그들이 다시 그 연구로 돌아갔을 때, 그 봉우리의 주된 원인인 버크민스터풀러렌은 텍사스 휴스턴의 라이스 대학의 해리 크로토와 밥 컬(Bob Curl, 1933~), 리처드 스몰리(Richard Smalley, 1943~)의 팀에 의해 이미 발견된 후였다.

크로토는 1984년에 라이스 대학에 있는 컬과 스몰리를 찾아왔다. 세 과학자는 성간 우주의 탄소 분자에 관해 더 많은 것을 알아내려는 노력에 공조할 것에 동의했다. 그들은 강력한 레이저 빔을 사용해 1만 ℃에서 흑연을 기화시키는 라이스 대학의 장치를 사용하여 실험을 시작했다. 이 장치는 허프먼과 크라취머의 장치처럼 적색거성 주변의 조건을 닮았을 것이라고 크로토는 생각했다. 이 장치로 생성된 '검댕'의 분자 조성이 조사되었다. 그것은 30에서 100개의 탄소 원자를 갖고 있는 탄소 분자들을 포함하고 있었다. 흥미롭게도 이 탄소 화합물 중 하나가 다른 화합물보다 그 검댕 속에 훨씬 많았다. 그것은 60개의 탄소 원자를 가진 분자였기에 C_{60}이라고 불렸다. 70개의 탄소 원자를 포함하는 또다른 분자도 비교적 많았다. 이것은 C_{60}과 C_{70}이 각각 기화된 탄소에서 얻어진 검댕에서 특히 안정된 분자임을 의미했다. 왜 60개의 탄소를 가진 분자가 다른 분자들보다 훨씬 더 안정될까?

크로토, 컬, 스몰리, 그리고 그들의 동료들은 그 결과에 난감해 했다. C_{60}을 무시할 수 없었다. 그것은 계속해서 그들의 실험에서 나타났고 순수한 호기심만으로도 관심을 가질 만한 것이었다. 그들은 어떻게 60개의 탄소 원자가 안정된 분자를 이루어 배열될 수 있을까 생각하기 시작했다. 그들은 토론 끝에 한 가지 결론에 도달했다. 그것은 흑연 6각형들의 층이 말려서, 닫혀진 새장 모양이 되는 것이었다. 크로토에게 몬트리올 엑스포 67에 등장한 지오데식 돔(geodesic dome)이 떠올랐다. 세계 도처에 세워진 수천 개의 지오데식 돔 중의 하나인 이 돔은 미국의 건축가 리처드 버크민스터 풀러(Richard Buckminster Fuller, 1895~1893)에 의해 설계되었다. 이 돔은 6각형과 5각형으로 이루어져 있다. 크로토는 또한 그의 자녀들을 위해 몇 년 전에 만들어준 3차원 성좌표를 기억했다. 그것은 6각형과 5각형을 포함했다. C_{60}이 5각형과 6각형의 형태로 배열된 탄소 원자들로 이루어져 있을까?

스몰리는 6각형과 5각형의 모양으로 종이를 조각내어 그것들로 엉성하게 대충 60개의 꼭지점을 갖는 3차원 구상체(球狀體)를 만들었다. 이 꼭지점들이 탄소 원자에 해당하는 것으로 가정했다. 그는 12개의 5각형과 20개의 6각형을 사용했다. 스몰리는 처음에 그가 만든 것의 정확한 구조가 무엇인지 깨닫지 못했다. 그는 라이스 대학 수학과에 전화를 걸어 그가 만든 것이 무슨 구조인지를 그들이 알고 있나 물어보았다. 돌아온 대답은 간단했다. 스몰리가 만든 것은 축구공의 모양과 동일하다는 것이었다(그림 16). 축구공은 12개의 5각형 가죽조각(보통 검은 색)과 20개의 6각형 가죽조각(보통 흰색)이 구 형태로 꿰매어져 있는 것이다. 기화된 흑연에서 얻어진 검댕에 있는 60개의 탄소 원자로 된 분자는 분자 크기의 축구공이었다.

크로토, 컬, 스몰리와 동료들은 C_{60}을, 버크민스터 풀러의 이름을 따서 부르는 것에 동의했다. 그의 지오데식 돔이 그들의 생각에 중요한 영향을 미쳤기 때문이었다. 그것은 버크민스터풀러렌이라고 불린다.

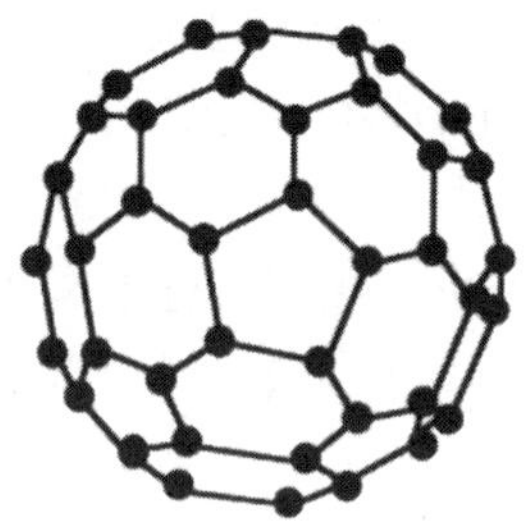

C₆₀(버크민스터풀러렌)

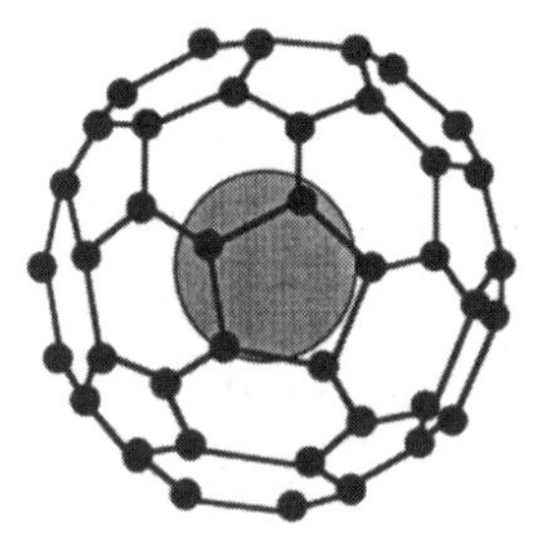

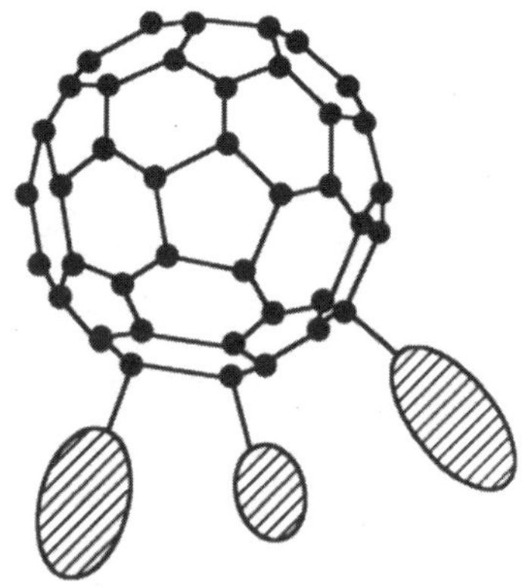

그림 16 ▶ 버크민스터풀러렌(C$_{60}$)의 구조와 가능한 유도체들. 60개의 탄소 원자가 12개의 5각형과 20개의 6각형으로 이루어진 구의 형태로 배열되어 있다(위). 원자들과 다른 분자들(큰 원)이 그 구의 안쪽에 포함될 수 있으며(아래 왼쪽), 다양한 화학중합체(빗금쳐진 달걀 모양)가 그 구에 부착될 수 있다(아래 오른쪽). 이것은 C$_{60}$에 엄청난 만능성을 주며 의학에서 전자공학까지의 영역에서 응용될 수 있게 한다. 탄소 원자는 검은 원으로 나타나 있다.

불행하게도 버크민스터풀러렌은 소량으로만 얻을 수 있었고, 그것의 축구공 모양을 확증하기 위해 고안된 연구를 수행하려면 훨씬 더 많은 양을 얻는 것이 필요했다. 이 단계에서 허프먼과 크라취머는 그들의 '낙타혹 스펙트럼'의 '혹'이 버크민스터풀러렌일 것이라고 추측했다. 결국 기화된 흑연에서 나온 검댕을 조사했을 때, '혹'이 생겨났다. 허프먼과 크라취머와 그들의 동료들은 이 추측이 사실임을 확증했고, 계속하여 최초로 비교적 다량의 버크민스터풀러렌을 추출해냈고 결정도 만들어냈다. 버크민스터풀러렌은 탄소 결정으로써 다이아몬드와 흑연에 이어 세번째로 알려진 형태가 되었다.

이 놀라운 분자 축구공은 화학자와 물리학자들 사이에서 선풍을 일으켰다. 과학자들은 버크민스터풀러렌과 풀러렌 족(族)들에 관한 연구를 시작했다. 그 구조는 1990년에 대량으로 분리된 이후에 확증되었다. 그것은 또한 분젠 버너에서 나오는 보통의 검댕에서도 발견되었다. 이것은 우리 모두가 학교 화학 시간에 버크민스터풀러렌을 만든 적이 있다는 것을 의미한다.

기화된 흑연 검댕에서 만들어진, 70개의 탄소 원자를 함유하는 것으로 밝혀진, 특히 안정된 또다른 분자(C_{70})는 달걀 모양임이 밝혀졌다. 그것은 길쭉한 구처럼 생겨 아마 럭비공과 비슷할 것이다. 버크민스터풀러렌처럼 C_{70}은 역시 5각형은 12개가 있지만 6각형은 25개 있다.

5각형과 6각형으로 완전히 닫힌 새장 구조를 만들려면 12개의 5각형이 요구된다는 수학적 원리가 있다. 6각형은 아무리 많아도 6각형만으로는 결코 닫힌 구상체를 만들 수 없다. 사실상 어떤 수의 6각형이든지(하나는 제외) 12개의 5각형과 결합하면 닫힌 구상체를 만들 수 있다. 만들어질 수 있는 가장 작은 닫힌 구조는 2개의 6각형과 12개의 5각형을 요구한다. 이것은 C_{24}에 해당할 것이다. 12개의 5각형 중 어느 것도 5개의 변을 다른 5각형과 공유하지 않을 때 구조의 화학적 안정성은 특히 크다. 다시 말하면, 5각형들이 6각형들에 의해 서로 격리될 때, 그렇게 형성된 구상체는 특히 안정된다. 결정적으로 C_{60}(버크민스터풀러렌)은 12개의 5각형이 6각형에 의해 서로 격리될 수 있는 가장 작은 닫힌 구조이며, 이것이 버크민스터풀러렌을 그렇게 특별하게 만드는 것이다. 탄소 원자의 수가 60보다 커질 때, 12개의 5각형이 6각형에 의해 완전히 격리되어 형성될 수 있는 다음 닫힌 구조는 C_{70}이다. 60에서 70개 사이의 탄소 원자를 갖는 분자들은 C_{60}과 C_{70}만큼 흑연 검댕에 관한 실험에서 두드러지게 나타나지 않는데 그 이유는 이 중간 계열의 분자들은 모두 서로 이웃하는 5각형들이 있어서 안정성이 떨어지기 때문이다.

많은 풀러렌 족들이 버크민스터풀러렌이 발견된 이후에 만들어졌다. 540개의 탄소 원자를 갖는 닫힌 구상체(C_{540})가 검출되었고, 버키튜브

(buckytube)라고 불리는 불완전하게 닫힌 분자들이 만들어졌다. 버크민스터풀러렌은 버키볼(buckyball)이란 별명으로 불리고 있다. 다른 분자들을 가진 풀러렌의 화합물들은 특히 흥미롭고 중요함이 입증되고 있다. 예를 들면, 금속 원자나 다른 화학 물질이 버크민스터풀러렌 내부에 갇혀 있는 분자들도 만들어질 수 있다. 이런 구조 중 몇 가지는 초전도성 같은 새로운 성질을 가질 수도 있다. 축구공 안에 약제 같은 화학 물질을 주입하여 약제가 풀려나올 필요가 있을 때, 즉 체내에서 적당한 시기와 위치에서 열리는 구 표면의 '문'을 만드는 것도 가능할 수 있다. 화학적 그룹들이 축구공 분자의 바깥쪽에 첨가되어 '귀'를 형성하는 다른 물질들도 만들어졌다[그런 유도체들 중 하나는 버니볼(bunnyball, 토끼공)이란 이름이 붙었다]. 이 물질들은 새로운 화학 물질의 금광이며, 이 축구공 화학의 새롭고 신나는 응용들이 실현되는 것은 시간 문제일 뿐이다.

버크민스터풀러렌이 적색거성에서 뿜어져 나오는 성간 먼지에 존재하는지는 아직도 명확하지 않다. 명확한 것은 별을 이해하려는 인간의 탐구가 우연찮게 조만간 엄청난 사회적 응용이 가능할 것으로 판명될, 새롭고 신나는 과학 분야를 열었다는 것이다. 해리 크로토가 버크민스터풀러렌의 발견에 대해 말했듯이 "이 진보는 기초과학의 업적이며 기초과학이 전략적이고 응용적인 분야에서 중요한 결과를 낼 수 있다는 사실을 시기적절하게 되새겨준다."

9
이동하는 판, 화산, 지진

천문학과 우주론이 몇 가지 정말로 주목할 만한 놀라운 발견들을 이룩하는 동안 우리의 행성인 지구의 구조와 운동에 대한 연구도 놀라운 과학적 업적을 이루어냈다. 지구물리학의 위대한 발전 중의 하나는 판구조론이다. 그것은 1960년대에 제안된 것으로 대륙과 대양의 구조와 성질에 관한 많은 관찰과 사실들을 설명하였으며, 산들의 형성과 화산 및 지진의 발생에 대한 이해에 매우 중요한 이론이다. 그것은 또한 생명의 진화, 기후의 변화, 해저(海底)의 구조와 성질들을 포함하여 지구 위에 일어나는 다른 과정들에 대한 가치있는 통찰력을 제공했다. 판구조론은 우리가 지구를 바라보는 방식을 완전히 새롭게 했다. 그것은 좀더 확장된 우리의 고향인 우주의 기원을 설명하기 위해 제안된 빅뱅 이론(7장)에 해당되는 지구물리학의 이론이라고 볼 수 있다.

대부분의 우리는 지구를 아주 당연하게 여겨서 대양과 대륙의 존재 이유를 좀처럼 심각하게 생각하지 않는다. 우리는 화산이나 산 또는 지진을 경외감, 때로는 공포와 두려움을 가지고 바라보지만 이러한 지구의 큰 특징들이 생겨나는 메커니즘은 거의 생각하지 않는다. 우리 대부분은 인류의 역사나 생물체의 진화에 약간의 지식을 갖고 있다. 그러나 45억여 년 전에 지구라는 행성이 형성되었을 때부터 현재까지의 지구 표면의 모습에 대해 초보적인 상(像)이라도 가지고 있다고 말할 수 있는 사람들이 얼마나 될까?

화산 폭발과 지진은 전 역사에 걸쳐 일어났고, 전세계적으로 한두 건의 발생 없이는 한 해도 지나가지 않았다. 종종 그런 사건들은 비교적 피해가 없기도 하지만 자주 화산과 지진은 비극적 재앙을 야기했다. 이탈리아의 고대 도시 폼페이는 화산 폭발이 인간 사회에 야기할 수 있는 대참사의 좋은 예다. 서기 79년 8월 24일, 베수비오산이 격렬하게 폭발하면서 근처의 폼페이는 6m 두께의 화산재로 덮여버렸다. 단 하루 사이에 그 도시는 지구상에서 사라졌다. 사람의 몸이 용암에 닿자 분해되어 버렸고, 그 주위의 용암이 식어서 굳어진 채로 흔적만 남겨놓았다. 수세기 후에 고고학자들은 굳어진 화산암 속에 형성된 인체 모양의 홈에 시멘트를 부어 그런 불운한 운명과 마주한 불행한 희생자의 주형을 뜰 수 있었다.

자바와 수마트라 섬 사이의 크라카토아 섬은 역사상 가장 처참한 화산 폭발 중 하나가 일어난 곳이다. 1883년에 화산이 몇 개월에 걸쳐 간헐적으로 분출하였다. 이 분출 중 하나는 소리가 엄청나게 커서 5,000km 밖에서도 그 소리가 들렸고 수천 개의 원자탄의 위력과 맞먹었다. 거의 4만 명의 사람들이 크라카토아의 화산 폭발로 사망했고 대부분의 사망 원인은 화산 폭발로 생긴 엄청난 해일이었다. 크라카토아의 절반이 분출하는 동안 날아가 버렸다. 보다 최근인 1980년에 미국 워싱턴 주의 세인트헬렌스산이 분출해서 그 산정의 1/3이 날아가 버렸다. 엄청난 수의 나무들이 쓰러졌고 껍질이 벗겨져서 그 피해액이 10억 달러로 추정되었다.

지진도 파괴와 비극의 일익을 담당해 왔다. 1556년에 중국에서 발생한 지진으로 거의 백만 명이 사망했고, 1976년에 중국에서 일어난 지진으로 50만 이상의 사람들이 사망한 것으로 추정되었다. 잘 알려진 대로 캘리포니아 주의 샌프란시스코를 1906년 4월 18일 오후 5시 12분에 지진이 강타했다. 그 도시의 지반이 흔들렸고 찢겨졌으며 중심가는 거의 파괴되었다. 수십만 명이 집을 잃었으며 800명 가까이가 사망했다. 판구조론은 지구의 미래 상태에 대한 예측을 가능하게 해 준다. 캘리포니아의 로스앤젤

레스와 샌프란시스코의 일부분을 포함한 그 주의 서부 지역이 2천만 년 이내에 미국 대륙에서 분리된 작은 대륙이 될 것이라는 진단이 내려졌다.

화산과 지진의 기원과 성질에 대한 우리의 생각들은 판구조론의 결과로 20세기 후반기 동안 극적으로 변화되었다. 현재의 지구의 상태는 과거의 결과이다. 지구의 미래 상태의 예측 가능성이 개선됨으로 지진과 화산에 의한 대참사는 다가올 수년 내에 최소화될 수도 있다. 건물들과 다른 구조물들이 이러한 돌발 사태들을 더 잘 견딜 수 있도록 세워질 수 있고, 사람들이 그들의 도시들을 소개(疏開)시키는 데 더 잘 준비된 상태가 될 수 있으며 그렇게 할 만한 충분한 경고를 할 수도 있다.

판구조론은 독일의 기후학자인 알프레트 베게너(Alfred Wegener, 1880~1930)에 의해 1912년에 제안된 초기 개념을 통합하고 확장시킨 것이다. 그는 현재의 대륙들이 약 2억 년 전에는 판게아(Pangaea)라고 불리는 하나의 거대한 초대륙으로 뭉쳐 있었다고 생각했다. 베게너의 이론에 따르면, 이 초대륙은 결국 갈라져 그 조각들이 지구의 표면 도처로 이동해 오늘날의 대륙들을 형성했다. 불행하게도 베게너의 생각은 그 당시의 대부분의 과학자들에게 받아들여지지 않았고 많은 지구 물리학자들 사이에 엄청난 웃음거리가 되었다.

베게너의 대륙이동설을 논의하기 전에 지구의 구조와 구성 성분에 대해 약간의 지식을 갖는 것이 유익할 것이다.

지구의 구조

지구는 가장 안쪽에 고체 상태인 내핵을 갖고 있다. 내핵은 약 1,300km의 두께로 주로 철로 이루어져 있다. 이 내핵 주변에는 액체 상태의 외핵이 있다. 외핵은 2,200km의 두께이다. 고체와 액체 상태의 철로 된 핵이 지구 전체의 질량의 약 1/3, 전체 부피의 1/6을 차지한다. 철로 된 핵 바로 위, 즉 지구 표면 쪽에는 **맨틀**이 있는데 그것은 거의 3,000km의 두께이며 지구 질량의 2/3 이상, 지구 부피의 4/5 이상을 차지한다. 마지막으로 지각이 있다. 지각은 맨틀 위에 놓여 있으며 해저와 대륙으로 이루어져 있다. 지각은 지구 질량의 0.5%도 안 되며 부피로는 0.7% 정도다.

해수면 위에 보이는 육지는 지각의 깊이에 비하면 매우 작은 부분으로, 지구의 구성물질 중 경미한 부분밖에 안 된다. 예를 들면 히말라야 산맥을 구성하는 암석들은 70km 깊이의 지각을 구성하나 우리는 그 산맥의 극히 일부만을 보고 있다. 세계에서 제일 높은 에베레스트 산조차도 해발고도 9km에도 미치지 못하므로 그것의 대부분은 땅 아래에 묻혀 있다.

지구의 맨틀과 그 위에 놓인 해양지각 및 대륙지각 사이를 구분하는 면은 모호면 또는 모호로비치치 불연속면이라고 불린다. 이 명칭은 그것을 발견한 유고슬라비아의 과학자 모호로비치치(Andrija Mohorovicici, 1857~1936)를 기념하여 붙여졌다. 대륙과 해저는 지각보다 밀도가 높은 물질로 이루어진 맨틀 위에 떠 있다. 해저는 현무암과 다른 조밀한 암석으로 이루어져 있고 비교적 얇다. 한편 대륙은 덜 조밀한 화강암으로 이루어져 있고 해저보다 무겁다. 해저는 대륙보다 낮은 부력을 갖고 있다. 이것이 왜 지각이 근본적으로 육지보다 아래에 해저가 있는 2단 구조인지를 설명해 준다. 대양은 지표면의 4분의 3을 덮고 있고 나머지는 대륙으로 되어있다. 대륙은 평균 30~40km의 두께이며, 해저는 6~7km의 두께이다.

베게너는 지각의 구성에 대해 많은 것을 알고 있었다. 특히 그는 해저가 대륙지각보다 부력이 작기 때문에 대륙이 해저보다 위로 올려지는 것을 알고 있었다. 이러한 특성들은 다른 증거들과 함께 대륙이 이동한다는 이론을 제안하도록 그를 이끌었다.

베게너의 대륙이동설

베게너는 자신의 대륙이동설이 편견 없는 학자들에게 최소한 그럴듯하게 보일 수 있도록 많은 증거들을 끌어 모았다. 그것이 반대에 부딪힌 이유는 지구가 변하지 않는다는 전통적인 지식에 도전했기 때문이었을 것이다. 이러한 믿음은 세계의 지식인들의 마음 속에 깊이 자리잡고 있었다. 어떻게 거대한 대륙이 강 위의 뗏목처럼 지구 표면에서 움직일 수 있겠는가?

베게너는 처음에 그와 다른 이들이 행한 관찰의 결과로 대륙이동의 개

넘을 고려하게 되었다. 바로 남아메리카의 동부 해안선과 아프리카의 서부해안선이 그림 맞추기 퍼즐의 두 조각처럼 들어맞는다는 것이었다(그림 17). 우리는 오늘날 이 두 대륙의 해안선이 해저 수 km 깊이에서 조사된다면 서로 더 잘 들어맞는 것을 알고 있다. 베게너는 다른 대륙들의 해안선들도 유사하게 들어맞는 경우가 있음을 알게 되었다. 이로써 그는 초대륙 판게아의 존재를 가정했고 그것이 갈라져 이동하여 오늘날의 대륙이 되었다고 제안하게 되었다. 이러한 들어맞음을 설명하기 위해 이전에 제안된 이론들 중에는 한때 아프리카와 남아메리카가 같은 육지의 일부였다가 두 대륙을 연결하는 땅이 대양 밑으로 가라앉을 때 물(대서양)로 나뉘었다는 생각들도 있었다. 어떤 19세기 과학자들은 대서양 바닥에는 잃어버린 대륙인 아틀란티스의 잔존물이 남아 있을 것이라고 생각했다. 해저가 대륙지각보다 부력이 적다는 것이 알려져 있었기 때문에―이것은 해저가 항상 대륙면보다 아래에 있어야 한다는 것을 의미하므로―베게너는 이 이론을 논박했다. 베게너는 두 개의 대륙이 서로 분리되어 이동했으며 새로운 해저가 그들 사이에 형성되었다고 가정하는 것이 더 논리적이라고 말했다. 대륙이 천천히 위로 이동할 수 있다는 것에 대한 강한 증거가 있었다. 예를 들면, 세계 어떤 지역에 있는 항구의 부두에 있는 수세기된 정박지는 아주 높이 상승하여 배를 더이상 거기에 멜 수 없게 되었다. 베게너는 물었다. "땅이 상승할 수 있다면, 왜 옆으로 이동할 수는 없겠는가?"

베게너는 대륙이동에 대한 더 많은 증거를 확보했다. 남아메리카의 동해안과 아프리카의 서해안의 식물들과 동물들은 서로 유사했고, 특히 화석화한 생명의 형태에서 더욱 그러했다. 이것은 이치에 합당하다.

지구의 과거에 어떤 단계에서 대륙들이 서로 결합되어 있었을 때, 지금은 화석이 된 유기체들이 같은 땅에 함께 존재했을 것이고 서로 매우 유사하게 닮았을 것이다. 나중에 대륙이 분리된 후에 생명의 진화가 진척되었을 것이고 종들은 두 대륙에서 여전히 유사하지만 같은 한 대륙에서 전에 함께 살았던 화석화한 생물들보다는 좀더 다양할 것이다.

대륙이동에 대한 다른 증거는 해안선이 들어맞는 다른 대륙들에 있는 산맥들도 서로 잘 들어맞는다는 것이었다. 더욱이 판게아에서 결합되어 있었다고 하는 두 대륙에 있는 다른 암석들이 매우 유사했고, 지리학적

그림 17 ▶ 남아메리카의 동해안과 아프리카의 서해안이 들어맞는 모양. 두 대륙은 그림 맞추기 퍼즐의 조각들처럼 서로 들어맞는 것처럼 보인다. 이것과 다른 몇몇 대륙들 간의 유사한 들어맞음을 통해 베게너는 대륙들이 한때는 뭉쳐서 초대륙(판게아)를 형성했을 가능성을 생각하게 되었다.

연구는 두 대륙이 한때 유사한 기후를 공유했음을 예측했다. 불행하게도 베게너는 대륙이동이 일어나는 정확한 메커니즘을 설명하는데 문제를 안고 있었다. 이것은 아마도 그의 비판자들이 그렇게 격렬하게 그와 의견을 달리했던 또다른 이유였을 것이다. 베게너가 1930년에 죽었을 때, 대륙이동설에 대해 확신하는 사람들은 거의 없었다. 육지의 정적(靜的) 본성에 관한 기존의 생각들을 흔들어 무너뜨리기에는 충분한 양의 증거가 없었다. 베게너의 대륙이동에 대한 제안은 이후 30년 동안 주목받지 못하는 과학적 혁신으로 남아 있었다. 그러다가 1960년에야 이 이론은 다시 관심을 끌게 되었고 판구조론에 통합되었다.

판구조론

베게너의 사후, 판구조론의 등장 전에 몇 가지 발전이 있었다. 먼저 대륙 암석의 자기적 특성에 대한 연구들은 과거에 대륙들이 이동했다면 가장 잘 설명되는 몇 가지 독특한 특징들을 밝혀냈다. 둘째로 2차대전 후에 개선된 기술은 해저를 이전보다 더 깊게 조사하는 것을 가능하게 했다. 이것은 부분적으로는 대양을 이해하는 것이, 특히 핵을 장착한 잠수함이 대양의 심해에서 이동하는 것을 가능케 하는데 중요하다는 군사적 인식이 커진 결과였다. 해저에 대한 새로운 지식들은 대륙이동을 주장하는 이론에 통합될 때 가장 잘 이해될 몇 가지 홍미로운 특징들을 드러냈다.

대륙이동의 개념이 다시 관심을 끌게 한 자기 측정 데이터는 많은 암석들이 과거의 지구 자극(磁極)의 방향에 대한 '기억'을 보유한다는 원리에 기초했다. 이것은 특히 화산암에 해당된다. 용암 속에 철 원자와 다른 자기 물질들은 나침반 바늘이 남북을 가리키듯이 자기적 남북 방향으로 배열된다. 그러한 용암들은 냉각된 후 응고할 때, 그 안의 자기 물질이 용암에 있을 때 가졌던 방향에 그대로 고착된다. 그러므로 그런 암석의 자성 성분들이 가리키는 방향은 그런 암석들이 응고했을 때의 지자극 방향을 나타낸다. 그런 '화석화한 나침반 바늘'이 기운 정도는 암석이 융해되어 있던 때의 지구의 자극에서 그 암석이 얼마나 떨어져 있었는지를 알려준다. 극에서는 자기 입자들이 수직 하방을 가리킨다. 적도로 접근하면 그것들은 덜 기운다. 적도에서는 전혀 기울지 않는다. 다시 말하면 암석의 자기적 성질의 측정으로부터 우리는 암석이 응고할 때 위치했던 위도뿐 아니라 극의 방향을 추론할 수 있다. 대륙이 이동했다면 대륙이 이동하는 동안 위도상의 위치를 바꾸었을 것이기 때문에 자기의 탐구는 이 운동을 드러낼 수 있을 것이다.

1950년대에 영국의 지리학자 스탠리 런콘(Stanley Runcorn, 1922~)과 그의 동료들은 유럽에서 암석의 자기적 특성을 조사하여 몇 가지 독특한 결과를 얻었다. 같은 지역에서 다른 시대의 암석의 자기적 성질들을 탐구했을 때, 지구의 자극은 지구의 과거 동안 다른 시기에 위치를 바꾼 것으로 나타났다. 이 연구에 대하여 두 가지 주된 해석이 있었다. 자극이 지구의 지질학적 역사 동안 이동했거나, 유럽 대륙이 이동하고 자극이 같은 곳에 머물렀을 것이란 해석이었다. 대부분의 과학자들은 대륙 정지 모형을 계속 고수했고, 그 데이터를 믿지 못할 것으로 거부하거나 대륙이 아닌 자극이 이동했다는 생각을 받아들였다.

유사한 자기적 특성들이 다른 대륙의 암석들에서 조사되었을 때, 그 곳의 자극도 지구의 과거 다른 시기에 분명히 다른 위치에 있었음이 발견되었다. 다른 대륙에서 발견되는 자극의 예측 이동 경로들이 지구 표면에 그려졌을 때, 그것들은 일치하지 않았다. 만약 하나의 극이 있었다면 모든 대륙에 대하여 같은 시기에 같은 위치에서 나타나야 한다. 대륙이 움직이지 않았다면 유일한 다른 설명은 이제 지구의 과거에 몇 개의 자극이 있었다는 것인데 그것은 절대로 그럴 것 같지 않았다. 그러나 대륙이 과거의 어떤 때에 베게너가 판게아를 제안한 것과 같은 방식으로 나란히 붙어 있었다고 생각하면 극의 이동 경로는 서로 다른 대륙들에 대해서 일치했다. 이것은 실제로 대륙이 합쳐져 있었다가 나중에 분리되었다는 생각과 명쾌하게 일치했다. 이 해석에 따르면 자극은 정지해 있었고 대륙이 이동했다. 여전히 많은 사람들이 받아들이기는 어렵지만 더 많은 과학자들이 이제는 대륙이동이 가능하다는 것을 확신하게 되었다.

해저에 대한 자세한 지식이 알려졌을 때, 대륙이동은 마침내 받아들여졌고 판구조론이 탄생했다. 해저에 대한 이런 많은 지식은 브루스 히즌(Bruce Heezen, 1924~1977)과 헨리 메너드(Henry Menard, 1920~1986)와 그의 동료들에 의해 미국에서 수행된 연구에서 나왔다. 해저의 산맥과 골짜기는 육지에 있는 것보다 더 거대하고 웅장하다는 것이 밝혀졌다. 해저의 두드러진 한 가지 특징은 지구 주위를 굽이쳐 뻗쳐 있는 중앙해령계(中央海嶺系, mid-ocean ridge system)이다. 이 산맥 체계는 연장 6만km의 울퉁불퉁한 구조로 이루어져 있다. 그것들은 수백 km의 폭에 4,500m 이상의 높이를 갖고 있다. 중앙해령계는 잦은 지진과 화산 활동이 일어나는 곳이다. 대부분의 화산 활동은 해저에서 일어난다. 용암을 머금은 갈라진 틈이 계곡처럼 산맥의 길이 방향으로 뻗쳐있다. 어떤 곳에서는, 예를 들어 아이슬란드에서는 화산이 해수면 위에서 발생한다. 산맥은 완전히 연속적이지는 않다. 산맥의 길이 방향의 다양한 간격으로 봉우리와 단열대(斷裂帶)라고 불리는 고랑이 길이의 직각 방향으로 존재하여 마치 꿰맨 자국처럼 보이는 모양을 형성한다. 캘리포니아에 있는 샌안드레아스 단층은 단열대의 또다른 예이다.

해저의 또다른 두드러진 특징은 해구(海溝)의 존재이다. 해구는 깊이가 5km 이상이 되며, 해령계와 같이 지진과 화산이 발생하는 곳이다. 대양의 가장 깊은 곳들은 해구가 있는 곳에 있다. 해구들은 종종 열도(列島)와 연접해 있다. 한 예로 태평양의 알류산 열도와 연접한 해구들이 있다.

몇몇의 이론들이 이런 해저의 지구물리학적 특성을 설명하기 위해 제시되었다. 지구가 팽창하고 있어 해저가 갈라진다는 초기 이론이 있었다. 그러나 이 이론에는 아무 증거가 없었다. 널리 받아들여진 또다른 이론은 미국의 과학자 해리 헤스(Harry H. Hess, 1906~1969)에 의해 제기되었는데 '해저확장설'로 불렸다. 해저확장설은 핵의 고온에 의해 가열된 맨틀이 다시 지각을 가열시킨 결과로 중앙 해령이 형성된다는 초기 사고의 확장이었다. 헤스에 따르면 지각은 흐르는 맨틀 위에서 '떠 다닌다.' 맨틀의 성분이 가열됨에 따라 상승하여 지각을 가열한다. 이것은 지각을 팽창시켜 약한 부분이 갈라지게 한다. 맨틀의 성분은 갈라진 틈을 통해 상승해 마그마의 형태로 해저로 스며 나온다. 갈라진 틈을 타고 위로 상승하면서 마그마는 갈라진 틈 옆의 지각을 바깥쪽으로 민다. 마그마는 틈의 양 옆으로 흘러나오고 마그마가 틈의 중앙에서 바깥쪽으로 이동함에 따라 식는다. 이렇게 식는 동안 그것은 굳어져 기존의 해양지각 정상 위에 새로운 층을 형성한다.

헤스에 따르면 지구는 팽창하고 있지 않다. 이것은 갈라진 틈에서 형성된 새 지각―그것은 중앙 해령의 봉우리에 해당한다―은 어딘가에 존재하는 지각의 손실에 의해 보상되어야 한다는 것을 의미한다. 헤스는 해저에 존재하는 해구가 해저지각의 함몰 위치라고 제안했다. 해양 산맥에서 해저가 팽창하면서 해저지각은 해구에서 맨틀이 되었다. 이 이론은 해저에서 얻어지는 암석이 항상 450만 년 이하밖에 안 되는 반면에 육지의 암석은 35억 년 이상되는 이유를 설명해 주었다. 해저는 밑에 있는 맨틀에서 나온 마그마가 새롭게 응고되어 지속적으로 갱신되고 있기 때문에 해저는 젊은 암석으로 구성된다. 그리고 오래된 해양지각은 동시에 해구에서 맨틀로 내리밀려서 거기서 융해된다.

헤스의 이론은 또한 해저의 암석들이 중앙 해령의 중심부에서 멀리 떨어져 있을수록 더 오래되어야 할 것을 요청했다. 왜냐하면 새로운 마그마는 이 지역에서 출발하여 수백만 년에 걸쳐서 천천히 밖으로 퍼져나가기 때문이다. 다시 말해 최근의 암석은 산맥의 마루에 존재하며 가장 오래된 것은 해구에 존재한다. 헤스의 이론은 또한 대륙이동에 대한 최초의 받아들여질 만한 메커니즘을 제공했다. 해저가 해령에서 갱신되고 해구에서 소멸되므로 컨베이어 벨트 위에서 물건이 운반되듯이 해저는 대륙을 운반하게 되는 것이다.

해저의 확장에 대한 증거들이, 특히 해저 암석의 연대가 자기적 성질에 의해 결정되었을 때 제시되었다. 이것으로 산맥과 해구의 암석 연대를 알 수 있었고, 그 데이터는 헤스에 의해 제기된 생각과 정확하게 일치했다. 실제로 해저의 갱신과 확장의 속도가 측정되었을 때, 그것은 수십 년 전에 제시된 대륙이동에 대한 베게너의 생각에서 기대된 것들에 매우 근접했다. 이것은 대륙이동이 실제로 일어나며 그것이 적어도 부분적으로는 이웃하는 대륙들에 붙어 있는 해저의 갱신과 소멸의 반복에 기인한다는 것을 나타냈다.

1960년대 말에 영국의 지구물리학자인 돈 맥켄지(Don McKenzie, 1942~)와 로버트 파커(Robert Parker, 1942~), 그리고 그들과는 독립적으로 미국의 지구물리학자인 제이슨 모건(Jason Morgan, 1935~)은 우리의 대륙이동에 대한 이해와 대륙과 해저에 대한 지식에 기여했던 베게너, 헤스, 그리고 다른 지구물리학자들의 생각을 통합했다. 그들은 지구가 대륙지각과 해양지각, 그리고 맨틀의 상층부로 이루어진 많은 판(10개 정도의 큰 판과 몇 개의 더 작은 판)을 갖는다고 제안했다. 다시 말해서 이 판들은 단순한 지각이 아니다. 그것들은 맨틀의 성분도 포함한다. 판들을 포함하는 지구의 층에 주어진 이름은 **암석권**(lithosphere)이다. 판들은 약 100km의 두께이며 변두리가 중앙 해령, 해구, 단열대로 이루어져 있다. 그것들은 **연약권**(asthenosphere)이라고 불리는 맨틀의 밑층 위에 떠 있고 대륙지각, 해양지각 또는 둘 다를 포함할 수 있다. 대륙과 해저는 뗏목 위에 놓인 물건처럼 떠다니는 판에 의해 운반된다. 구조적 판이 쪼

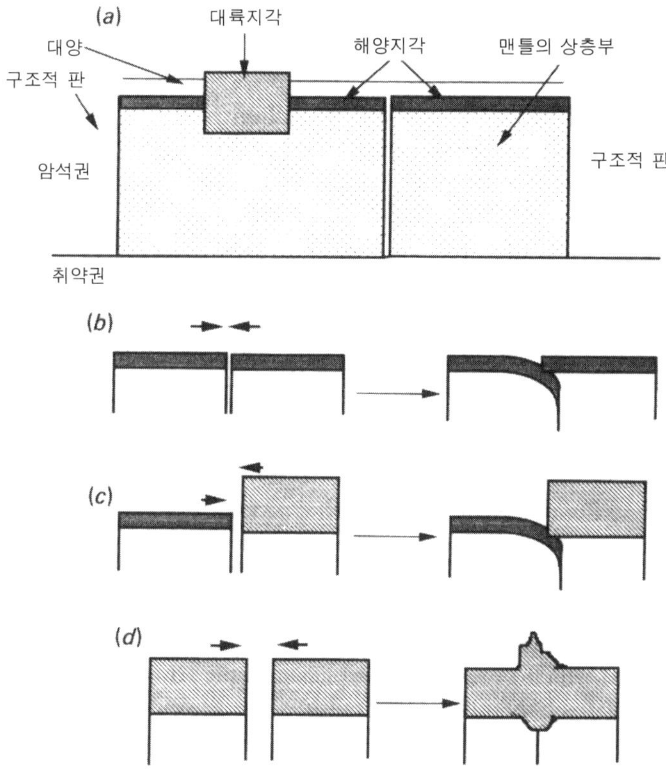

그림 18 ▸ 구조적 판 사이의 충돌. (a) 각각의 판은 암석권(지각 + 맨틀의 상층부) 영역으로 이루어져 있고 맨틀의 하층부(연약권) 위에 떠 있다. (b) 충돌하는 판의 두 변두리가 해양지각을 포함할 때, 한 변두리가 다른 것 아래로 내려간다. (c) 한 변두리가 해양지각을 갖고 다른 것이 대륙지각을 가질 때, 부력이 적은 해양성 변두리가 대륙성 변두리 아래로 내려간다. (d) 두 변두리가 대륙성일 때는 둘 다 하강하기에는 부력이 크므로 산맥이 융기한다.

개질 때, 오래된 대륙은 몇 개의 새 대륙이 될 수 있고 판게아가 분열되었을 때처럼 결국에는 갈라져 이동할 수도 있다.

두 개의 판이 서로 충돌할 때, 생성되는 것은 판들의 개별적 특성에 따라 다르다(그림 18). 변두리가 해양지각인 두 판이 충돌하면 둘 중 하나가 다른 것 아래로 내려간다. 한 판의 대륙성 변두리가 또 다른 판의 해양성 변두리와 충돌할 때, 항상 해양성 판이 대륙성 판 아래로 내려간다. 그 이유는 대륙지각이 해양지각보다 더 부력이 크기 때문이다. 그래서 대륙지각이 항상 해저 위로 올라간다. 대륙지각으로 이루어진 변두리를 갖는 판들이 충돌할 때는 둘 다 부력이 크므로 어느 것도 가라앉지 않는다. 대신에 경계선이 찌그러져 산맥이 형성된다. 히말라야 산맥은 그러한 충돌의 결과로 생성되었다. 두 대륙 사이의 충돌은 그것들을 하나의 큰 대륙으로 결합시킬 수 있다.

두 판이 떨어질 때, 밑에 있는 맨틀에서 새로운 마그마가 스며 올라와 간격을 메운다. 이것이 중앙 해령에서 발생하는 상황이다. 해구에서는 한 판의 하강하는 쪽의 해저지각은 소멸되어 연약권으로 들어가고 거기서 다시 녹아서 결국 새로운 해양지각으로 재생된다. 그러므로 해저는 충돌하고 분리되는 판들 때문에 계속적으로 갱신된다. 대륙이 쪼개질 때 연약권으로부터 나온 마그마가 상승하여 틈을 채운다. 이 마그마는 현무암으로 이루어져 있으므로 그것이 식을 때 해양지각을 형성하며, 이것은 틈이 있는 곳에서 새로운 해저가 형성되는 것을 의미한다. 이런 방식으로 한 대륙이 갈라져 새로운 두 대륙이 되고 그 사이를 대양이 갈라놓게 된다.

해저 물질의 순수 증가율은 반드시 '0'이 되는데, 그 이유는 새로운 해저가 형성될 때마다 다른 곳에서 오래된 해저의 동일한 양이 맨틀로 꺼져 들어 소멸되기 때문이다. 그러나 이것이 해령에서 형성된 새로운 해저가 이 해령을 변두리로 갖는 같은 판들로부터 해저의 손실로 보상되는 것을 의미하지는 않는다. 오래된 해저가 새로운 해저가 형성되는 것과 같은 율로 소멸되는 한, 재생 과정이 다른 판들의 경계선에서 일어날 수 있다. 예를 들면, 남북 아메리카 대륙을 운반하는 판들과 경계를 이루는 대서양 중앙 해령계는 자체적인 해구를 갖지 않는다. 새로운 해양지각이 이 해령에서 형성될 때, 그것은 아메리카 대륙의 서해안과 경계를 이루는 태평양 판으로부터 지각의 손실로 보상된다. 이런 식으로 아메리카 대륙들을 포함하는 판들은 태평양 판이 줄어드는 만큼 크기가 커지고 있다.

판들은 서로 충돌하거나 분리되는 대신 서로 미끄러져 들어갈 수도 있다. 이것이 일어날 때, 종종 지진이 발생한다. 단열대는 판이 서로 미끄러져 들어가는 곳에서 생긴다. 지진은 또한 암석권 판의 운동이 강한 다른 곳에서도 생긴다. 지진은 특히 두 판이 분리되는 중앙 해령들과 한 판이 다른 판 밑으로 하강하는 해구에서 자주 발생한다. 기록된 주요 지진들을

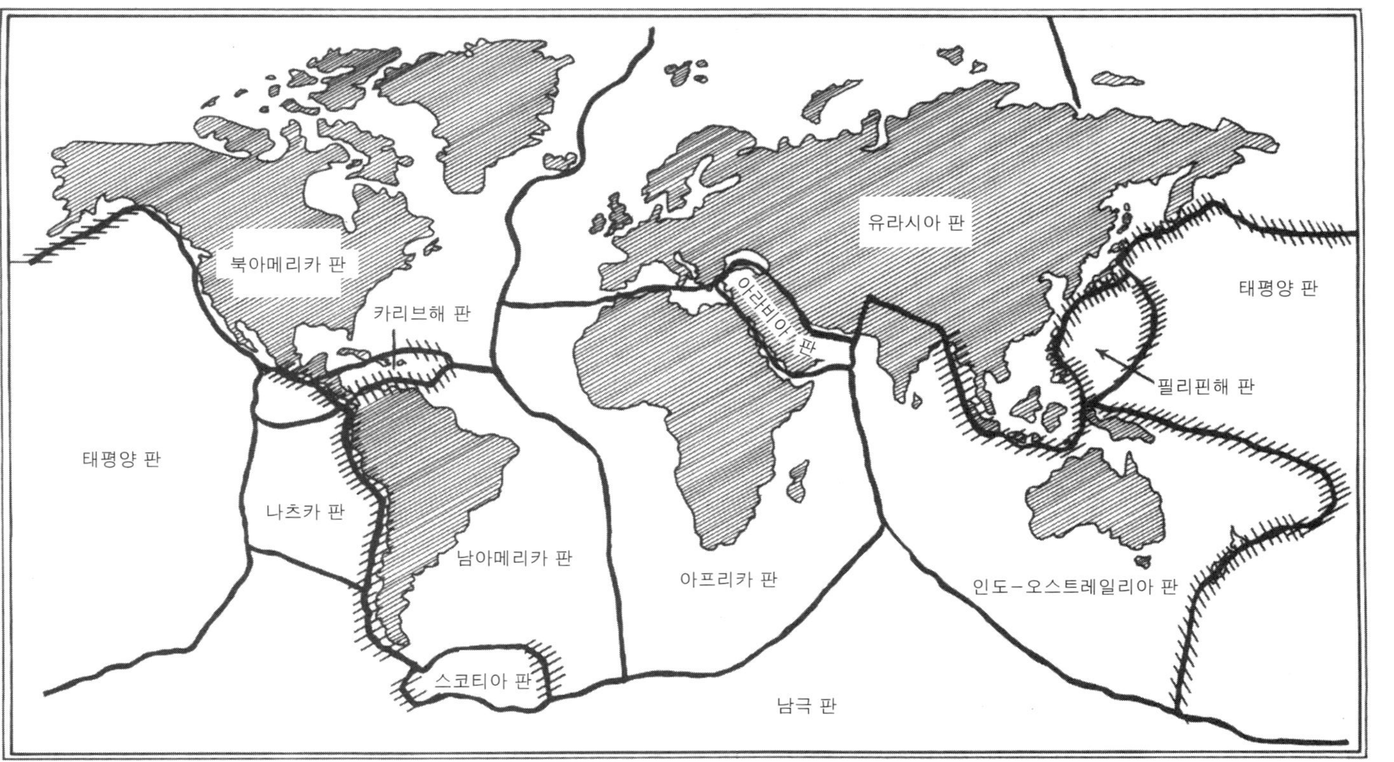

그림 19 ▶　화산과 지진은 보통 구조적 판의 변두리나 그 근처에서 생긴다. 판의 경계선은 여기에서 진한 실선으로, 해구는 빗금쳐져 나타나 있다.

지도에 표시해 보면, 그것들은 판의 변두리에 주로 해당한다(그림 19). 유사하게 화산들도 판의 경계선에 근사하게 대응된다. 화산은 두 판이 충돌하는 곳(산맥이 생기는 곳)에서 생기지 않는다. 대륙들이 서로 미끄러져 들어가는 곳에서도 생기지 않는다. 화산은 판이 분리되거나 한 판이 다른 판 아래로 내려가는 곳에서 생긴다. 한 판의 해양성 변두리가 충돌에 이어 또다른 판 아래로 내려갈 때, 해양 지각의 일부와 해양 침전물이 맨틀에서 녹고, 녹은 물질들이 지각 표면으로 상승하려는 경향을 갖게 되어 활발한 화산이 만들어진다. 일본과 알류산 열도는 이런 종류의 판 경계선을 따라 생기는 많은 화산을 포함한다. 화산은 또한 판들이 분리되고 마그마가 표면으로 올라오는 곳에서 형성된다. 태평양 판의 동쪽편을 따라 발생하는 화산들과 아이슬란드의 화산들이 그 예다.

구조적 판의 존재에 대한 많은 증거들이 있고 그것들의 충돌, 분리, 및 미끄러짐에서 발생하는 결과들은 지구상의 많은 곳에서 명쾌하게 볼 수 있다. 구조적 판들은 오늘날도 이 과정을 겪고 있으며 미래에도 계속 그럴 것이다. 대륙들은 계속해서 이동할 것이다. 실제로 모든 대륙은 수억 년이 지나면 다시 한 번 모일 것이라고 제안되어 왔다. 그렇게 형성될 초대륙은 몇몇 지구물리학자들에 의해 신판게아(Neopangaea)라고 벌써 이름이 붙여져 있다. 신판게아가 형성된다면 그것은 의심의 여지없이 다시 쪼개질 것이고 결과로 생긴 조각들은 이동하여서 오늘날과 매우 다른 지형을 형성할 것이다.

인류는 국가 사이에 인위적이고 정치적이고 물리적인 경계선을 만들어 왔다. 그러나 대륙들을 쪼개고 그 조각들을 분리시키고 수억 년에 걸쳐 다시 뭉치게 하는 자연적 과정이야말로 지구의 경계선의 진정한 창출자이다.

10
소다수, 플로기스톤, 라부아지에의 산소

　　판구조론은 지구의 지구물리학적 특성의 몇 가지 가장 중요한 측면을 설명해 주었다. 그것은 또한 지질학적 역사 속에 있는 지구의 상태라는 맥락에서 생명의 진화가 더 잘 이해되게 해 주었다. 결국 대륙과 대양은 모든 식물, 동물, 미생물의 거주지를 제공한다. 그리하여 판의 운동의 원동력과 그것의 효과인 화산, 지진, 조산, 해저의 갱신과 소멸은 확실히 지구상의 생명 진화에 엄청난 영향을 미쳐왔을 것이다.

　　오늘날의 다양한 종으로 생명이 진화한 것 또한 대기 중의 산소의 존재에 의존했다. 산소는 우리가 호흡하는 공기의 부피 중 5분의 1을 차지한다. 산소가 없다면 우리는 음식물 속의 에너지를 근육활동, 성장, 다른 육체적 기능에 요구되는 신진대사 에너지로 전환할 수 없다. 산소는 수소와 결합하여 물, H_2O가 되는데, 물은 지구상의 생명이 진화하고 의존해 살아가는 중요한 매개체이다. 산소는 단독으로 또는 다른 원소와 결합한 형태로 지각에 가장 많이 존재하는 원소이며, 우주에서는 수소, 헬륨, 네온에 이어 4번째로 풍부한 원소다. 대기의 상층부에서 산소는 태양의 자외선에 의해 오존으로 전환된다. 이 오존은 해로운 자외선을 흡수하기 때문에 지구의 표면에 있는 생물을 보호하는 담요 역할을 한다. 산소에 대한 지식과 어떤 요인에 의해 산소가 오존으로 바뀌는 율이 결정되는지에 대한 지식은, 귀중한 오존층이 인간에 의해 파괴되는 것을 막기 위해 우리가 무엇을 해야 하는지를 올바로 평가하는 데 근본적이고 필수적이다.

물질이 연소할 때(또는 금속이 녹슬 때) 그것들은 공기 중의 산소와 결합한다. 그러나 불이 인류 최초의 발견 중의 하나였고, 산소가 우리에게 생명을 주는 공기의 필수 성분임에도 불구하고 산소가 발견된 것은 겨우 200년 전의 일이다. 그 발견은 물질이 어떻게 타는지 설명해 주었기 때문에 화학 연구에 있어 중요한 발전 단계였고 전환점이었다. 그것은 생명체에 대한 화학인 현대 생화학의 발전에 중요한 단계가 됨으로써 화학을 생물학의 영역으로 확장시키는 데 도움을 주었다. 실제로 산소의 역사는 생명의 역사라고 불려 왔다.

산소 발견의 의미는 유달리 몇몇의 관련 연구 분야 과학자들에 의해 불충분하게 평가받았고, 얻어진 실험적 관찰 결과들을 적절하게 설명하기 위해서는 총명한 프랑스 화학자 라부아지에(Antoine Laurant Lavoisier, 1743~1794)의 천재성이 필요했다. 산소에 대한 라부아지에의 연구와 다른 화학 분야로의 그것의 확장은 매우 중요한 함축적 의미를 가졌기에 그는 근대 화학의 아버지로 불린다.

지상의 생명체에게 산소가 중요하다는 것을 대부분의 현대인들은 당연하게 여긴다. 산소는 또한 강철 제조 등 산업적으로 널리 사용되고 있으며, 의학적으로도 산소 보급용 텐트, 산소 호흡기와 신생아와 미숙아를 위한 인큐베이터 등에 사용된다. 로켓의 연료로서 액체 산소는 인류가 지구 밖의 세계를 탐험하는 데 도움을 주고 있다.

산소의 발견은 과학에서 실험적 발견이 더이상 기존의 이론과 일치하지 않을 때 기존의 개념이 어떻게 새 개념으로 대치되어야 하는지에 대한 훌륭한 예를 제시한다. 그것은 또한 18세기 말 경에 화학 반응 전후에 물질의 양을 측정하는 방법을 개발하는 것이 화학자들에게 얼마나 중요했는지를 잘 보여준다. 화학 물질의 무게를 정확하게 측정하고, 그것이 화학 과정 동안 어떻게 변하는가는 라부아지에가 과학에서 기여한 중요 부분 중에 하나이다. 그러나 더 중요한 것은 산소의 발견과 그것의 근대 화학,

의학, 기술에 대한 연관들은 과학자들의 호기심과 자연 세계의 이해를 위한 그들의 탐구에서 비롯되었다는 점이다.

플로기스톤과 산소의 발견

불은 인간의 삶에 중요한 위치를 점해서, 고대 그리스 철학자, 특히 아리스토텔레스(Aristoteles, BC 384~322)에 의해 흙, 공기, 물과 함께 세계를 구성하는 근본 4원소 중 하나로 생각되었다. 제5원소인 에테르는 별의 성분으로 생각되었다. 확실히 불꽃은 타는 물질에서 분출되므로 연소는 대상에서 '불 물질'의 방출을 포함한다는 생각이 생겨났다. 독일의 의사인 게오르크 슈탈(Georg Stahl, 1660~1734)은 이 생각을 확장해 1702년에 그의 플로기스톤 이론을 내놓았다. 플로기스톤(그리스어로 '불을 일으킨다'는 뜻)은 슈탈에 의하면 모든 탈 수 있는 물체에 존재하며 그것들이 탈 때 공기 중으로 유출되었다. 잘 타는 물질은 많은 플로기스톤을 함유한 반면 잘 안 타는 물질은 소량의 플로기스톤을 가진 것으로 생각되었다.

플로기스톤 이론은 많은 관찰 사실들을 설명했고, 어떠한 물질의 연소에든 관련된 통일적 원리인 플로기스톤을 포함했기 때문에 유용했다. 그것은 많은 물질들이 탈 때, 무게가 줄어든다는 사실과도 일치했다. 예를 들면, 나무는 더 가벼운 숯이나 재로 변한다. 그러나 어떤 금속은 공기 중에서 오래 가열하면 무거워진다는 사실도 알려져 있었다. 그것들이 플로기스톤을 내어놓는다면 틀림없이 플로기스톤은 음의 무게를 가져야 하지 않는가? 그 당시의 대부분의 과학자들은 이 분명한 모순에 아무런 문제를 느끼지 않았다. 많은 사람들은 플로기스톤을 무게를 갖는 물질이라기 보다는 오히려 빛이나 중력에 비길 만한 화학적 원리로 간주했다.

많은 과학자들은 공기가 연소 중에 나온 플로기스톤을 흡수하고 퍼뜨리는 데 필요하다는 제안을 함으로써 이것을 설명하려 했지만, 실제로 플로기스톤 이론은 왜 공기가 연소를 위해 필요한지를 설명하지 못했다.

플로기스톤 이론은 많은 과학 이론들처럼 그 당시에는 유용했지만 이미 나온 실험적 증거들을 더 잘 설명할 수 있는 새 이론에 의해 대치되어야 했다. 이것은 과학의 과정 중의 하나이다. 결국에는 폐기된 많은 이론들이 과학과 인류의 진보를 위해 꼭 필요했다. 이론은 예측을 낳고 예측은 실험적으로 검증되며 새로운 실험 결과들은 새 이론의 형성으로 이어진다. 이렇게 과학은 진보한다. 이것은 이론들이 쓸모 없다는 것이 아니라 오히려 이론들이 더 선명한 세계상을 제공하기 위해 계속 정교화되고 개선될 필요가 있음을 나타낸다.

산소는 두 화학자에 의해 독립적으로 발견되었다. 영국의 프리스틀리(Joseph Priestley, 1733~1804)와 스웨덴의 쉘레(Carl W. Scheele, 1742~1786)가 그들이다. 쉘레는 1772년에 그것을 발견했으나 1777년까지 발표하지 않았던 반면에, 프리스틀리는 1774년에 그것을 발견하였고 1775년에 그의 발견을 발표하였다. 그러므로 처음에는 프리스틀리가 산소 발견에 대한 단독 인정을 받았다.

프리스틀리는 잉글랜드의 요크셔에서 출생했다. 화학에 대한 그의 관심은 특히 어린 학생들에게 과학을 가르치는 경험을 통해 자라났다. 1758년에 그는 잉글랜드의 체셔에서 일일 학교를 열었고 그곳의 학생들에게 가장 최신의 과학 기구들을 제공하여 과학 교육에 큰 성공을 거두었다. 그는 1763년에서 1768년 사이에 화학 강좌와 시범 실험에 참석했고, 과학에 대한 그의 열정은 런던에서 벤저민 프랭클린을 만났을 때 크게 자극받았다.

1767년에 프리스틀리는 목사로 요크셔에 돌아왔다. 그는 양조장 옆집에 살았는데 거기서 그는 발효되는 맥주에서 나오는 기체 또는 '공기'를 채집했다. 이 기체(지금은 이산화탄소로 알려져 있다)가 물에 녹으면 거품이 나는 맛있는 음료가 될 수 있는 것을 그는 발견했다. 그는 소다수를 발견했던 것이다.

프리스틀리는 그 당시에 이미 알려진 세 가지 기체(이산화탄소, 수소, 공기)에 추가하여 10가지 다른 기체를 발견했다. 이 기체 중 하나인 이산화질소(웃음 가스)는 나중에 외과 수술에서 사용된 최초의 마취제 중 하나가 되었다. 이산화질소를 발견한 지 2년만에 그는 산소를 분리해 내었다.

프리스틀리의 산소 발견은 1774년에 그가 닫혀진 용기 속에 산화수은 (그 당시에는 수은재로 알려져 있었다)을 가열했을 때 빠져 나온 기체를 관찰하면서 이루어졌다. 그는 이 무색의 기체가 숯을 밝게 빛나게 하고 양초를 보통 공기 중에서보다 훨씬 더 밝게 타게 하는 것을 알아냈다. 프리스틀리는 이미, 생쥐가 닫힌 용기 속에서 신선한 공기를 공급받지 못하고 호흡할 때 결국은 죽게 된다는 것을 밝혀 냈었다. 그는 그때 생쥐가 보통 공기 중에 있을 때보다 수은재를 가열해서 얻은 기체 속에 있을 때 훨씬 더 오랫동안 생존할 수 있다는 것을 발견했다. 그는 그 기체를 흡입했고 상쾌한 느낌을 받았다. 그는 "나의 가슴은 그 후 얼마동안 특별히 가볍고 상쾌한 느낌을 받았다. …그래서 그 두 마리의 생쥐와 나 자신만이 그것을 들이마시는 특권을 누린 셈이다"라고 적었다.

우리가 플로기스톤 이론이 존재하지 않는 상태에서 요즈음의 지식에 기초하여 이 발견의 단순한 해석을 내리는 것은 쉽다. 수은재는 가열될 때 한 기체(산소)를 내놓고 이 기체는 연소와 동물의 호흡을 돕는다.

그러나 프리스틀리는 플로기스톤에 너무 강하게 영향을 받아서 그의 실험 결과들을 매우 다르게 해석했다. 수은재가 가열될 때, 그 공기 중에서 플로기스톤을 흡수한다고 그는 말했다. 공기에서 플로기스톤이 제거된다. 공기는 이제 훨씬 더 많은 플로기스톤을 위한 공간을 갖게 되어 연소 (물질로부터 플로기스톤이 빠져나오는 것)와 동물의 호흡(동물이 플로기스톤을 만들어 내고 내쉬는 숨으로 플로기스톤을 내놓는 것)을 보다 쉽게 해준다. 프리스틀리의 수은재 가열에 대한 해석은 이렇게 요약될 수 있다.

수은재+보통 공기 → 플로기스톤이 빠진 공기+수은

플로기스톤을 마음에 품은 프리스틀리에게는 새로운 산소의 존재는 생각해 낼 필요가 없었다. 그는 그의 결과가 기존의 개념에 의해 설명될 수 있다고 믿었다. 우리 주위의 '보통 공기'는 약간의 플로기스톤을 포함하지만 여전히 그것을 위한 더 많은 공간을 가지고 있어서 그 안에서 물체가 연소하고 동물이 호흡(플로기스톤을 내보내는 것)을 할 수 있다는 것이다. 닫혀진 용기 안의 보통 공기 속에서 동물이 호흡할 때(또는 양초가 탈 때)

그것들은 결국 공기를 플로기스톤으로 포화시킨다. 이 '플로기스톤으로 포화된 공기'는 매우 적은 여분의 플로기스톤을 흡수할 수 있기 때문에 그것은 연소나 호흡에 도움이 되지 않는다. 그러나 그 속에서 수은재를 가열함으로써 플로기스톤을 제거한 '플로기스톤이 빠진 공기'는 더 많은 플로기스톤을 위한 공간이 생겨 연소와 호흡을 매우 잘 돕는다.

플로기스톤에 관한 실질적 문제는 그것이 실험 결과를 설명하지 못한 다는 점이 아니라 오히려 그것이 가장 단순한 설명이 아니라는 점에 있었다. 과학자들은 종종 모든 실험 결과들에 잘 들어맞는 이론들 중에서 하나를 정하는 데 '오캄의 면도날'을 사용한다. 그들은 모든 증거에 부합하는 가장 단순한 이론을 사용한다. 오캄의 면도날은 이 원리를 강하게 주장한 영국의 철학자 오캄(William of Occam, 1285~1349)의 이름을 딴 것이다. 플로기스톤은 문제를 복잡하게 만들었고, 라부아지에는 연소와 호흡에 대한 기존의 지식과 프리스틀리의 관찰 결과를 설명하는 훨씬 더 단순한 이론을 들고 나왔고 그것은 오늘날까지 유효하다.

라부아지에와 플로기스톤의 추방

프리스틀리가 산소(플로기스톤이 빠진 공기)를 발견한 지 석 달 후인 1774년 10월에 프리스틀리는 프랑스 과학 아카데미를 방문하던 중 라부아지에를 만났다. 그는 라부아지에에게 수은재에 관한 자신의 실험과 수은재가 가열되었을 때 생긴 새로운 종류의 기체에 대해 이야기했다.

라부아지에는 벌써 연소 과정에 대한 깊은 흥미를 갖고 있었고, 그 또한 수은재가 가열될 때 무게가 줄고 수은으로 전환되는 것을 알고 있었다. 실제로 1772년에 라부아지에는 다양한 물질의 연소에 관한 실험을 시작했었다. 그는 이미 다른 물질들 중 인과 황이 연소를 위해 공기가 필요할 뿐만 아니라 그 과정에서 무게가 느는 것을 밝혀냈다. 그는 이 물질들이 공기와 반응하고 거기서 무언가를 빼내는 것이라는 이론을 1772년에 전개했다. 이 이론은 또한 왜 수은과 납을 포함한 금속들이 공기 중에서 연소할 때 무게가 증가하는지를 설명해 주었다.

프리스틀리를 만난 것은 라부아지에에게 매우 중요했다. 왜냐하면 그것
은 라부아지에의 연소에 대한 흥미를 자극했고, 약간의 새로운 정보―수
은재에서 플로기스톤이 빠진 공기가 생성된다는―를 제공해 주었으며, 그
가 물질들이 어떻게 타는지를 훨씬 더 명쾌하게 설명하는 데 도움을 주었
기 때문이다. 그는 즉시 수은재에 관한 실험에 착수했다. 그는 수은에서
수은재를 만드는 것이 공기 중에서 호흡할 수 있는, 또는 탈 수 있는 부분
을 제거하는 것인 반면에, 수은재가 가열될 때는 프리스틀리가 발견했듯
이 호흡할 수 있는, 또는 탈 수 있는 공기가 생성되는 것을 밝혀냈다. 그
는 다루기 쉬운 주석재를 가지고 추가 실험을 하여 연소 과정 중에 공기
와 금속의 전체 무게가 변하지 않는 것을 밝혀냈다. 그러나 공기는 무게
가 주는 반면에 금속은 무게가 늘었다. 실제로 공기의 무게 손실분은 금
속의 무게 증가분과 같았다. 그러므로 금속은 공기로부터 무언가를 빼내
가는 것처럼 보였다.

실험 결과에 대한 라부아지에의 설명에는 플로기스톤이 사용되지 않았
다. 금속 수은이 탈 때, 그것은 공기의 일부와 결합하여 수은재를 만든다.
수은재가 가열될 때, 그것은 똑같은 공기의 성분을 내놓고 금속 수은으로
되돌아간다. 그는 공기의 이 성분을 '산의 원리'라고 불렀고 우리는 지금
그것을 산소(oxygen)라고 부른다.

수은 금속+산소 → 수은재

수은재 → 수은 금속+산소

oxygen은 '산을 낳는다'는 의미의 그리스어에서 유래한다. 라부아지에
는 산소가 모든 산의 성분이라고 잘못되게 믿었다.

라부아지에는 공기가 두 주요 성분으로 이루어져 있다고 추론했다. 하
나는 산소이고 또 하나는 공기 부피의 5분의 4를 차지하는 우리가 현재
질소라고 부르는 성분이다.

타는 물질은 플로기스톤을 공기로 뿜어내는 대신에 공기로부터 무언가
(산소)를 흡수하여 반응한다고 라부아지에는 말했다. 음의 무게를 갖는
물질에 대한 요구는 필요 없었다. 플로기스톤이 필요 없었던 것이다. 그러

나 라부아지에의 산소 이론은 단순했고 실험 사실을 설명했지만 처음에 많은 과학자들은 그것을 받아들이기를 꺼려했다. 프리스틀리는 죽기까지 플로기스톤을 고수했다. 프리스틀리는 산소를 발견했으며, 라부아지에는 그의 결과를 올바로 설명했다.

라부아지에의 명쾌한 사고는 그가 물의 본성에 대한 다른 이들의 실험 결과를 해석했을 때 유사하게 중요한 역할을 했다. 그는 물이 수소와 산소의 결합이라는, 화학의 기념비적 진보를 이룬 추론을 한 최초의 과학자였다.

라부아지에는 화학반응 전후의 무게와 부피를 측정하는 것의 중요성을 강조했고, 그의 연구를 통하여 그는 자연의 근본 법칙인 질량(물질) 보존의 법칙에 도달했다. 그는 "모든 조작에서 조작 전후에 물질의 같은 양이 존재한다"고 말했다. 이 법칙은 나중에 아인슈타인의 상대론에 의해 물질 - 에너지 보존의 법칙으로 정교화되었지만(6장) 계속된 화학과 물리학의 연구에서 엄청나게 중요했다. 물질과 에너지는 생성되거나 소멸될 수 없으나 서로 다른 것으로 전환될 수 있다.

라부아지에는 1789년에 그의 화학적 연구와 사상들을 『화학원론』이란 제목의 책으로 출판했다. 이 책은 화학의 새 시대를 연 기념비적 저작으로 여겨진다. 이 책은 산소 이론의 장점과 플로기스톤 이론의 단점을 설명했고, 화학자들에게 혼동을 야기시켰던 오래된 많은 연금술적 용어들을 없앴다. 라부아지에는 오늘날의 화학의 기초인 새로운 표준화된 화학 명명법을 도입했다.

프리스틀리는 프랑스 대혁명과 미국 혁명을 걸쳐서 살았고 영국에서 정치적으로 논쟁이 되는 인물이었다. 그는 많은 문제를 일으키는 종교적 견해를 가졌다. 그는 요크셔에서 칼뱅주의자로 양육받았고 나중에 비국교도 목사가 되었다. 패러데이처럼 프리스틀리의 종교적 견해는 영국 국교회를 따르지 않았다. 그는 경건한 사람이었지만 기독교의 많은 교리에 의문을 제기했다. 그가 기존의 기독교 신앙에 대한 적대자로 이름이 나게 된 계기는 『기독교 타락의 역사(*History of the Corruption of Christianity*)』라는 제목의 책을 1782년에 출판하면서였다.

프리스틀리는 '국교회와 국가와 국왕'을 옹호하는 사람들에게 말썽꾼으로 보였다. 1792년에 그의 적대자들은 흥분하여 그의 집과 서재와 실험실과 교회를 부수었다. 그는 런던으로 이주했으나 거기서도 배척 당했다. 결국 1794년에 그는 미국으로 이주했고 거기서 그는 과학자와 지식인으로 높이 존경을 받았다. 그는 조지 워싱턴(George Washington, 1732~1799)과 차를 마셨고, 두 명의 다른 대통령인 존 애덤스(John Adams, 1735~1826)와 토마스 제퍼슨(Thomas Jefferson, 1743~1826)의 친구가 되었다. 그는 펜실베이니아 대학의 화학 교수직을 포함해 몇몇 대학직과 종교직의 제안을 거절하고 10여 년의 여생을 은퇴한 채로 보냈다.

프리스틀리가 영국에서의 핍박을 피해 달아나던 해에 라부아지에는 훨씬 더 불행한 운명을 맞이했다. 그는 과학자로 일하는 것 외에 프랑스의 루이 16세 밑에서 세금 징수원으로 일했다. 1789년 프랑스 대혁명이 일어난 지 5년째 되던 해에 라부아지에는 다른 세금 징수원들과 함께 혁명가들에 의해 체포되었다. 1794년에 그는 집단 공판에서 사형을 언도받았고 같은 날 처형되었다. 그의 판결문 중에는 '국가는 지식인을 필요로 하지 않는다'라고 적혀 있었다. 그의 시체는 합동 매장지에 던져졌다. 세상은 그에게 큰 은혜를 입었다. 그는 과학 사상에 혁명을 일으켰고 우리에게 산소와 산소의 다양한 응용가능성을 선사했다. 프랑스의 수학자 라그랑주(Joseph-Louis Lagrange, 1736~1813)는 말했다. "그의 머리를 자르는 데는 한 순간밖에 안 걸렸지만 그와 같은 머리를 만들어 내려면 한 세기로도 충분치 않을 것이다."

11
맥주, 식초, 우유, 실크, 병원균

비록 근대 화학의 아버지 라부아지에가 비극적인 단두대의 이슬로 사라져 19세기의 여명을 보지 못했지만 그와 18세기의 다른 화학자들이 수행한 연구, 특히 산소에 관한 연구는 생명에 관한 화학 연구를 촉진시켰다. 19세기 초에 많은 과학자들은 생명체에 독특한 '생기적' 원리가 존재한다는 낡은 생각을 버리고 있었다. 생명은 몇몇 과학자들이 지금 믿고 있듯이, 결국 무생물과 똑같은 화학적, 물리적 원리에 기초했으며 그러기에 물리적, 화학적 분석이 가능했다.

모호한 '생기적' 원리에 대한 믿음은 19세기 초까지 엄청나게 진보해 온 화학과 물리학의 진보에 비하여 생물학적 진보가 훨씬 뒤쳐지게 한 요인 중의 하나였다. 그러나 19세기 말 경에는 몇몇 대도약의 결과로 생물학도 확고한 과학적 터전에 올라섰다. 찰스 다윈(Charles Darwin, 1809~1882)은 동식물의 종의 기원에 대한 우리의 이해에 혁명을 일으킨 자연 선택과 진화론을 주창했다. 세포가 모든 생물체의 기초 단위라는 세포론은 과학자들이 식물과 동물의 작동을 바라보는 방식을 바꾸어 놓았다. 유전적 특성이 부모로부터 자식에게로 전달되는 많은 양상들을 설명한 멘델의 유전법칙이 발견되었다. 구더기 같은 생물이나 미생물이 썩은 동물이나 식물로부터 생성된다는 생각인 자연발생설이 배격되었고 병의 세균이론이 마침내 받아들여졌다. 이런 위대한 진보들 중에서 자연발생의 배격과 병의 세균이론은 뒤이은 의학적 진보, 즉 세균성 및 바이러스성 질병을 이해하고 예방하고 치료하는 데 있어서 특히 중요했고, 전 시대에 걸쳐 가장 총명한 과학자들 중 하나가 그것들을 해내는 데 주된 역할을 했다. 그의 이름은 루이 파스퇴르(Louis Pasteur, 1822~1895)다.

프랑스의 화학자인 루이 파스퇴르의 업적들은 수없이 많고 인류의 진보에 매우 중요한 의미를 갖기 때문에 그것들을 글로써 충분히 평가를 내리기란 정말 불가능하다. 매일 어떤 방식으로든지 우리의 삶은 이 위대한 사람의 발견에 영향을 받으며 살고 있다. 현대적 수술은 파스퇴르의 덕택에 감염의 위험 없이 안전하게 행해질 수 있다. 항생제는 파스퇴르의 연구 결과로 세균의 감염에서 우리를 치료한다. 바이러스성 질병에 대한 예방주사도 상당 부분이 파스퇴르의 공로이다. 모든 하수도와 상수도 체계와 우리가 상상할 수 있는 모든 형태의 공중 위생 시설은 어떤 식으로든 루이 파스퇴르에게 영향을 받았다. 우리가 마시는 포도주, 맥주, 우유 또 우리가 먹는 가공 식품들까지도 그 품질의 상당 부분을 파스퇴르에게 빚지고 있다. 루이 파스퇴르의 위대한 불멸의 업적들은 전염병의 비극에서 인류를 구원한 몇 안 되는 사람들 중에 빛나고 있다. 그는 의학을 배우지 않았지만 의학에 대한 그의 기여는 가장 심오한 것이었다.

파스퇴르는 현대 미생물학을 창시했고 동시에 오늘날의 우리에게는 우습게 보이는, 오래 지속된 병에 대한 개념들을 몰아냈다. 이런 오래된 생각들은 세균성 질병에 대한 지식의 진보를 방해했고, 파스퇴르가 제대로 된 설명을 내놓은 직후에야 오랫동안 인류를 괴롭혀 온 전염병의 치료와 예방에 관한 중요한 진보가 이루어졌다. 지구상의 모든 인간들에게 그렇게 중요한 파스퇴르의 공적들은 그의 깊은 호기심과 자연을 이해하려는 그의 탐구심에서 비롯되었다. 파스퇴르의 업적은 참사와 질병과 죽음이 과학자들의 순수 지식의 추구의 결과로 줄어들 수 있음을 우리 모두에게 예증해 준다. 루이 파스퇴르의 생애는 "가장 훌륭하고 가장 널리 영향을 미치는 과학적 응용이, 겉보기에 몇 사람만 알 것 같은 주제들에 대한 열정적인 연구로부터 나온다"는 사실에 대한 증거로 아주 주목할 만하다.

인간의 질병은 독특한 특성들(증상들)과 분리되어 존재하며 많은 수의 질병(전염병)이 사람에게서 사람에게로 전달될 수 있다는 것이 파스퇴르와 당대인들에게는 잘 알려져 있었다. 모든 사람들이 그렇게 자주 인류를 유린한 역병, 장티푸스, 결핵, 콜레라, 천연두 및 그 밖의 전염병과 관련된 무서운 증상들에 대해 잘 알고 있었다. 다섯 명의 파스퇴르의 자녀 중 두 명이 장티푸스에 걸려 죽었고 이런 일은 19세기에 다반사였다. 치명적인 전염병은 삶의 비극적 현실이었다. 오늘날의 세계에서도 우리가 잘 알고 있는 전염병들이 미개발지역에서는 주된 사망 원인이며, 파스퇴르와 다른 위대한 과학자들이 찾아낸 지식들이 조만간 이 불행한 지역들에도 적용되어야 할 것이다.

발효의 과정에 대한 연구는 병의 세균이론과 밀접하게 연관되어 있었다. 당을 알코올로 발효시키는 미생물과, 우유와 포도주를 시게 만드는 미생물에 대해 연구하던 파스퇴르는 인간의 질병이 발효와 유사성이 있을지도 모른다는 생각을 하게 되었다. 미생물은 그것이 전염병의 원인임이 밝혀지기 전에도 거의 2세기 동안 심지어 종류별로 분류되어 잘 문서화되어 있었다. 파스퇴르의 연구 이전에 널리 퍼져 있었던 또다른 개념은 살아 있는 유기체가 부모 없이도 썩어 가는 동물체와 식물체로부터 생성될 수 있다는 이론인 **자연발생설**이었다. 파스퇴르는 이것이 불가능함을 입증했고 미소(微小) 유기체의 번식이 제어될 수 있음을 밝혀냈다.

질병의 세균이론이 확립되기까지 복잡한 과정을 거친 중요한 연구 분야들을 살펴보기로 하자.

미소 생명체

현미경이 16세기 말에 네덜란드에서 발명되기 전까지, 육안으로는 볼 수 없는 미소 생명체들은 사색과 상상의 영역 속에서만 존재했다. 네덜란드인인 레우벤후크(Anton van Leeuwenhoek, 1632~1723)는 현미경으로 생물을 연구하는 미래의 과학자들에게 엄청난 영향을 미쳤다. 레우벤후크는 린네르 포목상으로 나중에 델프트(Delft)의 지방 정부 관리가 되었다. 그의 주된 취미는 렌즈를 만드는 것과 그의 렌즈로 만든 확대경으로 그가 얻을 수 있는 물건이면 무엇이든지 살펴보는 것이었다. 그의 렌즈들은 유럽에서 가장 우수한 것으로 인정되었다. 1673년을 시작으로 레우벤후크는 그의 단일경(單一鏡) '현미경'으로 10년 이상에 걸쳐 수천 종의 물질을 연구하였다. 그는 많은 다른 미생물 종들로 이루어진, 완전히 새로운 미소 유기체의 세계를 발견했다.

레우벤후크는 정기적으로 그가 관찰한 사항들을 런던의 왕립학회에 알렸고 왕립학회는 그것들을 출판했다. 그는 자신이 발견한 것을 지나칠 정도로 세심하게 기록했다. 예를 들면, 한 보고서에서 그는 자신의 치아 사이에서 채취한 물질(프라그)의 외양을 기술하면서 "나의 치아는 항상 매우 깨끗하게 유지되지만 그럼에도 불구하고 나는 그것을 현미경으로 관찰할 때, 그것들 사이에 약간 하얀 물질이 자라고 있는 것을 발견했다… 이 물질에는 아마도 생물체가 있으리라고 나는 판단했다"라고 썼다. 자기 자신의 프라그에서 그는 '아주 활발하게 움직이는 매우 작은 많은 동물체'를 발견했다. 그것들은 물 속에서 매우 빨리 이동했다. 그 뒤에 현미경으로 이 유기체들을 다시 살핀 사람 중에 아무도 그것들이 살아있음을 의심하지 않았고, 레우벤후크의 관찰 결과들은 많은 과학자들에 의해 확증되고 확장되었다. 이 완전히 새로운 미생물의 세계는 주로 레우벤후크의 취미 활동을 통해 세계에 알려졌다.

19세기 중엽에는 더 좋은 현미경이 완성되었고 살아 있는 미소 유기체의 존재가 충분히 확립되었다. 그러나 과학자들 중에서 미생물이 질병의 원인이 된다는 것을 믿는 사람은 거의 없었다. 아마도 큼직한 인간에 도전하는, 보이지 않는 유기체에 대한 개념은 대다수의 사람들이 믿기에는 너무 억지 같았다.

육안으로 보기에는 너무 작은 생명체의 존재를 과학자들이 받아들이자 그들은 이 미생물들이 발효처럼 잘 알려져 있지만 거의 이해가 안되는 과정에 관여하는지의 여부를 궁금해 하기 시작했다. 설탕에서 알코올을, 포도에서 포도주를, 발효된 보리(맥아)에서 맥주를 만드는데 효모(酵母)가 필요하다는 것은 수백 년 전에 이미 알려져 있었다. 몇몇 과학자들은 물었다. "효모가 살아 있는 미소 유기체일 수 있을까?"

발효

발효에 필수적인 것으로 보이는 효모 같은 약제는 '효소'라고 불렸고, 19세기 중반에 큰 논쟁 거리 중 하나는 효모가 살아있는지의 여부였다. 패러데이의 스승인 험프리 데이비를 포함해서 19세기 초에 많은 뛰어난 화학자들은 어떤 화학반응들은 어떤 약제가 그 반응중에 첨가되면 반응 속도가 크게 증가하지만 이 첨가된 물질은 반응중에 사라지거나 변하지 않음을 밝혀냈다. 예를 들면, 녹말은 그것에 황산을 가하고 가열함으로써 당으로 변환될 수 있었지만 황산이 빠지면 녹말은 당으로 전환될 수 없었다. 그러나 황산은 이 과정에서 전혀 변하지 않았다. 녹말이 당으로 전환된 후에도 전환이 일어나기 전과 똑같은 양의 황산이 존재했다. 같은 식으로 백금 가루는 반응 동안 자신은 변하지 않으면서도 과산화수소를 물과 산소로 분해했다. 이 연구에 사용된 황산과 백금 그리고 그밖에 자신은 변하지 않으면서 화학변화율을 증가시키는 다른 시약들은 **촉매**로 알려졌다.

효모는 알코올 발효 과정 중에 소모되지 않는 것으로 나타났지만 발효가 효과적으로 일어나기 위해서 정말로 필요한 것 같았다. 그 당시의 지도적 화학자들은 설탕이 알코올로 전환되는 데 효모가 단지 촉매라고 제안했다. 효모(알코올 효소)에 추가하여 다른 몇 가지 효소가 알려졌는데 그 중에 포도주를 식초로 바꾸는 효소(아세트산 효소)가 있었다. 위대한 베르첼리우스(Jons Jacob Berzelius, 1779~1848)에 의하면, 이 효소들은 무기적, 무생물적, 화학적 촉매에 불과했다. 또 한 사람의 뛰어난 화학자인 리비히(Justus von Liebig, 1803~1873)는 효모가 살아 있는 미생물일 수 있음을 받아들였지만 여전히 알코올 생성의 원인이 되는 효소는 죽은, 또는 죽어 가는 효모 유기체가 내놓은 무생물 촉매라고 믿었다.

효소가 미소 유기체라는 생각을 일반적인 사람들이 받아들이기를 꺼린 것은 부분적으로는 그 당시의 위대한 화학자들의 견해에서 기인했다. 교과서들에는 효소가 무생물 촉매라고 적혀 있었다. 또한 생명체가 발효에 관여한다는 생각은 몇몇 과학자들에게는 퇴보로 보였다. 화학자들은 벌써 '생기적' 원리를 버림으로써 생물학을 이해하는 데 큰 진보를 이루고 있었다. 그런데 왜 화학적으로 설명될 수 있는 발효를 설명하기 위해 '생기적' 요소를 불러내겠는가?

효소가 보리나 다른 살아 있는 유기체의 추출물이나 위액 속에 존재하는 것이 명확해졌을 때, 화학자들은 단지 생명체가 이 많은 화학적 촉매를 함유하고 있다고 말했다. 그러한 사실 때문에 효모나 다른 효소들이 살아 있는 유기체가 아니라는 그들의 신념은 변하지 않았다. 효소가 살아 있다고 하는 것과 생명체가 효소를 함유한다고 하는 것은 별개의 것이었다.

알코올 발효에 이르자, 주된 문제는 효모에 존재하는 미소한 달걀 모양의 물체(지금 우리는 그것이 효모 세포임을 알고 있다)가 살아 있는 유기체냐 아니냐였다. 몇몇 과학자들의 탁월한 연구는 효모 알갱이가 배가(倍加)되며 배가의 정도가 관찰된 발효의 정도에 직접 연관됨을 밝혀냈음에도 불구하고 그 당시의 지도적 화학자들이 정황을 주도했고 그들의 권위에 도전할 준비가 된 화학자는 거의 없었다.

파스퇴르가 발효를 연구하기 시작했을 때, 다양한 발효가 알려져 있었고 다른 과정들, 가령 육류나 난류(卵類)의 부패는 악취 나는 최종 산물을 내는 효소들에 기인한다고 생각되었다. 위대한 화학자들의 생각에 강한 확신을 가지고 도전한 사람이 파스퇴르였다. 마침내 주의깊게 설계되고 꼼꼼하게 수행된 실험을 통해 효모와 다른 효소들이 실제로 미생물임을 세상에 알게 한 사람이 바로 그였다.

파스퇴르, 발효, 미생물

루이 파스퇴르는 1822년에 프랑스의 돌(Dôle)에서 태어나서 화학자로 훈련받았다. 그의 초기 연구 중에는 그가 발견한 분자 비대칭 현상에 대한 연구가 있었다. 어떤 분자는 왼쪽 장갑과 오른쪽 장갑처럼 두 개가 거울상 형태로 존재한다. 그리고 종종 두 형태는 화학적으로 식별이 안 된다. 그러나 그것들은 편광을 회전시키는 성질이 다르다. 한 형태는 반시계 방향으로 그것을 회전시키고 또다른 형태는 시계 방향으로 회전시킨다. 파스퇴르는 타르타르산 결정이 거울상 형태로 존재하며 두 형태가 반대 방향으로 편광을 회전시킴을 발견했다. 그는 또한 타르타르산의 형태 중 하나만이 생명체에 의해 물질대사될 수 있음을 입증했다. 그 거울상은 생명체에서 전혀 사용되지 않았다. 생명체가 분자의 거울상 형태를 식별할 능력이 있음을 발견한 것은 생화학 체계에 대한 이후의 이해에 큰 영향을 미쳤다.

파스퇴르는 발효에 대한 실험을 시작하기 몇 년 전부터 발효의 과정에 대해 알고 있었다. 그의 효소에 대한 지적 관심은 어떤 효소가 타르타르산처럼 거울상 분자 형태로 존재할 수 있는 아밀알코올을 만들어 내는 것을 알게 되었을 때 비롯되었다. 파스퇴르에게 특히 흥미가 있었던 것은 발효 중에 생성된 아밀알코올이 두 가지 가능한 형태 중 오직 한 가지만으로 존재한다는 사실이었다. 그는 보통 화학 반응이 아니라 살아 있는 세포만이 같은 화학 물질의 거울상들을 식별할 수 있다는 것을 알고 있었기 때문에, 파스퇴르가 처음부터 이 결과의 중요성을 인식했고 발효가 살아 있는 유기체에서 기인한다고 확신한 것은 당연하다. 그의 효소에 대한 연구가 진행되는 동안, 파스퇴르는 내내 그 당시의 뛰어난 화학자들이 거부함에도 불구하고 효소가 살아 있는 유기체에서 기인한다고 믿었다.

파스퇴르의 발효에 대한 실험은 그가 프랑스 릴(Lille)에서 화학 교수가 된 지 1년 후인 1855년에 진지하게 시작되었다. 한 학생의 아버지가 효모를 사용해 사탕무를 알코올로 발효시키는 증류주 제조장을 소유했는데, 그 과정에 문제가 생겼다. 그 아버지는 조언을 듣기 위해 파스퇴르를 찾아왔고 파스퇴르는 그가 도울 수 있는지 알아보기 위해 효소를 조사하기로 했다. 파스퇴르가 현미경으로 효모 알갱이를 관찰하고 발효 과정이 손상을 입으면 그것들의 모양이 어떻게 바뀌는지 알아차렸을 때, 그는 효소에 대하여 큰 관심을 갖게 되었다. 그는 깊이 있게 발효를 연구하기 시작했다. 그는 효모와 다른 효소가 살아 있는 미생물이라는 생각을 가지고 이 연구를 시작했음에 틀림없다.

몇 년 동안 파스퇴르는 자세하고도 주의깊게 다양한 효소들에 대한 연구를 수행하였고 거기에는 알코올, 젖산, 타르타르산, 낙산을 만드는 효소들이 있었다. 그는 우유를 시게 만드는 유산 효소도 발견했다. 그것은 효모 알갱이보다 훨씬 작지만 모양은 그와 같은 미소한 입자로 이루어져 있었다. 아무도 이전에는 신 우유에서 분명한 미소 효소를 보지 못했다. 파스퇴르는 유산 효소의 작은 입자를 발견할 정도로 주의깊고 관찰력이 뛰어났다. 그는 이 입자들을 분리해 냈고 그것들에 의해 우유를 시게 하는 것이 용이함을 입증했으며, 그것들이 다른 점들에서도 효모와 유사하게 행동함을 발견했다.

그가 영양액에서 효소들을 배양했을 때 그는 그것들이 빠르게 번식하고 그 자손들은 모체를 닮았음을 알아냈다. 그는 그들의 성장률이 발효의 정도에 비례함을 입증했다. 그는 또한 양파즙이 몇 가지 효소를 죽이지만 어떤 것들은 죽이지 못하는 것을 밝혀냈다. 이것이 위대한 대가의 눈에 살균 방법의 힌트가 된 것은 당연하다. 이 방법은 그의 연구의 산물이었으며 나중에 외과 수술에서 혁명을 일으켰다. 그러나 이 연구들만으로 효소가 살아 있다는 개념은 확립되지 못했다. 화학자 리비히는 이미 효소가 죽어 가는 미생물이 내놓는 살아 있지 않은 물질이라고 제안했었다.

파스퇴르가 계속하여 수행한 결정적인 실험들은 대부분의 화학자들이 효소가 미생물이라는 것을 확신하게 했다. 그는 먼저 발효가 이전에 생각된 것만큼 간단하지 않음을 보여주었다. 예를 들면, 그가 알코올 발효의 생성물을 조사했을 때, 그는 알코올 외에 글리세린, 숙신산 등 다른 화학 물질을 발견했다. 베르첼리우스와 그의 추종자들이 주장한 대로 알코올 발효가 단순한 화학반응(설탕을 알코올로 전환하는 것)을 촉진시키는 화학적 촉매에 기인한다면 설탕에서 단순하게 생성될 수 없는 이런 많은 화학 물질이 왜 생성되었는가? 파스퇴르는 발효의 생성물의 복잡성을 복잡한 살아 있는 유기체(효모)가 이 반응에 책임이 있다는 생각과 연결시켰다. 그는 또한 발효 중에 생성된 많은 부산물들이 분자 비대칭을 나타내며, 두 가지 가능한 거울상 형태 중에서 단지 하나만이 존재함을 발견했다. 그는 이것을 생명체의 개입의 증거로 믿었다.

파스퇴르는 설탕, 암모니아, 단순 무기염으로만 만든 배양기(培養基)에서 효모를 자라게 했을 때, 좀더 중요한 큰 성과를 얻었다. 이런 조건하에서는 적은 수의 효모 알갱이가 배가할 수 있었고 그것들은 그 과정에서 배양기의 성분들을 다 써버렸다. 그것들의 성장률은 알코올의 생성률과 비례했다. 발효는 확실히 효모의 분해나 죽음의 결과가 아니었다. 여기에서 효모 알갱이들은 상당히 증가되고 있었고 알코올은 양적으로 증가되고 있었던 것이다. 효모는 배양기로부터 단순한 물질들을 포획하여 이 배양기의 성분들로 단백질과 효모의 다른 성분을 만들고 있었지만, 반면에 무생물 촉매는 촉매작용을 하는 화학 과정 동안 변하지 않고 남아 있었다. 이 모든 실험 결과들은 효모 알갱이가 살아 있다는 생각과 일치했고 효소의 무기 이론과 심각한 논쟁을 불러일으켰다.

파스퇴르는 또한 낙산 효소를 발견했다. 이 효소는 움직이는 한 종류의 미생물로 이루어져 있다. 그것은 꿈틀대며 배양기 속에서 재빨리 헤엄쳤기 때문에 의심의 여지없이 살아 있었다. 그것의 많은 특징들은 그가 연구 중에 발견한 다른 효소를 특징 지우는 것들과 유사했다. 낙산 효소는 산소가 있을 때보다 없을 때 더 쉽게 나타났고, 이것으로 파스퇴르는 어떤 유기체가 산소 없이 번식하고 왕성히 자라는 것을 밝혀낸 최초의 과학자로 인정된다.

파스퇴르의 자세하고도 훌륭한 효소 연구를 통해 발효 과정을 수행하는 미생물의 성장에 요구되는 영양 조건들이 정확하게 확립되었다. 발효 미생물의 각 유형은 자신만이 선호하는 독특한 산도(酸度), 성장 온도, 영양 조건을 갖고 있으며 각각의 효소는 자신의 특징적 산물을 내놓는다. 이러한 효소에 대한 철저한 연구를 통해 그는 맥주, 식초, 포도주 및 알코올 산업에 매우 중요한 정보를 제공했다. 오늘날 이 분야들은 다양한 발효 과정에 요구되는 최적 조건의 개발의 길을 지시해 준 점에서 파스퇴르에게 감사해야 한다. 그의 연구는 발효에 관여하는 미생물이 쉽게 제어될 수 있음을 명쾌하게 밝혀 주었다. 미생물들이 길들여진 것이다.

일상생활 속에서 파스퇴르의 이름은 우유, 포도주, 다른 음료들과 음식물들 안에서 미생물의 성장을 막기 위해 그것들을 가열하는 방법인 'pasteurization(저온 살균법)'이란 명칭 속에 살아 있다. 파스퇴르는 이 방법을 1850년대에 포도주 산업에 응용했고, 포도주의 세균 감염을 줄이고 맛과 질을 개선시키는 데 중요한 공헌을 했다.

그러나 발효 과정이 때때로 '병'에 걸리기도 한다는 것이 확실해졌다.

파스퇴르는 이 병들이 발효 미생물을 감염시키는 다른 미소 유기체의 존
재나 발효 미생물이 잘못된 최종 산물을 내놓게 하는 부정확한 성장 조건
에 기인함을 인식했다. 이런 연구를 하는 동안 파스퇴르가 발효 미생물과
인간의 질병 미생물 사이의 연관성을 깨닫기 시작했음은 의심의 여지가
없다. 특정 유형의 미소 유기체가 특정한 발효와 부패를 수행할 수 있다
면, 그리고 다른 미생물이 발효 과정에서 병을 일으킬 수 있다면, 어떤 동
물의 병이 특정 유형의 세균의 감염에 의해 야기될 수도 있지 않겠는가?
전염병의 문제에 뛰어들기 전에 파스퇴르는 다음으로 자연발생이라는 또
다른 논란의 대상이 된 주제로 그의 실험의 방향을 돌렸다.

자연발생

자연발생의 개념은 매우 오래된 것이다. 고대 그리스의 철학자 아리스
토텔레스조차도 많은 식물들과 작은 동물들이 썩어 가는 거름이나 부패하
는 육류 및 배설물에서 발생한다고 믿었다. 큰 동물과 사람이 한때는 흙
에서 자발적으로 발생했지만 이제는 자연발생을 하지 않고도 자라고 번식
할 수 있다는 생각이 널리 퍼졌다. 구더기, 파리, 벌레, 생쥐, 들쥐 등이 썩
어 가는 동물이나 식물체에서 나타나는 것은 모든 사람에게 친숙한 것이
지만 오늘날 벌레나 생쥐가 이런 물질에서 자연적인 발생에 의해 생긴다
는 생각은 완전히 황당무계하다. 그러나 20세기의 지식이 없었던 고대 그
리스인들과 그 이후의 많은 유럽 과학자들은 자연발생을 기꺼이 받아들
였다.

16세기에 이르러서도 뛰어난 화학자인 반 헬몬트(Jan Baptista van
Helmont, 1579~1644)는 약간의 밀이나 치즈와 함께, 열려진 용기에 담
긴 더러운 아마포(亞麻布)에서 자연발생적으로 생쥐가 생겨날 수 있음을
입증했다고 주장하여 그의 일생의 과학 탐구에서 몇 안 되는 실수를 했다.
또다른 위대한 과학자인 레디(Francesco Redi, 1626~1697)는 1684년
에 좀더 잘 통제된 실험을 통해 썩어 가는 고기가 거즈로 덮여 있다면 고
기에서 자연발생적으로 구더기가 생기지 않음을 입증했다. 그는 파리가

알을 거즈 위에 낳았고 이 알이 구더기로 부화하는 것을 관찰했다. 구더기는 썩어 가는 육류가 아니라 파리에서 유래했다.

　17세기 말, 자연발생을 비판하는 증거가 계속 증가하던 때에 레우벤후크의 미소생물 관찰 결과로 자연발생은 다시 한 번 장난스럽게 머리를 쳐들었다. 생쥐와 구더기가 흙먼지에서 일상적으로 생성되지 않는다는 것은 결국 받아들여졌지만 많은 과학자들은 자연발생이 미소 유기체가 생겨날 수 있는 유일한 그럴듯한 수단이라고 생각했다. 단 하나의 미생물이 어떻게 하루에 1백만 이상의 새끼를 칠 수 있겠는가? 오늘날 우리는 박테리아가 실제로 급속도로 번식한다는 것을 알고 있지만 그 당시에는 미생물이 자발적으로 생겨났다고 생각하는 것이 훨씬 더 합리적이었다. 미소 유기체가 발견되면서 그것들이 자발적으로 발생한다고 믿는 과학자들과 그것들도 큰 생물들과 같이 모체를 갖는다고 믿는 과학자들 사이에 논쟁이 시작되었다.

　어떤 관찰 결과들은 미생물의 자연발생 개념을 지지하는 것으로 보였다. 예를 들면 효모는 포도가 포도주로 발효되는 동안 전혀 첨가되지 않아도 엄청난 수가 나타나는 것이 알려져 있었다. 오늘날 우리는 포도 껍질에 천연적인 효모가 있어서 포도가 발효될 때 이것이 증가되는 것을 알고 있다. 효모는 자연적으로 발생하지 않는다. 육류나 다른 썩을 수 있는 물질을 계속하여 가열한 뒤 공기가 없는 닫혀진 그릇 안에 놔두면 그것들은 썩지 않는데 이렇게 관찰된 사실들은 자연발생 개념에 상반되는 것으로 보였다. 그러나 공기가 유입되면 그것들은 썩었다. 자연발생의 옹호자들은 자연발생이 일어나려면 공기가 필요하다고 주장한 반면에 반대론자들은 공기가 부패를 야기하는 미생물을 운반해 왔다고 주장했다.

　자연발생을 조사하기 위해 설계된 실험들은 종종 그 이론과 일치된 결과를 냈지만 때로는 겉보기에 유사한 실험들도 그 이론과 일치하지 않았다. 문제점 중 하나가 실험 결과의 재생가능성의 결여였다. 의심의 여지도 없이 환경에 널리 퍼져 박테리아가 존재하고 장치들을 무균 상태로 유지하기가 힘들었기 때문이었다. 배양 플라스크나 그 마개에 해당 박테리아가 풍부하다면 육류가 어떤 조건하에서 썩는지 알아보기 위해 그 플라스크를 사용할 수 있겠는가? 또 하나의 문제점은 실험을 설계하는 세심함의 부족이었다. 예를 들면, 공기가 자연발생을 위한 요구조건이라면 어떤 배양 용기의 마개는 공기가 충분히 들어오게 되어 있어야 하지만 미생물이 들어오는 것은 막아야 할 필요가 있었다. 만약 자연 발생이 일어난다면, 부패할 수 있는 물질(거기서 모든 미생물이 제거되어야 한다)이 소독된 용기에 놓여지고 미생물이 없는 공기가 그 플라스크 안으로 들어오게 하면 미생물이 발생해야 한다. 이러한 상황하에서 부패가 일어나지 않는다면 아무도 공기가 용기에 들어간 것이 문제가 된다고 주장할 수 없고 자연발생의 개념은 폐기되어야 할 것이다.

파스퇴르 이전에 이탈리아의 과학자 스팔란자니(Lazzaro Spallanzani, 1729~1799)는 자연발생을 반증하는 데 누구보다 근접했다. 1765년에 그는 썩기 전의 야채를 가열함으로써 그 직후에 그 속에서 나타난 미생물의 숫자가 가열되지 않은 야채와 비교해 볼 때 줄어든 것을 발견했다. 특히 야채는 미생물이 그 속에서 계속해서 확실히 자라지 않게 하기 위해서는 거의 한 시간 이상 가열해야 했다. 이 실험은 이전에 생각된 것처럼 가열로 물질 속에 존재하는 미생물을 제거하는 것이 쉽지 않다는 것을 보여 주었다. 스팔란자니는 또한 유리 용기에 식물성 물질을 집어 넣고, 용기의 다양한 밀봉이 그 식물성 물질에서 미생물이 자라는 것에 어떠한 영향을 미치는지를 조사하였다. 그는 마개의 투과성이 증가하는 만큼 더 많은 미생물이 그 식물에서 자라는 것을 발견했다. 열린 용기에는 가장 많은 수의 미생물이 발생한 반면에 마개가 솜, 나무, 유리로 바뀜에 따라 더 적은 수의 미생물이 발생했다. 스팔란자니는 이 결과를 공기 속에 미생물이 있고, 이 미생물은 마개의 투과성이 증가함에 따라 더 쉽게 유리 용기 속으로 들어갈 수 있다고 해석했다. 용기가 적절하게 밀봉되면 그 식물에서 미생물이 자라지 못하고, 이것은 미소 유기체가 자발적으로 생성되지 않음을 나타내는 것이다. 그러나 미생물이 나타나면, 그것은 공기를 통해 미생물이 유입되었기 때문이다. 자연발생의 지지자들은 여전히 공기 중에 존재하는 것은 미생물 자체가 아니라 자연발생이 일어나는 데 필요한 공기 중의 다른 성분이라고 주장했다. 뚜껑의 투과성이 떨어지게 되면, 공기 중 이 성분이 용기로 들어가기가 힘들어진다는 것이다.

자연발생 문제의 해결은 어려운 것임이 확실해지고 있었다. 그 이론의 반대자들이 반대 주장을 들고 나올 때마다 지지자들은 그것을 옹호할 반론을 제기하였다. 그 문제를 단번에 완전히 해결하기 위해서는 위대한 지성과 뛰어난 실험가가 필요했다. 루이 파스퇴르가 바로 자연발생을 2000년간의 집권으로부터 완전한 망각의 세계로 몰아내는 결정적 증거를 제공한 과학자였다.

파스퇴르와 자연발생의 축출

효소가 살아 있는 미생물이라는 것을 파스퇴르가 확인함으로써 하나의 과학계의 논쟁이 종식되자 그는 다음으로 자연발생의 대논쟁으로 방향을 돌렸다. 1860년에 그는 "그 유명한 자연발생의 문제를 일말의 혼동 거리 없이 해결함으로써 곧 결정적인 일보를 내딛기를 희망하고 있다"고 썼다. 비록 그 이전에 많은 과학자들이 결정적 일격을 가하려는 시도를 했지만 모두 실패했음에도 불구하고 그는 자연발생의 개념을 완전히 멀하기 위해 무슨 실험이 필요한지 정확하게 알고 있었던 것 같다. 그때까지 파스퇴르의 과학적·지적 능력에 엄청난 경의를 표하던 그의 선배들에게 그가 자연발생에 도전하려 한다고 말하자 그들은 걱정을 했다. 그들은 그에게 그 이론의 반대자들을 납득시킬 만큼 결정적임을 입증하지도 못할 어려운 실험들에 그가 열중하게 될 것이라고 경고했다. 파스퇴르는 그것에 상관없이 실험을 수행했다. 아마 그는 질병의 세균이론을 입증하려면 필수적인 단계로 그 문제와 맞부딪혀야 함을 알고 있었을 것이다.

다루어야 할 주된 쟁점 중 하나는 배양액 속에 나타난 미생물이 공기에 의해 실려온 것인지, 아니면 공기는 단지 배양액 속에서 자연발생을 위해 필요한 것인지의 여부였다. 파스퇴르는 공기를 여과하고 찌꺼기를 모아서 현미경으로 조사했다. 그는 공기 속에 배양액 속에서 왕성하게 자라고 있는 것과 매우 유사한 작은 과립상 입자들이 있는 것을 발견했다. 세균들은 틀림없이 공기 중에 존재했지만 이것은 여전히 자연발생이 영양액에서 미생물의 성장하는 것과 관계가 없다는 것을 입증하지 못했다.

실제적 증거는 일련의 놀랄 정도로 단순하지만 훌륭한 실험들에서 나왔다. 파스퇴르는 영양액을 여러 유리 용기에 담고 이 플라스크의 목을 다양한 모양의 길고 가는 곡선으로 뽑아냈다(그림 20). 그리고 나서 이 '백조목 플라스크'를 가열해서 그 속에 공기를 뽑아냈다. 그것들이 식었을 때, 그는 이 영양액의 플라스크를 같은 방식으로 끓였지만 목이 곡선으로 되지 않은 플라스크와 함께 한쪽 편에 놓았다. 이 플라스크의 목이 모두 봉해지지 않았기 때문에 모든 플라스크에서는 바깥 공기가 자유롭게 영양액에 닿을 수 있었지만 미생물은 구부러진 목에 걸리게 되어 있었다. 이 단순한 실험의 결과는 결정적이었다. 백조목 플라스크들에서는 미생물이 전혀 자라지 않은 반면에 똑바로 된 목을 가진 플라스크들은 심하게 감염 되었다. 파스퇴르가 백조목 플라스크 중 몇 개의 구부러진 목을 잘랐을 때 세균이 이 플라스크 속에서 자라는 것을 발견했다. 실제로 파스퇴르에 의해 100여 년 전에 끓여진 영양액이 담긴 원래의 백조목 플라스크들이 아직도 존재하는데 오늘날까지도 그 속에서는 미생물들이 자라지 못하고 있다.

파스퇴르의 백조목 플라스크는 자연발생설의 많은 지지자들이 이전에 제기한 비판들에 응답했다. 공기에 직접적으로 접촉하는 영양액을 담고 있는 플라스크가 있었다. 아무 마개도 사용하지 않았고 어떤 미생물도 자연발생적으로 생겨나지 않았다. 그의 실험들은 세균이 영양액 속에서 자라기 위해서는 세균이 주변으로부터 그 속에 들어가야 함을 입증했다. 공기가 자유롭게 백조목 플라스크에 들어가고 나왔지만 무거운 세균들은 목의 구부러진 부분에 걸렸고 결코 영양액에 도달하지 못했다. 파스퇴르는 이전에 끓였던 영양액 한 방울을 그 플라스크 중 하나의 구부러진 목에 넣었을 때 세균이 자라는 것을 발견했다. 공기로부터 온 미생물이 구부러진 목에 실제로 잡혀 있었던 것이다.

파스퇴르는 또한 공기 중에 박테리아의 수가 장소마다 달라지는 것을 밝혀냈다. 그가 스위스의 빙하 같은 고지대에서 이전에 끓인 영양액을 공기 중에 노출시켰을 때, 그 영양액에서는 미생물이 자라지 못했다. 그의 생각에 반대하는 사람들을 대항하여 그는 결국 프랑스 과학 아카데미를 설득하여 그의 실험의 검증을 위한 반복 실험을 하기 위해 위원회를 구성 하게 했다. 그 자신의 데이터에 대한 그의 확신은 결코 꺾이지 않는 것이

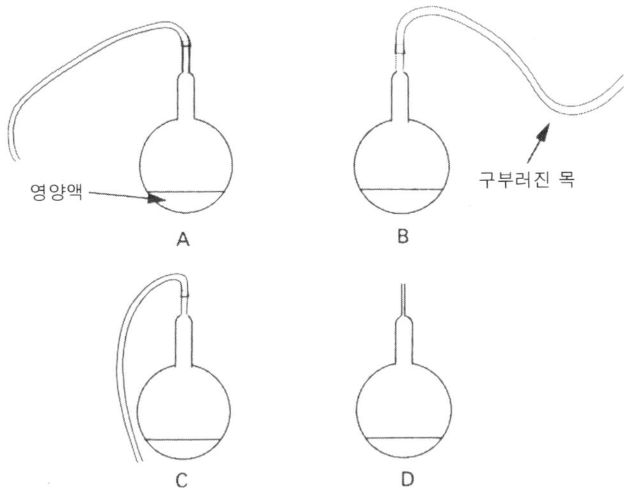

그림 20 ▶ 파스퇴르가 자연발생설을 논박하기 위해 사용한 플라스크. 플라스크 A, B, C 각각은 구부러진 목을 가지고 있어서 공기는 들어오지만 박테리아는 들어올 수 없다. 이 플라스크에 있는 영양액은 무균 상태로 남아 있다. 플라스크 D는 목이 구부러져 있지 않다. 그것의 영양액은 공기 중의 박테리아로 감염되었다.

었으나 그의 반대자들은 자신들의 데이터에 대한 확신이 별로 없었기에 반대를 철회했다. 결국 자연발생이 완전히 자취를 감추었다. 그 개념에 감히 도전할 사람이 거의 없었던 시대가 있었지만 이제는 감히 아무도 파스퇴르가 끝낸 일에 이의를 제기하려 하지 않을 것이다.

질병의 세균이론

파스퇴르는 화학으로부터 발효로, 그 다음에는 자연발생으로, 멋진 성공을 거두며 나아갔다. 다음으로 그의 발효의 '세균이론'을 질병의 '세균이론'에 적용하는 것이 그에게는 불가피한 순서였다. 1862년에 그는 "세균 연구는 동물과 식물의 병과 많은 연관을 가지고 있어서 부패성 질병과 전염병의 탐구에서 첫 단계가 된다"고 썼다. 14년 후에 그는 탄저병 박테리아를 가지고 자신의 실험을 시작하였고 세균이론을 확증했다.

전염병의 세균이론이 최종적으로 받아들여지기 전에, 병의 원인은 오랜 세월 동안 신비와 오해에 묻혀 있었다. 어떤 사람들은 병이 타락이나 죄에 대한 신의 징계로 생각했다. 또 어떤 사람들은 땅의 '힘'이라는 것이 있어서 이 힘이 제어되지 않을 때 병에 걸리고 병이 퍼진다고 믿었다. 그러나 어떤 사람들은 병이 '나쁜 공기,' 즉 '독기(miasma)'로 생긴다고 믿었다. 예를 들면 말라리아는 늪에서 올라온 독기 때문에 생긴다고 생각하였다(13장). 살아 있는 미세한 유기체로부터 전염병이 생긴다고 생각한 사람은 거의 없었고 그렇게 생각한 사람들조차도 충분히 결정적인 실험적 증거를 내놓을 수 없었다.

1836년에 이탈리아의 과학자 바씨(Agostino Bassi, 1773~1856)는 한 곰팡이가 견직 산업에 문제를 일으키고 있었던 누에의 병인 백강병(murscardine)의 원인임을 입증했다. 바씨는 백강병에 걸린 누에에 생긴 흰 반점에서 채취한 물질을 건강한 누에에 주입했을 때, 똑같은 병이 유발되는 것을 밝혀냈다. 그는 그 전염성 물질을 현미경으로 관찰했을 때 그것에 곰팡이가 있는 것을 발견했다. 사람의 질병인 아구창 같은 다른 질병도 곰팡이 때문에 생기는 것이 곧 확실해졌다.

누에의 병은 루이 파스퇴르에게 실험적 수준에서 전염병과 직접 접촉할 최초의 기회가 되었다. 프랑스의 견직 산업은 한 전염병으로 황폐화되고 있었다. 상업적으로 길러지던 누에들이 대량으로 병에 걸려 죽어가고 있었다. 1856년에 농무부는 누에 전염병 연구 프로젝트를 마련했고 파스퇴르는 그 연구를 이끌도록 선임되었다. 아무도 누에의 표피에 검은 색의 작은 반점이 생기게 하는 그 병의 원인을 몰랐다. 파스퇴르는 세균은 무관하다고 믿고 그 문제를 연구하기 시작했다. 전염된 누에와 번데기 그리고 거기서 나온 나방에서 '미소 입자'가 발견되었지만 그는 그 병이 단지 누에의 생리적 문제라고 생각했다. 그러나 몇 년간의 실험 후에 파스퇴르는 견직 산업을 침해한 두 병인 연화병(軟化病)과 미립자병의 원인으로 미소 유기체를 확인했다. 그의 실험적 발견의 기초 위에서 그는 그 병을 제거할 최선의 수단에 관하여 견직 산업에서 일하는 사람들에게 조언했고 이로써 프랑스와 유럽의 다른 나라들의 견직 산업에 중요한 기여를 했다.

파스퇴르의 누에 전염병의 탐구는 더 큰 동물들과 인간에 대한 질병의 세균이론을 실험적으로 확증하기 위한 디딤돌이었다. 1876년에 파스퇴르는 왼편이 마비되는 중풍으로 고통받는 병자였음에도 불구하고 프랑스의 양(羊)의 수를 격감시키는 무서운 병인 탄저병에 대한 실험적 연구를 수행하기로 했다. 10여 년 전에 다른 사람들이 탄저병에 걸린 양의 피에서 막대 모양의 미소 유기체를 발견했고, 그것들의 피가 건강한 양에 주입되었을 때 탄저병이 유발되는 것을 밝혀내었다. 그러나 이 실험에 대한 논쟁이 있었고 자연발생과 발효에서처럼 얻어진 결과가 세균이론의 반대자들을 만족시킬 만큼 결정적이지 못했다.

파스퇴르가 탄저병에 대한 연구를 시작했을 때, 독일의 의사 로베르트 코흐(Robert Koch, 1843~1910)는 벌써 그 병을 집중적으로 연구하고 있었다. 코흐는 파스퇴르와 함께 질병의 세균이론을 확증하고 오늘날 우리를 많은 무서운 세균성 질환에서 자유롭게 했다는 인정을 받고 있다. 코흐는 탄저병에 감염된 양의 피에서 발견된 미소한 막대들을 토끼의 피나 토끼의 눈에서 채취한 액에서 키웠다. 그는 현재 탄저병 바실루스(막대모양의 박테리아)로 알려진 이 막대들이 생쥐에 주입되었을 때 탄저병을 유발함을 밝혀내었고 감염된 생쥐에서 더 많은 바실루스를 발견했다. 건초 같은 다른 출처에서 채취된 막대 모양의 박테리아는 탄저병을 유발하지 않았다. 코흐는 이것이 탄저병이 특정한 유형의 바실루스에 의해서 야기되는 것을 의미하는 것으로 올바르게 해석했다. 코흐는 탄저병 바실루스의 전체 생활사(生活史)를 밝혀냈다. 그는 그것들이 나누어졌을 때 가는 실 모양의 막대를 형성하는 것을 관찰했고, 그것들이 원형구조(포자)로 변한 것을 목격했는데 그것들은 바실루스보다 더 열악한 환경에서도 살아남을 수 있었다.

피나 눈물에서 탄저병 바실루스를 키움으로써 코흐는 병인성(病因性) 미생물을 분리하여 그것을 동물체 외에서 배양하는 중요한 진보를 이루었다. 이제는 세균이 질병을 유발할 뿐만 아니라 그것이 배양될 수도 있고 다른 동물과는 무관하게 대량으로 연구될 수 있음이 확실해졌다.

어떤 과학자들은 여전히 코흐의 연구에 비판적이었다. 그들은 탄저병이 바실루스에 의해서가 아니라 감염된 동물에서 피가 채취될 때 그것과 함께 실려온 다른 인자에 의해 야기되는 것으로 믿었다. 파스퇴르는 이 비판에 응답하였고 코흐의 결과가 완전히 질병의 세균이론을 확립하도록 보충했다. 파스퇴르는 탄저병 바실루스를 소변에서 배양했고 최초의 배양액을 계속 묽게 하여 바실루스와 함께 있던 번식하지 않는 오염 인자가 희석되어 빠져버려 하나도 남을 수 없을 때까지 계속했다. 탄저병 바실루스가 계속해서 자라고 있었던 배양액은 여전히 동물에 강한 감염을 유발했다. 이것은 실제로 바실루스가 탄저병을 유발하는 것임을 의심의 여지없이 합리적으로 입증했다. 더욱이 파스퇴르가 그의 배양액에서 바실루스를 여과시켜 제거했을 때, 그 액은 감염 능력을 상실하였다.

일단 질병의 세균이론이 확립되자 과학자들은 코흐와 파스퇴르에 의해 개발된 꼼꼼한 방법을 사용해 미생물이 탄저병 외의 병을 야기할 가능성을 조사하기 시작했다. 19세기 말까지 결핵, 콜레라, 말라리아 그리고 다른 많은 질병들을 야기하는 미소 유기체들이 확인되었다. 코흐는 1905년에 세균성 질병에 대한 선구적 업적으로 노벨 생리학 및 의학상을 수상했다. 파스퇴르는 노벨상이 생기기 전인 1895년에 사망했다. 파스퇴르가 살아 있었다면 코흐와 함께 그 상을 공동 수상했을 것은 의심의 여지가 없다. 실제로 분자 비대칭, 효소, 자연발생 등의 분야들 각각이 단독으로도 충분히 노벨상을 받을 만큼 높은 수준의 것이었다. 그러나 인류의 진보를 위한 파스퇴르의 엄청난 기여는 거기서 끝나지 않았다. 그의 백신에 대한 공로는 나중에 언급될 것이다(12장).

그의 생각은 일반적으로 의학 전문가들에게는 웃음거리였다. 대부분의 의사들은 그의 생각을 터무니없게 여겼다. 의학적 문제들에 대한 해답을 가지고 있다고 주장하는 화학자에 불과한 이 사람은 누구인가? 그러나 몇몇 의사들이 그를 알아보기 시작했다. 그들 중의 하나는 영국 외과의사 조저프 리스터(Joseph Lister, 1827~1912)였다. 리스터는 부패를 야기하는 미생물에 대한 파스퇴르의 연구에 관해 들었고, 그는 파스퇴르처럼 미소 유기체가 외상에 종종 나타나는 무서운 감염의 원인이 된다고 믿었다. 19세기 중엽까지 외과수술은 의학적 문제들의 치료에 있어 마지막 방도라고 생각되었다. 외과적 개입의 결과로 생긴 감염으로 인한 사망은 예외적인 것이 아니라 당연한 것이었다. 리스터는 이 감염이 미생물에 의한 것이라면 미생물을 죽이는 화학적 처리가 있어서 수술에 수반되는 문제들을 줄일 수 있으리라고 추론했다.

1864년에 리스터는 수술의 상처 자리에 있는 박테리아를 죽이기 위한 목적으로 살균법을 개발했다. 석탄산 분무기로 거둔 그의 성공은 대단했다. 그는 수술 이후 감염과 사망의 발생을 극적으로 줄였다. 리스터의 살균 수술법에서 세균이 수술 자국에 접근하지 못하게 하는, 오늘날의 수술실에서 사용되는 엄격한 기준이 나왔다. 리스터가 파스퇴르에게 영감을 받았다는 것은 의심의 여지가 없다. 그가 파스퇴르에게 1874년에 쓴 편지에서 그는 말했다.

"선생님의 위대한 연구를 통해 저에게 부패의 세균이론의 진리를 보여주시고 오직 살균 체계만 실행될 수 있도록 하는 원리를 제공하여 주심에 대해 심심한 사의를 표하고 싶습니다. 언제든 에든버러에 방문하시면 인류가 얼마나 크게 선생님의 업적에 의해 혜택을 받고 있는지를 저희 병원에서 보시고 크게 기뻐하실 줄로 믿습니다. 수술이 얼마나 크게 선생님의 덕을 보고 있는지 보여드리는 것이 제게 더할 나위 없는 기쁨이 될 것은 말할 필요도 없습니다."

파스퇴르는 사는 동안 그의 이론들에 대한 반대에 직면했지만 항상 그의 반대자들에게 승리를 거두었다. 그의 성공의 주된 이유는 아마도 그의 인내와 자신의 생각이 옳다는 확신, 그의 실험들의 탁월성과 단순성, 그리고 실험들을 수행할 때의 주의력 때문이었을 것이다. 결과적으로 그의 실험 결과들은 자명해서 아무도 그것에 대해 논쟁을 벌일 수 없었고, 대부분 옳다는 것이 입증되었다.

일단 세균이 질병을 야기한다는 것이 확실해지고 많은 원인균이 분리되자 어떤 과학자들은 감염된 동물을 죽이지 않고 미생물만 죽이는 물질이 만들어질 가능성을 고려하기 시작했다. 리스터의 살균 수술은 벌써 상처의 감염이 세균을 죽임으로써 예방될 수 있음을 예증했고, 19세기 말에는 많은 병들이 비위생적 생활 조건과 관련되어 있고 깨끗한 생활 기준이 많은 전염병을 예방하는 데 도움이 된다는 것이 상당히 확실해졌다. 천연두라는 병은 벌써 에드워드 제너(Edward Jenner, 1749~1823)에 의해 개발된 예방접종법의 결과로 대대적으로 정복되고 있었다(12장). 그러나 천연두가 예방접종에 의해 예방되는 메커니즘은 모호하게 남아 있었다. 처음에는 우연이었지만 질병의 세균이론의 확립은 많은 전염병에 대한 백신의 생산으로 이어졌다. 파스퇴르는 이 새로운 백신의 개발에서 주된 역할을 했다.

12
소젖 짜는 여자, 닭, 미친 개

　18세기 말 경에 미국의 대통령 토마스 제퍼슨은 영국의 의사인 에드워드 제너에게 천연두 백신의 발견을 축하하는 편지를 썼다. "당신은 인류의 고통의 달력에서 가장 큰 것 중 하나를 지워버렸습니다. 인류는 당신이 생존했었다는 사실을 결코 잊을 수 없을 것이라는 기분 좋은 회상은 당신의 것입니다. 미래 세대는 역겨운 천연두가 존재했었다는 것을 역사로만 알 것입니다."

　2세기 후인 1977년에 제퍼슨 대통령의 예언은 실현되었다. 세계보건기구(WHO)는 천연두가 지구상에서 마침내 근절되었다고 발표했다.

　천연두의 소멸은 WHO와 세계의 정부들과 지구 도처의 보건 사역자들의 대단한 노력의 결과였다. 그들은 새로운 천연두 환자를 계속 추적하여 이 새로운 환자와 접촉한 사람은 누구든지 예방접종하기를 계속하여 마침내 알려진 마지막 희생자의 모든 접촉자들이 예방접종을 받을 때까지 지속했다. 1967년에는 전 세계적으로 200만 명이 천연두로 죽었지만 1977년 이후는 그 병 때문에 죽은 사망자는 보고된 적이 없었다(WHO가 그 질병의 정복을 발표한 직후에 실험실에서 우연히 천연두에 걸려 죽은 몇몇의 과학자들을 제외). 천연두에 대한 일상적인 예방접종은 더 이상 수행되지 않는다. 세계는 다시 천연두를 보지 못할 것이다.

천연두의 근절은 백신이 질병과의 싸움에서 얼마나 강력한지를 보여준다. 그러나 1992년에 추정된 바로는 매년 200만의 아이들이 백신이 이미 개발된 병으로 죽어가고 있다. 30초마다 1명의 아이가 그 병들로 죽어가고 있는 셈이다. 과학은 백신들을 제공했지만 가난한 나라들은 정치적, 경제적 그리고 또다른 이유 때문에 그 백신들을 얻기가 어렵다. 결핵, 파상풍, 홍역, 백일해, 소아마비, 디프테리아는 20세기 말에 미개발 국가에서 어린 아이들의 주된 사망 원인이 되고 있지만 그 모두에 대하여 백신이 이미 개발되어 있다. 이 6개의 병은 세계의 모든 어린이들에게 이 백신들을 공급하는 것을 목표로 하는 WHO의 면역 확장 프로그램의 주된 목표가 되고 있다.

전염병에 대한 예방접종은 수천 년 전으로 거슬러 올라간다. 그러나 18세기에 근대 예방접종의 보다 안전한 형태를 소개한 사람은 제너였다. 더 많은 백신이 개발되고 예방접종의 메커니즘이 이해되기 시작한 것은 또 한 세기가 지나서였다. 루이 파스퇴르는 20세기에 이루어진 백신들의 활성화에 주된 추진력을 제공했다. 요즈음에는 앞에서 언급한 6개의 질병에 추가하여 콜레라, 황열병, B형 간염, 독감, 페스트, 탄저병, 광견병 등 많은 병을 예방하기 위한 백신이 나와 있다. 후천성 면역 결핍증(AIDS)이라는 또 하나의 질병이 현대인의 치명적인 질병의 목록에 올라 있으며 전 세계 거의 모든 나라를 위협하고 있다. 에이즈는 아프리카의 어떤 지역에서는 벌써 주된 문제가 되어 있으며 과학자들은 집중적으로 에이즈를 일으키는 HIV 바이러스에 대한 백신을 찾고 있다.

근대 백신의 역사는 한때 누구든지 걸릴 수 있는 가장 무섭고 일상적인 질병의 하나였던 천연두로 시작한다. 미래 세대는 감사하게도 다시는 그 무서운 증세를 보지 못할 것이다.

몬태규 여사, 부족 의사, 인두 접종

천연두의 증세는 고대로부터 잘 알려져 있었고 그 병은 부자나 가난한 사람이나 모두 괴롭혔다. 3,000여 년 전에 살았던 이집트의 파라오인 람세스 5세의 미이라에는 천연두 감염의 흔적이 나타나 있다. 그 병은 쑤심과 통증, 무기력, 식욕감퇴, 열로 시작되었다. 그리고 나서 특히 얼굴과 몸통에 처음에는 작은 점으로 된 두드러기가 생겼다. 연이어서 그 점들은 퍼지고 고름이 차서 끔찍하게 변하고 종종 열이 몹시 올라갔다. 많은 사람들이 천연두로 죽었고 살아남은 사람에게는 그 점들이 마르고 흉터가 생겨 얼굴에 영구적인 곰보 자국을 남겼다. 18세기 이전에 영국에서는 5명당 1명이 천연두로 죽었고 거의 모든 사람이 결국에는 그 병에 걸렸다. 시력 상실이 천연두의 흔한 합병증이었고 영국 인구의 절반이 천연두 감염의 결과로 얼굴이 얽었다.

천연두 바이러스는 여러 달, 심지어는 몇 년간 체외에서 살 수 있었고 종종 세탁물이나 집안의 먼지를 통해 한 사람으로부터 다른 사람에게로 옮았다. 16세기 초에 미국에 도착한 이주민들은 그들이 도착하기 전에는 천연두에 걸린 적이 없었기에 그 병에 특히 약한 미국 인디언들에 대한 세균전의 무기로 천연두에 감염된 담요와 손수건을 사용했다.

천연두의 예방법은 제너가 18세기 말에 예방접종법을 소개하기 전에 잘 알려져 있었다. 한 번 천연두에 걸린 적이 있는 사람은 다시 걸리지 않는 것 같다는 지식은 널리 퍼져 있었다. 어쨌든 한 번의 감염은 그 이후의 감염에 면역을 주었다. 고대의 중국인과 인도인들은 천연두 환자의 딱지를 코로 들이쉬는 방법을 사용했다. 이것은 종종 예방효과가 있었다. 또다른 과정은 감염된 사람의 부스럼에서 나온 고름을 미감염된 사람의 팔에 낸 상처에 대는 것을 포함했고 이것도 천연두에 약간의 면역을 생겨나게 하는 것 같았다.

천연두의 부스럼에서 나온 액체로 사람을 예방접종하는 방법은 인두접종(人痘接種, variolation)으로 알려졌다(천연두에 해당하는 라틴어 단어가 variola다). 인두접종은 적은 양의 천연두 바이러스를 옮기는 것을 포함했고 이로써 접종된 개인에게 낮은 수준의 천연두 감염을 만들어냈다. 이 감염에서 살아 남으면 장래의 감염에서 보호될 수 있었다. 그러나 인두접종을 받은 사람이 실제로 병에 걸려서 다른 사람에게 그것을 퍼뜨릴 수 있었기에 너무 많은 바이러스가 인두접종 중에 옮겨질지도 모르는 위험이 항상 있었다. 그 결과로 인두접종을 받은 사람이 죽거나 영구적인 흉터를 얻기도 했다.

인두접종은 중국과 인도와 중동에서는 얼마간 실행되고 있었지만 17세기 이전에 서양에는 알려지지 않았다. 그것은 1717년 영국의 터키 주재 대사의 아내인 몬태규 여사(Mary Wortley Montagu, 1689~1762)에 의해 영국에 도입되었다. 그녀는 천연두 때문에 아름다운 얼굴이 얽은 많은 여인들 중의 하나였다. 그녀는 터키에서 인두접종의 시술을 목격하였다. 그녀는 바로 영국에서 인두접종을 실행했고 그것은 결국 영국에서 널리 알려진 처치가 되었다. 몇 년 안에 런던의 천연두 사망자 수는 인두접종을 받은 사람이 인두접종을 받지 않은 사람 중에서보다 열 배나 적었다.

인두접종은 또한 아프리카의 부족들 사이에서 시술되었다. 부족 의사는 천연두에 감염된 사람의 부스럼에서 나온 액체를 미감염자에게 옮기거나 인두접종을 받은 사람의 팔에서 뽑은 액을 또다른 사람의 팔로 옮겼다. 그 방법은 노예 무역의 결과로 17세기 초에 미국으로 옮겨졌다. 청교도인 코튼 매서(Cotton Mather, 1663~1728)는 그의 아프리카 노예 중 하나가 아프리카에서 천연두를 맞은 것을 발견하고 식민지 매사추세츠에 그 시술법을 소개했다.

인두접종의 개선은 천연두 사망률을 계속 떨어뜨렸고, 18세기 말에는 수만 명의 사람들이 인두접종을 받아 그들 중에 발생한 천연두로 겨우 몇 명만 죽었다. 인두접종 병원은 인두접종이 실시되는 곳에서 흔했고, 접종받은 사람들은 전염성이 있으므로 거기서 약한 증상들이 가라앉을 때까지 몇 달 동안 사회로부터 격리될 수 있었다. 격리기간 동안 함께 있기 위해 종종 여러 명의 친구들이 함께 인두접종을 받곤 했다.

인두접종의 엄청난 성공에도 불구하고 그것에는 위험 부담이 따랐고 환자가 일정 기간 동안 가족과 일에서 격리되어 시간을 보내야 하는 불편함이 있었다. 에드워드 제너는 그 시술을 종식시키고 더 안전한 천연두 예방법을 소개하였고, 그것은 1977년에 지구상에서 그 무서운 병이 제거될 때까지 계속해서 사용되었다.

제너, 우두와 예방접종

에드워드 제너는 1749년에 잉글랜드의 글로스터셔에서 태어났다. 어렸을 때 그는 널리 사용되는 인두접종의 시술을 받았다. 그가 13살 때, 그의 가족은 그를 의사가 되게 하기로 작정하고 그를 한 외과의에게 도제로 보냈다. 21세에 제너는 런던으로 가서, 많은 초기 수술 도구를 개발한 위대한 영국인 의사인 존 헌터(John Hunter, 1728~1793)의 제자가 되었다. 그리고 나서 제너는 글로스터셔로 돌아갔고 거기서 지방 의사로 개업했다.

그의 환자 중에서 제너는 천연두에 걸린 것으로 추정되는 소젖을 짜는 소녀를 만났다. 그녀는 자신이 우두에 감염된 소젖을 짠 결과로 우두에 감염되었기 때문에 아마도 천연두에 걸릴 수 없을 것이라고 대답했다. 글로스터셔에는 소젖을 짜는 여자들과 소몰이꾼들이 우두에 한 번 감염되면 천연두에 면역을 갖게 된다는 오래된 이야기가 널리 퍼져 있었던 것 같다. 제너는 이 소문을 좀더 자세히 연구했고 실제로 우두에 감염된 적이 있는 많은 소젖 짜는 여자들이 천연두에 걸리지 않는 것을 발견했다. 우두는 사람의 천연두와 같은 부스럼이 소의 유두에 발생하는 소의 병이었다. 어떤 사람들은 그것이 소에게 걸린 천연두라고 믿었다. 그것은 감염된 유두에서 사람의 손에 있는 상처로 옮겨졌다. 소젖을 짜는 여자들의 손가락에는 천연두에서 나타나는 부스럼과 매우 유사한 우두 부스럼이 나타나곤 했지만 증세가 덜했고 소젖을 짜는 여자들은 며칠만에 완전히 회복되곤 했다.

제너는 관찰한 사실을 통해 소젖을 짜는 여자들이 실제로 천연두에 면역을 갖게 된 것을 확신하게 되었다. 1796년에 그는 그의 이론을 검증하기로 결심했다. 그는 손가락을 가시에 찔린 뒤에 아버지의 소들 중 하나의 젖을 짜다가 우두에 걸린 한 농부의 딸 사라 네메스(Sarah Nelmes)의 손가락에 있는 우두의 부스럼에서 약간의 액을 채취했다. 그리고 나서 이 액 중 약간을 깨끗한 피침(披針)을 사용해서 8살난 제임스 핍스(James Phipps)라는 소년의 왼쪽 팔에 만든 작은 두 개의 상처로 옮겼다. 그 소년은 이전에 인두접종을 받지 않았고 천연두에 걸린 적도 없었다. 며칠 후, 어린 핍스는 미열을 나타냈지만 소젖 짜는 여자들이 우두에서 회복된 것처럼 며칠만에 회복되었다. 약 2개월 후, 제너는 약간의 천연두를 포함한 액을 취해 표준 인두접종법으로 핍스에게 주입했다. 제너가 예측한 대로 핍스는 전혀 천연두의 증세를 나타내지 않았다. 이것이 우두액이 고의로 한 사람으로부터 다른 사람에게로 옮겨진 최초의 사례이며, 핍스는 백신으로 인간의 천연두를 사용하지 않고 천연두에 대한 예방접종을 받은 첫번째 사람이 되었다. '백신'이란 말은 소를 의미하는 라틴어 'vacca'에서 유래한다. 제너는 이렇게 적었다.

　　"핍스는 주인의 소에 의해 감염된 젊은 여자의 손 위의 부스럼으로부터 팔에 접종을 받았다. 그 병을 본 적이 없었지만 이전에 흔히 그랬듯이 그것이 소에게서 젖짜는 사람의 손으로 전달되었을 때 몇몇 단계에서 그 부스럼이 천연두의 부스럼과 매우 닮은 것에 놀랐다. 그러나 이제 내 이야기의 가장 신나는 부분을 들어보라. 그 소년은 천연두에 걸리도록 접종받았지만 내가 과감히 예측한 대로 아무런 증상도 나타내지 않았다."

　　1797년에 제너는 우두의 접종에 의한 천연두의 예방에 관한 그의 생각과 실험 결과를 발표하기 위해 런던의 왕립학회에 제출했다. 그의 문건은 제너가 그의 주장을 지지할 충분한 데이터를 포함하지 못했기 때문에 거부당했다. 우두가 천연두를 막을 수 있다는 생각은 일반적으로 가소롭게 여겨졌다. 왕립학회의 회장은 제너에게 그 당시에 받아들여진 생각들과 상당히 다른 데이터를 출판하려고 함으로써 그의 평판에 모험을 걸지 말라고 말했다. 그러나 제너는 그의 결과에 대해 매우 확신했으므로 그는 우두의 부스럼에서 나온 액으로 더 많은 성공적인 예방접종을 실시했고, 그의 연구를 짧은 팜플렛의 형태로 비밀리에 출판했다.

　　우두는 글로스터셔에서는 그리 흔하지 않았으므로 제너는 최근에 벌써 접종을 받은 사람의 우두 부스럼에서 취한 액으로 사람들을 예방접종하기로 했다. 이 팔에서 팔로의 예방접종을 반복함으로써 제너는 소젖을 짜다가 우두에 새로 감염되는 개인 없이도 예방접종이 수행될 수 있음을 발견했다.

제너의 예방접종법에 대한 엄청난 반대가 있었다. 그것이 사용되던 초기에는 몇 가지 문제가 있었다. 적당한 예방접종이 때로는 이루어지지 않았고 환자가 나중에 천연두에 걸려 죽기도 했다. 한 병원은 실수로 천연두 액을 우두액과 섞었고 참혹한 결과를 냈다. 그럼에도 불구하고 많은 의사들은 제너의 결과를 재생해냈고 우두 바이러스를 사용하는 백신법이 널리 사용되었으며 신속하게 전파되어 전 세계로 퍼져나갔다. 제너의 이름은 어디서나 유명해졌다. 그는 그의 백신 중 조금을 미국으로 보냈고 거기서 그것은 광범위하게 사용되었다. 제퍼슨 대통령조차도 자신의 가족들이 백신을 맞도록 했다. 에드워드 제너의 백신법은 시간의 검증을 받게 되었다.

천연두는 루이 파스퇴르가 미생물에 대한 연구의 결과로 다른 병을 예방하기 위해 유사한 방법을 개발할 때까지 예방접종에 의해 예방될 수 있었던 유일한 병이었다. 천연두 백신에 대한 가장 두드러진 사실 중 하나는 그것이 전염병이 미소 유기체에 의해 야기된다는 것을 모르던 시대에 만들어졌다는 점이다. 천연두의 원인은 알려지지 않았지만 그 병은 예방접종에 의해 예방될 수 있었다.

루이 파스퇴르와 약화된 백신

루이 파스퇴르와 로베르트 코흐는 1870년대에 특히 탄저병 바실루스의 연구 결과로 병의 세균이론을 확립했다(11장). 파스퇴르는 전염병의 잘 알려진 특징 중 몇 가지에 대해 깊이 생각하기 시작했다. 예를 들면, 어떤 환경하에서 어떤 병에 노출되면 그 이후의 감염에 면역을 갖게 되는가? 천연두의 감염에서 살아난 사람들이 더이상 그 병으로 고생하는 일이 거의 없다는 것은 잘 알려져 있었다. 이 사실이 물론 인두접종 뒤에 있는 원리였다. 홍역이나 수두 같은 병은 그 이후의 감염에 유사한 면역성을 나타냈다. 파스퇴르는 또한 예방접종의 메커니즘을 고려하기 시작했다. 그것은 당시에 천연두에만 사용될 수 있었다. 다른 병에 대한 백신을 개발하는 것이 가능할 것인가? 19세기 말에 과학자들은 제너의 천연두 백신의 본성에 대해 논쟁하고 있었다. 일단의 과학자들은 우두와 천연두가 다른 독립된 병이며, 우두가 어떤 알려지지 않은 이유 때문에 천연두를 막는다고 생각했다. 다른 일단은 우두가 단지 천연두의 약화된 형태이기에 우두는 원래 천연두에서 유래하며 그것이 소를 통과할 때 인간에게 덜 해로운 구조로 변한다고 믿었다.

면역에 대한 이러한 생각들이 확실히 파스퇴르의 마음 속에 있었고, 그는 그것들을 실험으로 어떻게 공략할 것인가를 숙고하고 있었음에 틀림없다. 그러나 그는 우연하게 그의 의문 중 몇 가지의 해답을 발견했다. 이 우연한 발견으로 예방접종은 거의 100년 동안 그랬던 것처럼 천연두에 국한된 현상이 아니라 일반적인 현상이 되었다.

잠재적인 새 유형의 백신들과 파스퇴르가 처음 만나게 된 것은 주로 농장의 암탉과 어린 수탉 중에 널리 퍼진 병인 닭 콜레라를 연구하기 시작했을 때였다. 닭 콜레라는 암탉과 어린 수탉을 비틀거리게 하고 의식을 잃고 죽게 했다. 감염된 닭의 배설물로 오염된 사료를 먹음으로써 건강한 닭들이 이 병에 걸렸다. 파스퇴르와 코흐가 탄저병이 미생물 때문에 생긴다는 것을 입증한 것과 똑같은 방식으로 이 병이 미소 유기체에 의해 야기된다는 사실은 이미 밝혀져 있었다.

파스퇴르는 배양액에서 닭 콜레라 미소 유기체를 배양하여 그것이 실제로 암탉에게 그 병을 일으킨다는 것을 확인하는 데 관심이 있었다. 그는 박테리아에 감염된 수탉의 머리를 얻어서 그 미생물의 성장을 돕는 배양액들의 성질을 알아보기 위해 다른 배양액을 연구하기 시작했다. 닭 콜레라 미생물은 탄저병 바실루스 같은 다른 미생물이 선호한 생장 조건과는 꽤 다른 조건을 선호했다. 그는 마침내 닭의 물렁뼈로 만든 영양액에서 콜레라 박테리아를 배양하는 데 성공했다. 그는 닭 없이 실험실 플라스크에서 그 미생물을 배양하는 효과적인 방법을 발견했으므로 이제 그 미생물을 깊이 있게 연구할 단계에 와 있었다.

파스퇴르는 그의 실험실에서 키운 닭 콜레라 미생물이 닭에 대하여 상당히 전염성이 강하며 전염된 닭은 항상 핏속에 엄청난 수의 미생물을 포함한다는 것을 발견했다. 실제로 그 미생물은 닭 콜레라의 원인이었다. 배양 플라스크에 신선한 영양액을 더함으로써 실험실에서 키우는 박테리아를 먹이면 그 미생물은 주사되는 닭에게 상당히 전염성이 강한 상태를 유지했다. 1879년 여름, 7월에서 10월까지를 파스퇴르는 휴가로 보냈다. 그는 실험실을 떠나기 전에 닭 콜레라 미생물을 담은 배양액이 플라스크에 있는 것을 확인했고, 휴가 후에 돌아와 그것들을 계속 사용할 수 있으리라 생각했다.

그가 실험실에 돌아왔을 때, 파스퇴르는 휴가 동안 방치해 둔 콜레라 미생물이 있는 오래된 배양액을 닭들에게 주사했다. 그런데 한 마리도 콜레라에 걸려 죽지 않았다. 파스퇴르는 그 박테리아들이 너무 오래 방치되어 죽었다고 생각했다. 그래서 그는 감염된 닭에서 취한 콜레라균을 사용해서 신선한 배양을 시작하기로 결심했다. 그는 이 신선한 배양액을 이전의 오래된 배양액을 주사받고 감염되지 않은 닭들에게 주사했다. 그는 또한 이전에 주사받지 않은 닭들에게도 새 콜레라균 배양액을 주사했다. 놀랍게도 파스퇴르는 그가 신선한 콜레라 미소 유기체를 주사한 닭들 중 일부만이 병에 걸렸음을 발견했다. 그가 이 결과를 자세히 조사했을 때, 그는 그 신선한 박테리아 배양액을 맞고 살아 남은 닭들은 이전에 여름 휴가 동안 방치되었던 '상한' 배양액을 주사받은 것들임을 발견했다. 상한 미생물 배양액을 맞지 않는 닭들은 모두 콜레라에 걸려 죽었다.

많은 과학자들은 이 실험 결과를 별 의미 없는 것으로 무시해 버렸지만 파스퇴르는 달랐다. 그는 제너의 천연두 백신에 대해 잘 알고 있었으므로 자신의 실험 결과와 제너의 백신법 사이에 그럴듯한 유사성을 알아챘다. 아마도 그는 오래된 배양액의 박테리아가 더이상 콜레라를 발생시키지는 못하지만 뒤이은 정상적인 악성 콜레라의 감염은 막을 수 있게 변화(약화)되었다고 생각했을 것이다. 이런 경우에 약화된 미생물은 제너의 우두 백신에 해당할 것이다. 다만 파스퇴르는 약화된 콜레라균이 해로운 병원성 형태에서 직접 유래했음을 확실히 알았지만 우두가 천연두에서 유래했는지는 확실히 알 수 없었다.

더 많은 실험을 통해 약화된 콜레라균은 악성 콜레라에 감염되는 것에서 닭들을 보호하는 것이 확실해졌다. 파스퇴르는 그 약화가 공기가 있음으로 야기되는 것을 알아냈다. '열린' 플라스크(솜으로 마개를 한 것)에서 배양된 배양액은 쉽게 약화된 반면에 봉해진 플라스크에서 배양된 배양액은 약화되지 않았다. 신선한 영양액을 첨가하는 간격을 늘리면 약화의 정도가 증가함을 그는 발견했다. 공기가 있는 데서 배양된 오래된 배양액은 극도로 약화되었다.

파스퇴르는 제너가 천연두 백신을 개발한 이후에 최초로 또다른 병의 백신을 만들어냈다. 미소 유기체에 의한 전염에 대하여 면역을 제공하는 약제를 '백신'이라고 처음 부른 사람이 파스퇴르였다. 원래 이 용어는 특정하게 천연두 백신에 붙여졌었다. 더 중요한 것은 파스퇴르가 장래의 백신 개발을 위하여 닭 콜레라에 대한 그의 연구가 엄청나게 중요한 의미를 가진 것을 발견한 것이었다. 배양 플라스크에서 전염성 유기체를 약화시키고, 이 약화된 유기체를 진짜 질병으로부터 동물을 보호하기 위한 백신으로 사용하는 것이 가능하지 않을까? 그는 즉시 그가 실험실에서 전염체에 대한 적당한 조작에 의해 많은 병에 대한 백신을 얻을 수 있다는 일반적인 원리를 발견했을지도 모른다는 기대를 가지고 닭 콜레라 이외의 다른 질병에 대한 연구로 방향을 전환했다.

1880년에서 1884년 사이에 파스퇴르와 그의 동료들은 추가로 3가지 병, 즉 탄저병, 광견병, 돼지 단독의 백신을 개발했다. 천연두에서 다른 병으로의 진행은 거의 100년이 걸렸지만 4년만에 파스퇴르는 많은 병의 백신을 얻을 수 있음을 입증했다. 닭 콜레라에서 거둔 위대한 성공 후에, 곧 그는 탄저병으로 관심을 돌렸다.

그 당시 탄저병은 극심한 환경에서도 살아 남을 수 있는 고도로 저항력이 강한 포자를 형성할 수 있음이 알려져 있었다. 탄저병 포자가 탄저병에 전염되어 죽은 동물의 시체가 묻힌 지역의 땅에서 발견되었고, 동물이 묻힌 후 수십 년 동안 병원성 형태를 지속했다. 탄저병에 대해 연구하면서 파스퇴르는 시골 농장을 자주 방문하곤 했다. 그러다가 그는 실험하고 있는 8마리의 양이 있는, 울타리로 둘러싸인 지역 안에서 이상한 것을 발견했다. 파스퇴르는 울타리 안의 한 지역의 흙의 색깔이 다른 곳과 다른 것을 알았다. 그가 이 양들에 탄저병 배양액을 주사했을 때, 그들 중 몇 마리가 병에 걸려 죽지 않았다. 주입된 바실루스균의 양이 정상적으로는 아주 치명적이라는 점에서 어리둥절한 결과였다. 그 땅을 소유한 농부는 파스퇴르에게 전에 탄저병에 걸린 양이 색이 변한 흙이 있는 지역의 땅에 묻힌 적이 있다고 말했다. 파스퇴르는 그 흙에서 잡은 지렁이를 현미경으로 조사했다. 이 지렁이 속의 흙에는 탄저병 포자가 있었다. 파스퇴르는 생각했다. '살아 있는 양이 이 격리된 지역의 흙에서 자란 풀을 먹고 덜 치명적인 탄저병 바실루스에 감염되어 이후의 감염에 면역을 갖는 것이 가능할까?' 적어도 지렁이가 매장된 시체에서 지표면으로 탄저병 포자를 운반하는 것은 확실히 가능했다. 파스퇴르는 위험한 탄저병 포자가 땅 위에 나타나 풀을 먹는 동물들이 그것을 먹으면 치사량의 포자를 먹어 감염될 수 있기 때문에 목초지로 사용하는 땅에 탄저병에 감염되어 죽은 동물을 묻지 말라고 농부들에게 경고함으로써 탄저병의 확장을 억제하는 데 중요한 진보를 이루었다.

파스퇴르가 닭 콜레라균을 약화시키는 데 사용한 방법이 탄저병에는 적용되지 않는 것이 확실했다. 공기 중에 노출된 탄저병 바실루스의 오래된 배양액은 강인한 포자를 형성했을 뿐이었다. 필요한 것은 포자 형성을 방해하는 방법이었다. 많은 실험 후에 파스퇴르와 동료들은 배양액 중의 탄저병 바실루스가 45℃ 이상의 온도에서는 더이상 자라지 못하고 포자를 형성하지도 않는 것을 발견했다. 온도가 42℃ 또는 43℃로 약간만 낮아지면 탄저병 바실루스는 배양액 속에서 계속 자랐으나 포자를 형성하지 않았다. 몇 주 동안 43℃에서 탄저병 바실루스가 자라게 하면 충분히 바실루스가 약해져 동물들에 주입되었을 때 경미한 질병만을 일으켰다. 동물들은 죽지 않았다. 이 약화된 탄저병 바실루스를 주입받은 동물들은 뒤이어서 악성 탄저병 바실루스의 치사량을 주입받아도 병에 걸리지 않았다.

파스퇴르는 탄저병에 대한 백신을 만들어냈던 것이다. 그러나 그러한 결과에 대한 그의 확신에도 불구하고 특히 전문 의사들과 수의사들에게는 회의론이 팽배했다. 파스퇴르의 백신에 대한 신랄한 검증이 조만간 닥쳐왔다. 마치 서커스처럼 수많은 참관인이 보는 앞에서 실험 전체를 실시함으로써 그 효율성을 공개적으로 증명해야 했던 것이다. 이 유명한 공개 실험은 1881년에 프랑스의 한 농장인 푸이 르 포르(Pouilly le Fort)에서 있었다. 이 실험을 통해 과학자, 의사, 수의사 그리고 일반 대중의 목전에서 확실하게 천연두 이외의 다른 병에 대한 예방접종의 중요성이 확립되었다.

파스퇴르의 탄저병 백신의 공개 실험은 지방 농학회와 관련있는 한 수의사에 의해 조직되었다. 파스퇴르는 대중 앞에서 일단의 동물들을 예방접종하고 이어서 백신을 맞은 동물들과 일단의 백신을 맞지 않은 동물들에게 치사량의 탄저병 바실루스를 주입하도록 초대되었다. 관객들은 백신이 작용을 하는지 안 하는지 결정하기 위해 몇 주 후에 다시 모여 그 동물들을 조사하기로 했다. 파스퇴르는 이 일로 그의 명성이 위기에 처하게 되었지만 보통 때처럼 그의 실험 결과에 대한 확신이 있었기에 그 도전에 응했다. 어떤 사람들 중에는 회의론이 팽배하여 그들은 파스퇴르가 아마도 탄저병 백신을 만들어낼 수 없으리라고 생각했다. 어떤 이들은 탄저병이 미생물에 의해 야기된다는 것조차 받아들이지 않았다.

푸이 르 포르 공개 실험은 널리 광고되었다. 사람들의 참석을 권고하기 위해 전단이 만들어지고 뿌려졌다. 드디어 예방접종하는 날이 왔을 때, 파스퇴르와 그의 동료들은 많은 관람자들 앞에 나왔다. 양 24마리, 암소 5마리, 황소 한 마리, 염소 한 마리의 피하에 파스퇴르에 의해 약화된 탄저병 백신이 주사되었다. 또다른 양 24마리, 암소 4마리와 양 한 마리는 백신을 맞지 않은 채로 그대로 두었다. 그리고 나서 파스퇴르는 농장에서 강연을 했다. 그는 실험 결과를 예측하고 그가 그 백신을 만든 방법을 요약해서 설명했다.

12일 후에 백신을 맞은 동물들은 다시 약화된 탄저병 백신을 맞았다. 실험실의 연구를 통해 두 번의 주입이 다음의 감염에 최선의 면역 효과를 나타낸다는 것이 밝혀졌기 때문이었다.

2차 주사 이후에 모든 동물들은 여전히 살아 있었고, 다음 단계는 병을 유발시키기 위해 동물들에게 악성 탄저병 바실루스를 주사하는 것이었다. 이를 통해 백신의 효율성을 평가하게 되어 있었다. 파스퇴르는 말했다. "이 실험이 성공한다면 이것은 금세기의 응용과학의 가장 훌륭한 예 중 하나가 될 것이다." 두번째 주사를 놓은 2주 후, 모든 백신을 맞은 동물들과 통제군 동물들(백신을 맞지 않은 동물들)이 파스퇴르의 실험실에서 배

양된 치사량의 탄저 배양액을 주사맞았다. 회의론이 너무 강해서 그 공개
실험에 참석한 어떤 사람들은 파스퇴르가 마지막 주사에서 백신을 맞은
동물들에게 백신을 맞지 않은 동물들보다 더 적은 양의 탄저균을 속여서
주입할지도 모른다고 의심했다. 누군가가 탄저병 바실루스를 담은 시험관
이 잘 섞여 있는지 확인했다. 다른 사람들은 동물들이 제대로 주사맞는지
확인했고 파스퇴르가 원래 의도한 것보다 더 많은 양의 박테리아가 주입
되었다. 파스퇴르는 관련자들이 모든 것이 정직하고 올바르게 이루어졌음
에 만족하도록 할 수 있다면 약정서 내용을 바꾸는 것을 반대하지 않았다.
그런 식으로 그의 예측이 확인된다면, 아무도 그의 탄저병 백신을 비판할
수 없게 될 것이었다.

파스퇴르는 치명적인 탄저균을 동물들에게 주입한 후 당연히 초조해
했다. 그의 백신의 평판이 위기를 맞게 되었고, 며칠 내에 감염된 동물들
이 탄저병으로 죽기 시작하면 공개 실험의 결과가 나올 것이었기 때문이
다. 감염 주사 다음 날 그는 백신을 맞은 동물들 몇 마리가 아프다는 소식
을 들었다. 이것은 분명히 그를 초조하게 만들었다. 그러나 같은 날 조금
지나서 동물들이 이제 훨씬 나아졌다는 소식이 왔다. 주사를 놓은 지 며
칠 후, 파스퇴르가 승리했음이 명백해졌다. 백신을 맞은 모든 동물들은 건
강했지만 24마리의 백신을 맞지 않은 양 중 21마리가 벌써 죽었다. 살아
남은 것 중 두 마리는 그 광경을 보러 온 참관인들이 보는 앞에서 죽었다.
마지막 남은 백신을 맞지 않은 양은 같은 날 나중에 죽었다. 4마리의 백
신을 맞지 않은 암소는 모두 탄저병에 걸려서 열이 있었고 백신 접종을
받지 않은 염소는 탄저병으로 죽었다. 다음 며칠 사이에 백신을 맞은 동
물 중 단 한 마리가 죽었는데 그것은 임신 합병증으로 죽은 양이었다. 그
양의 피에는 탄저병 바실루스가 없었다.

파스퇴르의 반대자들은 할 말이 없었고 파스퇴르는 프랑스의 국가적
영웅이 되었다. 그의 약화된 탄저병 백신은 프랑스와 해외 도처에서 사용
되었다. 프랑스에서 소의 탄저 발생률이 15분의 1로 떨어졌다. 그의 업적
은 다방면에 걸쳐 있었다(11장). 그는 분자 비대칭을 발견했고 발효의 미
생물 이론을 입증했으며 자연발생의 개념을 논박했다. 또한 병의 세균이
론을 확증했고 이제는 닭 콜레라와 탄저병의 백신을 개발했다. 그후에도

더 많은 업적이 이어졌다. 그는 돼지 단독의 백신을 개발했다. 이번에는 미생물을 돼지에 덜 유독하게 하고 그 이후의 감염에 대한 저항력을 갖도록 하는 방법으로 미생물이 실험용 토끼를 통과하게 함으로써 그것들을 약화시켰다. 그 다음으로 그의 유명한 광견병 백신이 나왔다.

그 당시에 사람이 광견병에 걸리는 것은 프랑스에서 별로 흔하지는 않았다. 그 병으로 매년 단지 몇 백 명이 죽는 정도였다. 그러나 광견병의 무서운 증세는 잘 알려져 있었다. 그것을 치료하려는 의도로 사용된 치료법들은 끔찍했다. 그 증세는 종종 환자가 광견병에 걸린 동물(보통 개나 늑대)에게 물린 후 한 달 또는 그 이상이 지나야 나타났다. 그 병은 신경계에 침입해서 불안, 거친 행동, 발작, 마비 등을 일으켰다. 환자들은 종종 물을 보고 두려움을 표현해서 광견병은 공수병(恐水病)이라고도 불렸다. 환자는 증세가 나타난 지 1주일 이내에 사망에 이르렀다. 광견병 환자를 고통에서 벗어나게 해주기 위해 고의로 죽이는 일도 드물지 않았고, 광견병에 걸린 미친 개에게 갓 물린 사람들의 상처를 종종 광견병이 몸을 장악하지 못하게 하려고 빨갛게 달군 쇠로 지지곤 했다.

광견병이 전염성이 있고 감염된 동물의 타액에 그 병을 야기하는 전염성 미생물이 있는 것이 알려져 있었지만, 아무도 그 미생물을 확인하지 못했다. 파스퇴르는 광견병 세균을 찾아내려고 많은 시간을 소모했지만 실패했다. 우리는 현재 그 이유를 알고 있다. 광견병의 원인은 세균이 아니라 바이러스로, 바이러스는 박테리아보다 훨씬 더 작기 때문에 19세기에 사용되던 현미경으로는 감지할 수 없었던 것이다. 천연두도 마찬가지였다. 그것도 바이러스에 의해 야기되므로 아무도 현미경으로 전염성 유기체를 확인할 수 없었던 것이다. 그러나 파스퇴르는 광견병 미생물을 발견할 수 없다고 실망하지 않았다. 그 병은 분명히 전염성이 있었고 미생물 병의 모든 특징을 나타냈다. 감염된 개나 사람의 타액이 토끼에게 주입될 때, 그것은 광견병의 증세를 나타냈다. 그러므로 안 보이는 미생물이 분명히 타액 속에 존재했다. 뇌와 척수도 실험용 동물에 광견병을 유도하는데 사용할 수 있었으므로 전염성 매개체는 또한 뇌와 척수 속에도 존재했다.

파스퇴르는 그가 보통 쓰던 영양액에서는 눈에 보이지 않는 광견병 바이러스를 배양할 수 없다는 것을 발견했다. 우리는 현재 그 이유를 알고 있다. 바이러스는 스스로 번식할 수 없고 그들이 번식하기 위해서는 살아 있는 숙주의 세포가 필요하다. 오늘날 바이러스는 종종 사람이나 다른 동물들에서 분리된 살아 있는 세포가 담긴 플라스 속에 넣어져 실험실에서 배양된다. 영양액에서 광견병 바이러스를 배양할 수 없는 것이 파스퇴르에게는 하나의 장애였지만 그것 때문에 그는 있을지도 모르는 광견병 백신을 찾는 일을 멈출 수 없었다. 대신에 그는 살아 있는 동물 속에서 그 바이러스를 자라게 하는 방법을 개발했다. 그 작업의 일부는 많은 동물의 고통을 포함했기에 파스퇴르를 괴롭게 했다. 그러나 그는 종종 동물에 대한 걱정 때문에 실험을 연기할 정도로 동물들에게 극히 친절하고 상냥했다고 평판이 나 있었다. 그 당시의 생체해부 반대론자들이 벌써부터 파스퇴르를 귀찮게 했지만 그는 그의 연구에서 나온 유익이 동물 실험의 부정적 측면보다 더 크리라고 굳게 믿었다. 파스퇴르의 발견 때문에 생명을 구한 수많은 사람들이 그의 믿음을 확인시켜 준다. 파스퇴르 자신이 말했듯이 그의 공적을 농업과 수의학에 적용함으로써 많은 동물들이 그의 연구에서 혜택을 입었다.

파스퇴르는 닭 콜레라, 탄저병, 돼지 단독 미생물의 약화된 형태를 개발했던 것과 비슷한 방식으로 광견병 바이러스를 방어용 백신으로 사용하기 위해 약하게 만들 수 있는지 연구했다. 광견병에 걸린 토끼의 척수를 무균 상태의 플라스크 속에 걸어두어 건조시키면 더이상 척수 속의 바이러스는 개에게 전염성이 없었다. 그것이 약해진 것이다. 이 건조된 척수 물질의 연이은 주입을 통해 개들이 광견병에 걸리는 것을 막을 수 있었다. 약해진 바이러스가 효과적인 광견병 백신으로 사용되었다. 광견병에 걸린 동물에게 물린 뒤에 광견병의 증세가 나타나기까지는 약간의 시간이 걸렸기 때문에 파스퇴르는 그 백신이 개가 감염되는 것을 막아 줄 뿐 아니라 벌써 그 병에 감염된 개에게 증세가 나타나는 것을 막을 수 있지 않을까 생각했다. 그는 개들이 광견병에 감염된 며칠 후 증세가 나타나기 전에 백신을 주사했더니 약화된 바이러스가 실제로 광견병이 그 동물을 장악하지 못하게 해주는 것을 발견했다.

개에서 사람으로 나아가는 것은 파스퇴르에게 쉬운 일이 아니었다. 개

에서 주의깊게 만들어진 예방접종법이 사람에게 똑같이 적용될 수 있는지
는 미지수였기 때문이었다. 파스퇴르는 광견병 증세의 공포를 잘 알고 있
었기에 백신을 성공적으로 만들지 못해서 병을 예방하는 대신에 병을 유
도할 가능성을 두려워했다. 그러나 1885년에 요셉 마이스터(Joseph
Meister)라는 9살 난 소년이 이틀 전에 미친 개에게 몹시 물려서 그 어
머니에 의해 파스퇴르의 실험실로 실려 왔다. 그 어린애는 전신을 14군데
나 물려서 의사는 살아날 가망이 없다고 진단했다. 그는 조만간 틀림없이
무서운 광견병 증세를 나타내고 죽을 것이었다. 파스퇴르는 마이스터의
상황이 몹시 딱해서 그의 실험용 토끼에서 얻은 약화된 광견병 바이러스
를 그에게 주사하기로 결심했다. 그 소년은 증세 없이 살아났고 결국 파
리에 있는 파스퇴르 연구소의 문지기가 되었다. 그는 1940년까지 살다가
죽었다. 그는 히틀러의 나치 정권의 독일군이 파스퇴르가 묻혀 있는 지하
실 출입구를 열도록 강요하자 '대가(大家)'의 무덤에 군인들이 접근하도록
허락하기보다는 자살을 택했다.

　마이스터의 백신 접종 이후에 여러 차례의 성공이 이어졌고 파스퇴르
의 광견병 백신을 인간에게 사용하는 것에 대한 많은 논쟁이 있었지만(어
떤 이는 파스퇴르를 살인자라고 낙인찍기까지 하였다) 많은 생명들이 그
것으로 구제되었고 수천 명의 사람들이 파스퇴르의 덕을 본 것은 의심할
여지가 없다. 광견병 백신은 파스퇴르가 개발한 이전의 세 종류의 백신의
확장이었다. 이로써 많은 종류의 질병에 대한 백신을 얻을 수 있으며 그
것들은 안전하며 병에 대한 강력한 방어 효과가 있음이 명쾌해졌다.

　20세기의 사람들은 많은 질병의 백신들이 개발되는 것을 보아왔다. 이
백신들을 생산하기 위해 사용된 방법들은 파스퇴르의 방법에 기초하고 있
었다. 그 주된 목표는 접종된 개인에게 방어 면역 반응을 유도하는 병원
체나 그것의 일부의 약화된 형태를 생산하는 것이었다. 어떤 사람이 일단
백신에 노출되면 그의 면역체계는 백신과의 대면을 '기억하고' 이후에는
실제 병원체 자체처럼 그 백신을 닮은 것은 어느 것이든지 싸워 물리친다.
제너와 파스퇴르의 초기 연구들은 어떻게 면역체계가 미생물과 바이러스
를 퇴치하는지에 대한 확장된 이해로 이어졌다. 장기 이식은 면역체계에
대한 이런 지식에 혜택을 입었다. 조직 거부반응은 환자의 면역체계가 이

식된 기관의 세포를 파괴하는 것을 포함한다. 증여자의 조직이 장기 수혜자와 어울리게 하고 거부반응 억제제를 사용해 이식된 장기가 받아들여지게 하는 데 성공한 것은 면역 체계에 대한 상세한 지식에 크게 의존했다.

20세기 초에는 전염병이 박테리아와 바이러스에 의해 야기될 수 있다는 것이 명쾌해졌다. 또다른 일단의 기생성 미소 유기체인 원생동물도 특히 열대 지방에서 병을 일으키는 것이 입증되었고, 이 병 중 몇몇은 직접 사람에게서 사람에게로 전달되는 많은 박테리아성 및 바이러스성 질병보다 더 복잡했다. 많은 원생동물성 질병들은 무는 곤충들에 의해 사람에게서 사람에게로 전달되는 것으로 밝혀졌다. 최초로 발견된 이런 유(類)의 질병은 모기에 의해 전달되는 말라리아였다.

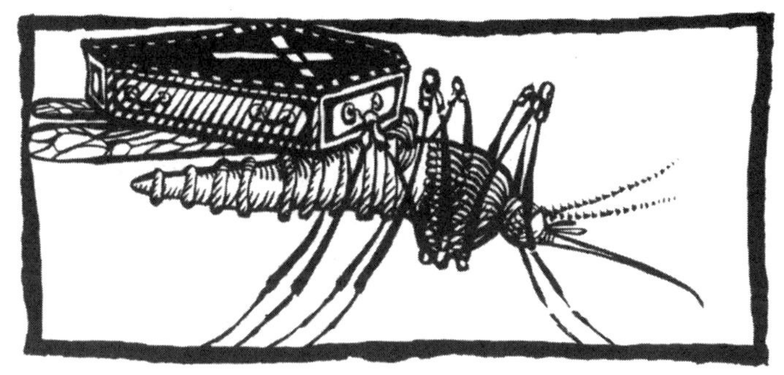

13
말라리아의 교활한 씨

　　미국의 남북전쟁 기간 동안 병사들의 절반 이상이 말라리아에 감염되었다. 실제로 인류 역사상 말라리아는 전쟁의 결과로 죽은 병사들보다 더 많은 수의 병사들을 죽였고 어떤 지역 주민을 거의 완전히 쓸어버린 적도 있었다. 그러나 오늘날 말라리아는 미국에서는 더이상 위협이 아니며 한때 창궐했던 수십 개 국에서도 소멸되었다. 이렇게 많은 나라에서 인류의 주요한 보건 문제 중의 하나였던 것을 쓸어버리는 데는 말라리아가 모기에 의해 옮겨진다는 것을 입증한 영국의 의사 로널드 로스(Ronald Ross, 1857~1932)의 공이 컸다. 로스의 위대한 업적은 공공위생 조치, 특히 말라리아를 옮기는 모기를 억제하기 위해 살충제인 DDT를 뿌리는 것으로 이어졌다.

　　로스의 발견과 모기가 옮기는 말라리아의 전파를 줄이려는 계속된 노력의 중요도는, 말라리아가 여전히 불충분한 제어 조치가 취해져 온 100여 국의 개발도상국에서 엄청난 문제임을 고려할 때 분명해진다. 1992년에 세계보건기구는 전세계적으로 거의 3억의 인구가 말라리아에 감염되어 있으며 1백만 이상의 사람들이 그 병으로 매년 죽는다고 발표했다. 말라리아는 중앙 및 남아메리카, 중동과 아시아 그리고 지중해 연안 국가들의 풍토병이다. 거의 20억의 사람들(세계인구의 거의 절반)이 말라리아를 옮기는 모기가 번성하는 지역에서 살고 있으며, 아프리카 어느 지역에서는 매년 5세 이하의 어린이의 거의 4분의 1이 말라리아로 죽고 있다.

　말라리아의 증세는 간헐적인 고열과 오한, 빈혈, 황달 그리고 비장과 간의 부어오름 등을 포함한다. 많은 경우에 그 병은 뇌에까지 미쳐서 신체를 제어하지 못하고, 의식불명, 이상 행동으로 이어진다. 보통은 병이 뇌에까지 이르면 환자가 사망하게 된다.

　말라리아에 대한 우리의 이해는, 그 증세를 기술한 의학의 아버지 히포크라테스(BC 460~370)까지 거슬러 올라간다. 로널드 로스가 모기가 그 병을 옮긴다는 것을 발견한 것은 의심의 여지없이 말라리아 연구에서 이루어진 가장 중요한 진보였다. 왜냐하면 그는 어떻게 말라리아가 사람 개체군에서 전파되는지를 설명했고 그 질병의 제어 가능한 수단을 위한 길을 열었기 때문이다. 로스는 1902년에 그의 공로를 인정받아 노벨 생리학 및 의학상을 받았다. 그의 발견으로 얻어진 지식이 미래에 결국 지구상의 모든 나라에서 말라리아를 근절하는 데 적절하게 응용된다면, 그의 기여는 세계에서 가장 지독한 질병 중의 하나를 제거하는 싸움에서 기념비적 지표로 간주될 것이다.

로널드 로스와 말라리아의 생활사

　고대 그리스인들과 로마인들은 말라리아와 그 특징적인 고열과 오한의 간헐적 돌발에 친숙했다. 로마의 학자 바로(Marcus Terentius Varro, BC 116~27)는 농가를 지으려는 사람에게 그가 말라리아 열(熱)의 근원이라고 믿은 늪지대를 피하라고 꼭 충고했다. 그는 "눈에는 보이지 않지만 거기에 사는 어떤 미세한 동물이 입과 코를 통해 몸에 들어와 병을 야기한다"고 말했다. 말라리아가 '미세한 동물'에 의해 야기된다는 바로의 믿음은 2000년 후에 입증되었다. 로마의 과학자 플리니우스(Gaius Plinius Secundus, 23~79)는 말라리아의 다양한 치료법을 제안하기까지 했는데 그 중 하나가 '초록색 도마뱀이 그것이 꼭 들어갈 만한 용기에 둘러싸여 있는 행운의 부적'을 부치고 다니는 것이었다.

마침내 말라리아가 늪이나 습지에서 나온 나쁜 발산물, 즉 '독기'에 의해 발생한다는 생각이 나타났다. '말라리아'라는 단어는 이탈리아어로 '나쁜 공기'를 뜻한다. 이 나쁜 공기의 정확한 본질은 확실치 않았지만 공기 중으로 올라온 그것을 마시거나 그것에 오염된 음식을 먹으면 말라리아에 걸린다고 생각되었다.

19세기 말 경에는 질병의 세균이론—많은 인간의 감염은 살아 있는 미시적 유기체에 의해 야기된다는 생각—이 널리 공인되고 있었다(12장). 어떤 과학자들은 말라리아도 유사하게 신비한 독기보다는 오히려 미소 유기체에 의해 야기되는 것이라고 믿었다. 결정적인 발견이 1880년에 프랑스의 의사로 알제리에서 프랑스군의 외과의로 근무하고 있던 샤를 라브랑(Charles Laveran, 1845~1922)에 의해 이루어졌다. 라브랑은 말라리아 환자들의 피를 조사하다가 그들의 적혈구 안에서 미소 유기체를 발견했다. 그는 말라리아가 세균에서 기인한다는 생각을 지지하면서 나중에 플라스모디아라고 불리게 된 이 유기체가 말라리아의 원인이라고 믿었는데 그것은 옳았다.

플라스모디아는 생물학적으로 박테리아보다 더 복잡한 **원생동물**이라고 불리는 단세포 유기체의 무리에 속한다. 라브랑의 발견은 사람의 병을 일으키는 원생동물을 발견한 첫 사례였다. 라브랑은 나중에 말라리아와 다른 원생동물 병에 대한 공로로 1907년에 노벨 생리학 및 의학상을 수상했다. 이어서 다른 원생동물들이 인류의 가장 무서운 질병 중 일부, 특히 아프리카의 수면병인 라슈마이어증(症), 아메바 이질, 샤가스씨병 같은 열대성 질병을 일으키는 것이 발견되었다. 이 병들은 오늘날도 여전히 개발도상국들에서 많이 발생하며 헤아릴 수 없는 많은 고통을 사람에게 주고 있다.

라브랑의 발견이 많은 과학자들에게 받아들여졌지만 플라스모디아가 인간에게 어떻게 전달되는지는 아무도 몰랐다. 많은 사람들이 플라스모디아에 오염된 물을 마실 때 말라리아에 걸린다고 믿었다. 영국의 의사 알버트 킹(Albert King, 1841~1914)은 말라리아 전파에 대해 다른 생각을 갖고 있었다. 킹은 1883년에 말라리아가 모기에 물릴 때 사람에게 전달된다고 생각하는 19개의 이유를 진술한 글을 발표했다. 그는 말라리아가 늘이나 습지, 정글 지대에 많고 거기에는 모기가 번성하는 것으로 알려져 있는 것과 말라리아는 특히 모기가 사람의 피를 빨아먹는 밤 사이에 걸리기 쉬운 것으로 알려져 있는 것을 언급했다.

킹의 이론은 스코틀랜드의 의사 패트릭 맨슨(Patrick Manson, 1844~1922)이 또다른 사람의 병으로 기생충에 의해 야기되는 필라리아병(상피병, 象皮病)이 모기에 의해 옮겨지는 것을 밝혀냈기 때문에 더욱 믿을 만했다. 맨슨도 모기가 말라리아성 플라스모디아를 운반한다는 킹의 이론을 믿었다. 하지만 그는 모기는 단지 플라스모디아를 습지와 늘에서 가정의 음료수로 옮기며, 원생동물은 모기가 물 때가 아니라 음료수를 통해 사람의 몸으로 들어온다고 믿었다(로스는 나중에 모기에 의해 오염된 많은 양의 물을 마시고 그것이 그에게 아무 병증을 나타내지 않는 것을 통해 이 이론을 반증했다).

로널드 로스가 말라리아를 깊이 연구한 것은 이때였다. 로스는 1881년에 외과 군의로서 인도 의료 봉사대에 편입되어 같은 해 인도로 떠났다. 그는 1883년에 방갈로르(Bangalore)에 있는 동안에 특히 자주 모기에 물리게 되면서 모기에 관심을 갖게 되었다. 그는 상이한 여러 종의 모기를 연구했고 그들의 외양을 식별해 놓았다. 1894년에 로스는 영국에서 휴가를 보내면서 말라리아가 '나쁜 공기'로 생긴다는 생각에 반론을 제기하는 논문을 썼다. 그 논문으로 그는 1895년에 그 해의 가장 우수한 말라리아에 대한 논문의 저자에게 주는 파크스 기념상(Parkes Memorial Prize)을 받았다. 로스는 명쾌한 과학적 논거를 사용하여 '나쁜 공기'를 폐기시켰다.

영국에 있는 동안 로스는 패트릭 맨슨을 방문했고 두 과학자는 말라리아에 관해 토론했다. 로스는 몇 년 동안 말라리아 환자의 피를 관찰했지만 그들의 적혈구에서 라브랑의 플라스모디아를 한 번도 보지 못했다. 그러나 맨슨은 런던의 한 병원에 있는 말라리아 환자의 피를 채취해 로스에게 현미경을 통해 플라스모디아를 보게 하여 라브랑이 옳음을 그에게 납득시켰다. 로스는 그 병에 걸린 환자들 안에 말라리아 플라스모디아가 존재함에 대해 추호도 의심 없이 떠났다.

맨슨을 방문함으로써 로스는 또한 모기가 말라리아를 전달하는 매개자임을 확신하게 되었다. 그러나 아무도 모기 이론에 대한 직접적인 증거가 없었다. 로스는 말라리아와 모기 사이에 연결이 있다면 플라스모디아가 모기 속에서 검출될 수 있어야 함을 인식했다. 그는 휴대용 현미경을 발명해서 인도로 가져가 플라스모디아가 말라리아에 감염된 환자의 피를 빨아 먹은 모기에서 발견될 수 있음을 밝히는 작업에 몰두했다.

로스가 착수한 작업은 겉보기에 단순해 보였지만 실상은 그가 상상했던 것보다 훨씬 더 어렵다는 것이 드러났다. 처음에 그는 연구할 말라리아 환자를 찾는 데 어려움을 느꼈다. 그리고 나서 그가 혈류 속에 플라스모디아를 가진 환자를 찾아냈을 때는 또다른 문제들에 직면했다. 예를 들면, 어떤 환자들은 그가 피 한 방울을 채취하기 위해 손가락을 찌르자 달아났다. 포획한 모기는 종종 환자를 물기 전에 죽었다. 많은 모기들은 단지 환자를 물려고 하지 않았다. 결국 그는 모기가 환자의 침상과 모기장이 축축할 때 더 잘 문다는 것을 발견했다. 훨씬 더 좋은 방법은 시험관 안에 모기를 넣고 시험관의 열린 끝을 환자의 피부에 대는 것이었다. 1896년 말에 로스는 잡을 수 있는 한 다양한 종의 모기를 잡아 키웠고, 혈 세포에 플라스모디아가 있는 수백 명의 환자들을 보았다. 그러나 그는 모기가 환자를 물게 하는 데는 성공했지만 환자를 문 모기 중 플라스모디아가 있는 모기는 하나도 보지 못했다.

로스가 말라리아를 연구하는 것이 종종 군대에 있는 상급 장교들에게는 성가신 일이었다. 그들은 종종 그의 말라리아에 대한 주의를 딴 데로 돌려놓을 임무를 맡기거나 그가 말라리아에 대한 연구를 쉽게 할 수 없는 지역에 배치시킴으로써 그의 연구를 방해했다. 그들은 그의 말라리아 연구가 얼마나 중요한지 거의 깨닫지 못했다. 1896년 말 경에 로스는 말라리아 연구를 방해받지 않고 계속하기 위해 두 달간 부대에서 떠나기로 결심했다. 그는 즐거운 휴가를 떠나는 대신에 말라리아 환자와 모기에 대한 연구를 계속하기 위해, 말라리아가 매우 많이 발생하는 인도의 한 지역으로 갔다. 그러나 거기서도 그는 스스로가 말라리아에 걸리면서도 모기 안에 플라스모디아를 발견하는 데 실패했다.

콜레라의 발병으로 거의 죽을 뻔한 로스는 인도에 있는 부대로 돌아갔고 모기 안에서 플라스모디아를 찾으려는 연구를 계속했다. 그는 그가 환자를 물게 한 모기를 조사하기 위해 조수를 배치했다. 그리고 나서 이 모기들을 현미경 아래에서 해부하였고 플라스모디아가 있는지 조사하였다. 그 과정은 모기 한 마리 당 수시간이 걸렸고 수천 마리의 모기들이 연구되었다. 거의 성공이 없었지만 로스는 여전히 플라스모디아가 모기를 통해 전달된다고 확신했다. 대부분은 그때쯤이면 찾기를 포기했을 것이지만 로스는 달랐다. 그는 말라리아 모기 전달의 진실성에 대해 아주 확신했다. 그는 맨슨에게 "그 놈들이 거기 있습니다. 꼭 찾아내야 합니다. 그것은 노역의 문제일 뿐입니다"라고 적어 보냈다.

1897년 8월 16일, 로스의 조수는 로스가 그때까지 별로 보지 못한 아노펠레스 모기 12마리를 그에게 가져왔다. 그 당시에 로스는 곤충학에서 훈련을 받지 않았기에 이 모기들이 어떤 종에 속하는지 몰랐으므로 그것들을 그냥 '점박이'라고 불렀다. 그는 그것들이 말라리아 환자를 물게 했고, 있을지도 모를 플라스모디아가 그 모기들 속에서 정착하도록 며칠을 방치했다. 그러나 8월 20일까지 겨우 세 마리의 모기만이 살아 남았고 나머지는 죽었다. 남은 세 마리 중 하나도 죽었고 로스가 현미경으로 그것을 조사했을 때 거기서 플라스모디아를 전혀 볼 수 없었다. 그는 남은 두 마리 중 하나를 해부해서 샅샅이 조사했지만 그것에도 플라스모디아는 없었다.

이때쯤 해서 로스는 지쳤고 자신의 이론을 의심하기 시작했다. 그는 마지막 모기를 해부해서 조사할 가치가 있는지도 의심했다. 그는 계속하기로 결심하고 마지막 모기를 현미경 슬라이드에 올려놓고 해부하여 반 시간 동안 플라스모디아를 찾았지만 허사였다. 그리고 나서 그는 모기의 위장 속의 내용물에 현미경의 초점을 맞추었다. 신나게도 그는 하나만을 본 것이 아니었다. 그가 말라리아 환자에게서 그렇게 자주 보았던 플라스모디아를 닮은 몇 개의 염색된 세포들을 보았던 것이다. 그의 인내와 정진은 위대한 발견, 즉 모기의 위장 속에 말라리아 플라스모디아가 존재한다는 발견으로 보상받았다.

로스는 주의 깊고 객관적인 과학자로서 모기의 위 속의 염색된 세포가 단지 플라스모디아를 닮은 모기의 다른 기생충이 아니라 실제로 말라리아 유기체임을 의심할 여지없이 증명해야 한다는 것을 알고 있었지만 그는 그의 발견의 중요성을 인식했다. 플라스모디아에 감염된 모기가 비감염된 사람이나 동물을 물었을 때 말라리아를 야기할 수 있음을 입증하는 것이 특히 중요했다.

로널드 로스는 단순한 의사나 과학자가 아니었다. 그는 시와 소설, 수학에 관한 글을 썼고 실내악도 작곡했다. 모기의 위에서 플라스모디아를 발견한 직후 그는 자신의 발견을 묘사하는 시를 썼다.

> 오늘 너그러우신 하나님께서
> 나의 손 안에
> 놀라운 것을 놓으셨도다.
> 하나님은 찬송을 받으시리로다.
> 그의 명령에,
>
> 눈물과 거친 숨결 속에서
> 그의 비밀한 행사를 찾던 나는
> 너의 교활한 씨를 찾아내도다
> 오, 수백만을 죽인 사망이여.
>
> 나는 아노라, 이 작은 것이
> 수많은 사람들을 구원할 것을.
> 사망아, 너의 쏘는 것이 어디 있느냐?
> 음부야, 너의 이기는 것이 어디 있느냐?

아노펠레스 모기 안에서 말라리아 플라스모디아로 보이는 것을 발견한 것은 말라리아 전파를 이해하는 열쇠였다. 이제 로스는 그렇게 오랫동안 환자를 문 모기 안에서 플라스모디아를 발견하는 데 그가 왜 실패했는지를 깨달았다. 그는 틀린 모기의 종을 사용해 왔던 것이다. 이제 그는 진정한 플라스모디아의 운반자인 아노펠레스 모기에 집중할 수 있었다. 얼마 안 되어 그는 다시 이 모기들의 위에서 플라스모디아를 발견했고, 이것은 그가 실제로 모기와 인간의 말라리아 사이의 연결 고리를 발견했다는 자신의 견해를 강화시켰다.

로스는 그의 위대한 발견을 필연적인 결론, 즉 플라스모디아에 감염된 모기가 사람을 물 때 말라리아를 야기한다는 것을 입증하는 데 사용할 준비가 되어 있었다. 바로 그 때인 1897년 9월에 그의 연구는 관료조직과 그의 상관의 방해로 중단되었다. 그는 전선으로 가서 활동적인 복무에 임하도록 명령을 받았다. 그의 항의에도 불구하고 그는 말라리아 연구를 중단해야 했다. 병사들은 무서운 말라리아의 본성을 충분히 알고 있었지만, 그의 연구의 중요성은 군 당국에 의해 전혀 인정받지 못했다. 그러나 맨슨과 다른 과학자들이 군 당국에 강력하게 항의했고, 3개월 후 로스는 특별 임무를 위해 캘커타에서 6개월을 보내도록 허락받았다. 거기서 그는 중요한 연구를 완료할 수 있었다.

캘커타에서 로스는 필요한 많은 혈액 표본을 공급해 줄 말라리아 환자를 찾기가 힘들었지만 텃새(특히 참새)들이 말라리아로 고통받는다는, 매우 중요한 사실을 관찰했다. 이것은 말라리아 전달을 연구하기 위한 훌륭한 모델 체계를 그에게 제공했다. 몇 달 안에 그는 새 안에서 플라스모디아의 생활사 전체를 추적했다. 말라리아에 감염된 새들은 말라리아를 모기에게 옮겼고 플라스모디아에 감염된 모기는 말라리아를 새에게 옮겼다. 그는 플라스모디아가 모기의 위에서 침샘으로 전이되고 다시 모기가 물면서 피를 먹을 때 모기의 타액에서 새에게로 전이되는 것을 입증했다. 새 말라리아를 전달하는 모기는 사람의 말라리아를 전달하는 모기와는 종이 다르며 새의 말라리아가 사람에게 전달될 수는 없지만 사람의 말라리아와 새의 말라리아의 생활사는 매우 유사하다.

1898년 4월에 로스는 맨슨에게 "모기 이론이 절대적으로 증명되어야 한다고 생각합니다"라고 다시 썼다. 곧바로 일단의 이탈리아 과학자들은 모기들이 새 말라리아를 야기하는 방식 그대로 인간을 물어서 플라스모디아를 전달하는 것을 밝혀냄으로써 로스의 발견을 확장시켰다.

사람 안에 있는 말라리아 플라스모디아의 생활사(그림 21)는 로스의 시대 이후에 다소 정교화되었지만 그의 관찰 결과들과 그것들에 대한 그의 과학적 해석은 오늘날까지 바뀌지 않았다. 그 생활사에 대한 지식은 지구상에서 말라리아를 제거하려는 연구와 공공보건계획에 방향을 제시했다. 오늘날의 연구 계획들은 말라리아의 백신을 개발하려는 데 시각을 고정하고 있다. 그러한 백신은 하나 또는 그 이상의 지점에서 생활사를 저지하고 플라스모디아가 사람에서 모기로 그리고 다시 모기에서 사람으로 계속 전달되는 것을 막을 것이다. 말라리아를 치료하는 데 효과적인 약제들이

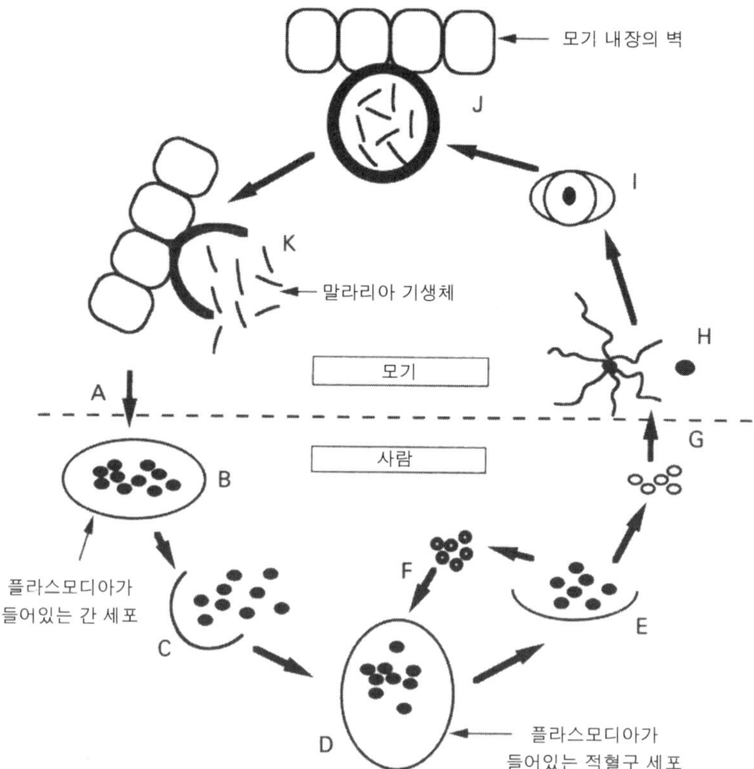

그림 21 ▶ 말라리아 플라스모디아의 생활사. 그림의 상반부는 모기 내에서 기생체의 전개 과정을 나타낸다. 하반부는 사람 내에서의 전개 과정을 나타낸다. 플라스모디아는 모기가 무는 동안 사람의 핏속으로 주입된다(A). 이것들은 간에 도달하고 간 세포에 침입하고 나뉘어 발전한다(B). 결국 적혈구에 침투할 형태로 풀려나온다(C). 플라스모디아는 적혈구 세포 안에서 분할되고(D), 결국 풀려나온다(E). 이 단계에서 플라스모디아는 적혈구 세포로 다시 침투하거나(F), 모기가 물 때, 모기 속으로 들어간다(G). 모기 안에서 플라스모디아는 암수 플라스모디아가 관여하는 성 관계를 경험한다(H,I). 그리고 모기의 내장 벽을 뚫고 들어가 거기서 사람에게 전염성이 있는 형태가 형성된다(J). 이것이 모기의 내장 벽에서 터져나와(K) 침샘으로 이동한다. 그것들은 모기가 사람을 물 때 모기 타액에서 사람에게로 다시 들어간다.

나와 있다. 그러나 플라스모디아의 어떤 계통들이 저항력을 갖게 되어 이 약제에 의해 완전히 퇴치되지 않는다는 것이 주요한 문제로 존재한다.

불행히도 로스의 노력에도 불구하고 여전히 말라리아는 큰 문제로 남아 있다. 로스는 플라스모디아의 생활사에 대한 지식이 말라리아 발생을 줄이는 데 이용되리라고 믿고, 모기를 죽이고 환자들에게 항(抗)말라리아 약제인 키니네를 주는 것을 목적으로 하는 공공보건계획을 제안했다. 그러나 영국 당국은 대영제국 안의 여러 국가들에서 말라리아 발생을 줄임으로써 얻어지는 엄청난 인명적 및 산업적 이익이 있음에도 불구하고 그의 말에 귀기울이지 않았다. 미국에서의 반응이 더 빨랐다. 1904년에 로스는 미국 공공보건 당국으로부터 건설중인 파나마 운하를 방문해 달라는 요청을 받았고, 그가 제안한 말라리아 억제 조치를 사용함으로써 그 질병이 그 지역에서 퇴치되었다. 파나마 운하의 건물들은 또한 모기가 옮기는 또다른 병인 황열병에서 해방되었다.

노벨상에 이어 로스는 그의 공로로 기사 작위를 받았다. 로스의 연구는 세계 도처에서 말라리아의 종식을 알리는 신호탄이었다. 그러나 말라리아의 발생률은 여전히 개발도상국에서 높다. 로스는 말라리아 퇴치에 대한 생각이 여러 곳에서 충분히 진지하게 받아들여지지 않는 것에 크게 실망했다. 그 병이 그의 위대한 발견 이후 거의 1세기가 지난 지금도 여전히 창궐하고 있는 것을 그가 알게 된다면 그는 아연실색할 것이다. 말라리아를 제거하기 위해 영웅적 노력이 있었지만 훨씬 더 많은 일들이 필요하다.

최초로 아노펠레스 모기의 위 속에서 플라스모디아를 발견한 지 20년이 지난 1917년에 로스는 또 하나의 시를 썼다.

> 20년 전
> 우리가 그것을 발견한 이 날,
> 과학과 기술로써
> 우리는 발견했도다.
> 그리고 나서 쏘는 것이 왔도다.
> 끊임없는 노력 끝에 우리가 얻은 것을
> 미련한 세상이 조롱했도다,
> 오늘 한 마디 말할 가치도
> 기억할 가치도 없는 그런 조롱을.

21세기로 접근하면서 우리는 과학적 연구와 공중 보건 조치 그리고 세계의 정부들이, 말라리아를 천연두처럼 과거의 질병이 되게 하려는 열망을 가지고 로널드 로스 경의 연구를 이용하게 되기를 희망할 따름이다.

14
순수 연구에서 나온 페니실린

미소 유기체가 어떤 질병을 야기한다는 생각은 20세기 초에 널리 받아들여졌고 많은 과학자들은 미생물은 죽이지만 인간에게는 해롭지 않은 화학물질을 사용하여 이 질병들을 치료할 수 있는 가능성을 고려하고 있었다. 다양한 질병을 예방하기 위한 백신과 더불어 이러한 화학요법제는 전염병과 싸우는 강력한 도구를 제공할 수 있을 것으로 생각되었다.

사람의 세균성 감염을 치료하는 데 정규적으로 사용된 최초의 약제는 독일의 위대한 과학자 파울 에를리히(Paul Ehrlich, 1854~1915)에 의해 발견된 살바르산으로 화합물 606(compound 606)이라고 불리기도 했다. 에를리히는 화학요법의 주창자라고 인정받을 만하다. 그는 원래 어떤 염료를 가지고 작업을 하다가 그 염료가 세균 세포는 염색시키지만 사람의 세포는 염색시키지 않는 성질을 가짐을 밝혀냈다. 그는 어떤 염료가 박테리아는 물들이고 사람세포는 물들이지 않는다면, 박테리아만 죽이고 숙주인 사람에게는 해를 끼치지 않는 선택적인 화학약제를 개발하는 것이 가능하지 않을까 생각했다. 그의 생각은 인체 안에서 침범한 미생물을 찾아내어 죽이는 일종의 화학적 '마술탄환'을 만드는 것이 가능하리라는 것이었다.

1905년에 에를리히는 수천 종의 화학적 화합물을 다양한 병에 대한 효과에 따라 선별하는 연구 프로그램을 착수했다. 비소를 함유한 화학물질인 살바르산은 특히 매독을 치료하는 데 효과적이었고, 곧 매독 치료에 널리 사용되었다. 원생생물에 의해 야기되는 수면병(睡眠病)과 다른 열대성 질병들을 치료하는 데 사용되는 오늘날의 많은 약제들은 에를리히의 연구에서 비롯되었다. 실제로 원생생물성 질병에 대한 약제들은 대부분의 세균성 질병을 치료하는 약제가 만들어지기 전에 사용되고 있었다. 역설적으로 오늘날의 원생생물성 질병들은 개발도상국에서 수억의 사람들에게 끔찍하고 대량적인 피해를 야기함에도 제약산업에서 상당히 무시받고 있다.

살바르산은 여러 해 동안 세균성 질병에 사용될 수 있었던 유일한 실제 '마술탄환'이었다. 그리고 나서 1930년대에 독일의 생화학자 게르하르트 도마크(Gerhard Domagk, 1895~1964)는 생쥐의 박테리아 감염에 대한 약제로서 새로 만들어낸 일련의 염료를 시험함으로써 에를리히의 화학요법의 원리를 전염병에 적용했다. 도마크는 프론토질이라 불리는 염료가 아주 효과적인 항박테리아성 물질임을 발견했다. 이것은 중요한 대발견이었다. 왜냐하면 프론토질이 성홍열 같은 중요한 사람의 전염병에서 발견되는 연쇄구균이라 불리는 종류의 박테리아를 공격할 수 있었기 때문이었다.

재미있게도 프론토질은 동물체 밖의 박테리아에는 효과가 없다. 그 약제는 시험관 속의 격리된 박테리아는 죽이지 않는다. 그러므로 도마크가 전염된 생쥐에게 그 테스트를 실행하지 않았다면, 그는 프론토질을 결코 발견하지 못했을 것이다. 그 이유는 프론토질이 생체 내에서 다른 물질로 전환되고 박테리아를 공격하는 것은 이 물질이기 때문이다. 프론토질은 최초의 설파제였고 다른 비슷한 약제들이 뒤이어서 도마크의 발견의 결과로 더 많이 만들어졌다. 몇 가지는 아직도 어떤 박테리아성 감염에 매우 유용하다. 프론토질의 발견은 실제로 화학약품이 매우 다양한 박테리아성 감염에 사용될 수 있음을 입증했고, 항생제로서 페니실린이 계속하여 응용되는 데 강한 영향을 미쳤다.

설파제는 다양하게 응용되었지만 역시 단점이 있었다. 그것들은 종종 바람직하지 못한 부작용을 냈고 이 약제에 영향을 받지 않는 많은 병인성 박테리아가 여전히 존재했다. 세상에 알려지지 않았지만 박테리아성 질병 치료에 사용가능한 가장 중요한 화학요법제가 벌써 1928년, 설파제가 사용되기 훨씬 전에 발견되어 있었다. 이 잊혀진 약제는 페니실린이었고, 치료약으로서의 그 중요성은 1940년까지 인정받지 못했다. 페니실린의 발견은 정말 주목할 만한 것으로서 과학사에서 세렌디프 발견의 가장 특이한 예 중 하나이다.

페니실린은 스코틀랜드의 세균학자인 알렉산더 플레밍(Alexander Fleming, 1881~1955)에 의해 발견되었다. 그러나 12년 후에 플레밍의 페니실린을 부활시켜 이전에 전혀 본 적도 없는 강력하고 만능인 항박테리아성 약제를 세상에 선사한 사람들은 오스트레일리아의 병리학자 하워드 플로리(Howard Florey, 1898~1968), 독일의 생리학자 에른스트 체인(Ernst Chain, 1906~1979)과 옥스퍼드 대학에 있는 그들의 동료들이었다.

플레밍의 발견 전에도 수많은 과학자들이 페니실린을 만난 강력한 증거들이 있다. 예를 들면, 1871년에 파스퇴르의 미생물에 대한 연구에 대해 듣고서 살균 수술법을 개발한 조저프 리스터는 박테리아 배양액 중 하나가 우연히 푸른곰팡이로 오염되었을 때 성장하지 않은 것을 알게 되었다. 리스터는 소독제로서의 용도를 평가하기 위해 그 곰팡이로 몇 가지 실험을 수행했지만 그 결과는 그리 성공적이지 않았다. 그러나 1884년에 이루어진 병원기록은 그가 환자 중 하나의 종양을 치료하는 데 푸른곰팡이를 성공적으로 사용했음을 나타낸다. 그럼에도 불구하고 리스터는 그 곰팡이에 대한 연구를 더이상 진행시키지 않은 것 같다. 그래서 진짜 페니실린의 역사는 알렉산더 플레밍과 함께 시작되는 것이다.

플레밍과 페니실린

알렉산더 플레밍은 1881년에 스코틀랜드에서 농부의 아들로 태어났다. 그가 16살이었을 때, 그는 선박회사에 사무원으로 일했다. 그러나 그의 형은 더 지적인 요구가 있는 직업이 그에게 적합하다고 믿었다. 한 친척

이 죽자 알렉산더는 유언에 따라 약간의 돈을 상속받았고, 그는 이것을 의료직을 얻기 위해 사용했다. 그는 런던으로 가서 개인 교습에 의해 필요한 자격을 얻었고, 런던의 성 마리아 병원에서 의학을 연구하는 자리를 얻었다.

플레밍은 예방접종과(科)에서 일했는데 그 과의 과장인 암로스 라이트(Almroth Wright, 1861~1946)는 백신과 면역체계의 연구에 관심이 있었다. 몇 년 동안 플레밍은 연구원으로서 일했고 동시에 그는 의료 활동을 했다. 그러나 1차대전 후에 그는 전적으로 연구에만 집중했다. 그는 대화를 다소 어려워하는 내성적인 사람으로 평판이 나 있었지만 그럼에도 매우 존경을 받았고, 세밀한 것에 예리한 안목을 가진 것으로 알려져 있었다.

1922년에 플레밍은 박테리아를 파괴하는 단백질인 리소짐(lysozyme)을 발견했다. 그는 갑작스런 감기에 걸려 있었고 박테리아 배양 접시에 있는 배지(培地)의 표면에 그만 콧물을 떨어뜨리고 말았다. 며칠 후 그는 콧물 주변 지역에서는 박테리아가 자라지 않는데 거기서 조금 떨어진 곳에서는 자라는 것을 발견했다. 그 점액이 박테리아를 용해시키는 물질을 함유한 것 같았다. 플레밍은 이 물질을 리소짐이라고 불렀고, 그는 그것이 눈물, 타액, 점액, 달걀 흰자위 그리고 식물들을 포함하는 다양한 살아 있는 유기체와 체액 속에 존재하는 증거들을 얻어냈다. 그러나 리소짐은 해가 없는 많은 박테리아 종들은 죽일 수 있었지만 인간의 질병을 야기하는 대부분의 박테리아는 죽이지 않았다. 리소짐은 결국 널리 연구된 단백질이 되었고, 생화학 연구에서 모델 효소(화학작용을 촉매하는 단백질)로 사용되었다.

리소짐의 발견은 플레밍이 나중에 페니실린을 발견한 것과 매우 유사했고, 페니실린의 발견은 플레밍이 리소짐을 발견한 경험에 의해 다소 더 쉬워진 것 같다.

1928년에 플레밍은 성 마리아 병원의 세균학 교수가 되었다. 그의 주된 연구 주제는 포도상구균이라 불리는 박테리아류에 대한 연구를 포함했다. 포도상구균은 종기, 패혈성 반점과 몇 종류의 폐렴 같은 질병들을 야기했다. 플레밍은 배양 접시에 담은 고체 영양 젤리의 표면에서 병원 환자의 종기에서 빼낸 포도상구균을 배양했다. 그는 이 박테리아를 연구했고 그것들의 번식으로 형성된 다양한 색깔의 집락(集落, colony)을 발견했다. 플레밍은 부지런하고 양심적인 연구자였다. 그의 실험실은 매우 작아서 겨우 3.6m×3m밖에 안 되었고 결과적으로 몹시 흐트러져 있었다.

플레밍의 페니실린 발견을 둘러싼 사건들은 주로 그 발견의 중요성이 그 당시에는 인정되지 않았기 때문에 전체적으로 명쾌하지는 않다. 나중에 페니실린이 주요한 항균제가 되었을 때, 플레밍과 함께 일한 과학자들은 일어난 정확한 사건을 회상하려고 노력했으나 이런 설명들 중 몇 가지는 변형되었고, 우리는 상세한 부분을 정확히 알지 못할 것이다. 그러나 다음 이야기는 아마도 사실에 가까울 것이다.

1928년 여름에 플레밍은 휴가를 갔지만 떠나기 전에 그는 박테리아 배양 접시를 한 군데 모았고, 휴가에서 돌아와 조사하기 위해 실험실 벤치의 끝에 그것들을 쌓아 놓았다.

1928년 9월, 여름 휴가 후에 플레밍은 그가 휴가 기간 동안 방치했던 배양접시를 쌓아 놓은 것을 자세히 살펴보기로 결심했다. 그는 항상 모든 접시를 주의깊게 조사했고 그것들로부터 최대한의 정보를 수집했다. 모든 접시 위의 박테리아의 집락은 약간의 정보를 제공해 주었다. 그는 벤치에 그 접시들을 남겨 놓고 나머지 작업을 수행했다. 나중에 한 동료가 그를 보러 왔을 때, 플레밍은 그가 전에 조사한 많은 접시를 가리켰고, 그 동료에게 접시들 위의 다양한 박테리아의 집락을 보여주기 시작했다.

플레밍이 뭔가 이상하고 재미있는 것을 그의 접시 중의 하나에서 알아차린 것은 그때였다. 많은 포도상구균의 집락이 있는 배양 젤리의 표면 여기저기에 점이 생겼고, 솜털 같은 곰팡이의 덩어리가 그것의 한 쪽 끝에 생겼다. 그러나 더 흥미롭게도 그 곰팡이 바로 주변 지역은 거의 박테리아의 집락이 없었고, 집락들에 있던 포도상구균은 죽어 가고 있거나 죽은 것처럼 투명해 보였다. 그 곰팡이에서 멀리 떨어진 곳에 있는 박테리아들은 완전히 생기있어 보였다. 이 역사적인 접시는 아마도 폐기 처분 직전이었던 것 같다. 어떤 사람들은 그것이 폐기되고 있던 접시 더미 꼭대기 근처, 표백제 쟁반에 있었으리라고 생각했다. 그것이 그 더미의 좀더 아래 쪽에 있었다면 그것은 당연히 영원히 폐기되었으리라.

이 발견은 이전에 플레밍이 떨어뜨린 콧물 주위에 아무런 박테리아 집락이 생기지 않은 깨끗한 지역을 목격하고 리소짐을 발견했을 때를 생각나게 해주었다. 여기서 곰팡이는 콧물 속의 리소짐과 유사한 역할을 하고 있는 것 같았다. 플레밍은 즉시 그 상황을 인식했고 처음에 그는 곰팡이에 의해 생긴 어떤 종류의 리소짐을 발견했음에 틀림없다고 생각했다. 그는 그 배양 접시를 사진 찍고 그것을 그 과의 다른 과학자들에게 보여 주었으나 그들의 관심은 일반적으로 냉랭했다. 그는 그 접시를 보관했고 그것을 여러 해 갖고 있었다. 그것은 지금 런던의 대영 박물관에 있다.

플레밍은 연구할 만한 재미있는 현상이 있음을 깨닫고, 그 곰팡이의 일부를 제거해 영양액의 플라스크에 옮긴 다음 대량으로 배양했다. 그는 곰팡이가 자란 액을 조금 취해 그것이 원래 접시에서 박테리아의 성장을 막을 수 있었듯이 배양 접시에서 포도상구균의 성장을 막을 수 있음을 발견했다. 분명히 그 곰팡이는 포도상구균에 해로운 물질을 숨기고 있었다. 플레밍은 그 곰팡이에 대한 다른 박테리아의 민감성을 조사했을 때, 그는 어떤 박테리아는 영향을 받는 반면에 다른 종류의 박테리아들의 성장은 방해를 받지 않음을 발견했다. 그러나 리소짐과는 달리 그 곰팡이 액은 인간의 질병을 야기하는 많은 종류의 박테리아를 공격할 수 있는 것 같았다. 플레밍은 그 곰팡이에 의해 생산된 물질이 리소짐의 한 종류가 아님을 깨달았다.

다음 몇 달에 걸쳐 플레밍은 그가 '페니실린'이라고 명명한 곰팡이 액에 있는 항박테리아성 물질을 연구하면서 신이 났다. 페니실린이란 이름은 그것을 생산하는 곰팡이가 푸른곰팡이(penicillium)의 일종으로 확인되었기 때문이다. 그는 또한 8종의 푸른 곰팡이를 포함하여 13종의 곰팡이의 페니실린 생산여부를 조사했는데, 단지 한 종류, 즉 페니실린이 발견된 원래의 곰팡이 종류만이 페니실린을 생산했다. 이것은 플레밍의 발견이 얼마나 운이 좋았는지 보여준다. 페니실린을 만들어 내는 곰팡이는 박테리아 배양 접시에서 오염물로 드물게 발견된다.

그는 페니실린의 성질에 대한 기초적 연구를 수행했고 그것이 꽤 강력함을 발견했다. 800배로 희석한 곰팡이 액이 여전히 박테리아를 공격할 수 있었다. 페니실린은 사람의 백혈구에는 아무 영향을 끼치지 않았고, 플레밍이 그 물질의 다량을 토끼와 생쥐에게 주사했을 때 독성을 발현하지 않았다. 페니실린은 병인성 박테리아에는 아주 해롭지만 동물이나 사람의 백혈구에는 무해한 것 같았다. 플레밍은 페니실린이 리스터의 석탄산처럼 피부나 상처에 사용될 수 있는 유용한 살균제라고 믿었다. 그것은 사람의 백혈구를 죽이지 않으므로 석탄산보다 안전한 것 같았다.

플레밍의 연구팀의 구성원 중 하나는 실제로 푸른곰팡이의 일부를 먹었지만 아무 문제가 없었고, 그는 또한 그의 코 속의 감염을 자극하는 데 페니실린을 함유한 곰팡이 액을 사용하였다. 감염은 깨끗해지지 않았으나 페니실린은 해가 없었다. 플레밍의 또다른 동료는 감염된 눈을 그 곰팡이 액으로 씻었고 이번에는 치유되었다. 플레밍도 성 마리아 병원의 몇몇 환자의 상처에 석탄산 대신에 페니실린을 살균제로 사용했다. 결과는 어떤 경우는 좋았고 일반적으로는 대단하지 않았다. 플레밍은 적어도 곰팡이 액에서 존재하는 것보다 더 많은 양이 더 순수한 상태로 얻어지기까지는 페니실린을 대체 살균제로 사용하려는 생각을 포기했다.

플레밍의 동료 중 두 명이 불순물 없이 다량으로 페니실린을 얻기 위해 곰팡이 액에 있는 다른 성분으로부터 페니실린을 분리해내려는 시도를 했다. 불행하게도 페니실린은 불안정한 것 같았고 과학자들은 그것을 정제하는데 큰 어려움을 느꼈다. 그들은 결국 포기했고 플레밍의 실험실에서는 페니실린을 정제하려는 노력은 더이상 이루어지지 않았다. 1934년에 플레밍의 다른 동료가 다시 시도했으나 별로 성공적이지 못했다. 1932년에 런던 위생 및 열대의학교에 있는 다른 과학자도 플레밍이 공급해 준 푸른곰팡이가 있는 배양액에서 페니실린을 정제하려고 노력했으나 그 시도는 다시 실패했다. 페니실린은 너무 불안정해서 곰팡이 액에서 적당한 양을 얻을 수 없었다.

플레밍은 계속하여 그의 배양액에서 원치 않는 박테리아를 제거하기 위해 페니실린을 사용했다. 만약 어떤 종류의 박테리아가 페니실린에 민감하지 않다 하더라도 곰팡이 액을 그 배양액에 첨가함으로써 페니실린에 민감한 모든 오염성 박테리아들을 배양액에서 배제할 수 있을 것이라고 여겼던 것이다. 그는 그의 발견에 대한 보고서들을 발표했었지만 대부분의 과학자들은 그 발견을 대단치 않게 여겼고 원치 않는 박테리아를 배양액에서 제거하는 것 외에 그 연구를 시도하는 실험실도 거의 없었다. 아마도 무엇보다도 특이한 것은 플레밍이 박테리아에 감염된 동물들이 치료되는 지 알아보기 위해 페니실린을 사용하는 실험을 수행하지 않았다는 점이다. 그는 페니실린이 독성이 없다는 것을 알고 있었고 병인성 박테리아를 죽인다는 것을 알고 있었지만 결정적인 실험은 전혀 수행하지 않았다. 그 이유 중의 하나는 페니실린의 다른 특성, 즉 그것의 불안정성과 그의 실험에서 박테리아를 죽이는 데 더딘 점이 그것을 화학요법제로 사용할 수 있으리란 생각을 저지했던 것으로 보인다. 또다른 가능성은 그가 일하고 있는 과(科)가 약제보다 백신을 가지고 질병과 싸우는 데 더 관심이 많았기에 약제로서 페니실린에 대한 흥미의 정도는 미미했기 때문일 수도 있다.

이유야 어떻든 간에 세상은 페니실린이 발견된 이후, 그것이 경이로운 약제로 사용되기까지 10년 이상을 기다려야 했다. 플레밍은 신기한 실험 항박테리아제인 페니실린을 발견하는 데 결정적이고 우연한 진보를 이루어 냈고, 페니실린의 성질에 대한 그의 연구와 다른 이들의 연구는 20세기의 위대한 항생제 페니실린의 '재발견'을 위한 길을 닦았다. 페니실린의 잠재력이 결국 인식된 것은 2차대전 초에 옥스퍼드 대학의 하워드 플로리 교수가 이끄는 실험실에서였다.

옥스퍼드와 페니실린의 잠재력의 인식

플로리는 1935년에 옥스퍼드에 있는 윌리엄 던 경 병리학교의 병리학 교수가 되었다. 그의 연구의 관심은 특히 리소짐에 집중되었다. 그는 플레밍이 리소짐을 발견한 몇 년 뒤인 1928년에 그것에 대한 연구를 시작했다. 실제로 플로리는 플레밍과 리소짐에 관한 한 특정한 연구에서 함께 일했다. 그는 리소짐의 생화학적 특성 연구를 계속하기 원했고 그와 합류할 적당한 연구 생화학자를 찾기 시작했다. 결국 이 역할로 그가 고용한 사람은 몇 년 전 베를린에서 영국으로 온 명석한 생화학자인 에른스트 체인이었다. 체인은 유태인이었고 독일에서 히틀러의 유태인 핍박을 피해 왔다.

체인은 얼마 동안 옥스퍼드에서 리소짐을 연구했다. 그러나 결국 그와 플로리는 다른 항박테리아성 제제로 연구를 확장하기로 했다. 1938년에 체인은 균류 같은 다른 미소 유기체에 의해 생산되는 항박테리아성 물질에 관하여 출판된 논문들을 찾기 시작했다. 그가 발견한 논문 중 하나가 1929년에 알렉산더 플레밍이 발표한 페니실린의 발견과 성질에 관한 것이었다. 체인은 즉시 이 논문에 흥미를 느꼈고 처음에는 플레밍 자신이 그랬듯이 페니실린이 리소짐과 유사하다고 생각했다.

페니실린은 플로리와 체인이 연구할 몇 가지 항박테리아성 물질 중 하나로 선택되었다. 같은 시기에 윌리엄 던 경 병리학교에 또다른 연구자가 전에 플레밍에게서 푸른곰팡이를 약간 얻어 두었고 그것을 플레밍과 같은 방식으로, 즉 배양액에서 원치 않는 박테리아를 제거하기 위해 사용하고 있었다. 체인은 그 곰팡이 약간을 얻었고 그것을 정제하여 항박테리아성 물질로서의 역할을 조사하려는 생각으로 페니실린을 연구하기 시작했고, 그의 동료 중 하나인 노먼 히틀리(Norman Heatley, 1911~)는 그 프로젝트가 잘 시작되는 데 주된 역할을 했다.

나중에 플로리와 체인은 둘 다 페니실린에 대한 연구 뒤에 있었던 그들의 동기는 순수하게 과학적 토대 위에서 그것을 이해하는 것이었지, 그것이 유용한 약제일 가능성에 특별한 관심을 가진 것이 아니었다고 말했다. 플로리는 "사람들은 종종 나와 다른 이들이 고통받는 인류에 관심이 있었기 때문에 페니실린을 연구했다고 생각한다. 나는 고통받는 인류에 대한 생각이 우리에게 스쳐 지나간 적이 없었다고 생각한다. 이것은 흥미있는 과학적 실행이었다"라고 말했다. 체인도 동의했다. "나에게 동기를 부여한 유일한 요인은 과학적 과제였다. 페니실린이 의학적 실용성을 가질 수 있다는 생각은 그 연구를 우리가 시작했을 때 우리에게 들지 않았다." 그럼에도 불구하고 플로리, 체인 그리고 그들의 동료들이 페니실린의 놀라운 특성에 대해 더 많은 것을 발견하게 되자 그들이 경이로운 약제에 대해 연구하고 있음이 확실해졌고, 그들의 생각이 결국 고통받는 인류에까지 미치게 되었다.

페니실린은 체인에게 자극적인 도전이 되었다. 그는 생화학자로서 그것을 정제하려는 시도에 열심이었다. 체인은 특히 효소 단백질에 흥미가 있었고 처음에 그는 페니실린이 효소라고 생각했다. 그러나 페니실린은 단백질보다 훨씬 더 작은 것이 판명되었고 그것은 체인에게 실망을 안겨 주었다. 일이 진척됨에 따라 플로리는 페니실린 연구에 총력을 기울이기로 결심했다. 플로리는 영국의 재단들이 그의 보조금 청구를 기각하거나 그의 연구를 위해 적은 액수의 돈을 줄까봐 다소 근심이 되었다. 그래서 그는 미국의 록펠러 재단에 상당한 자금을 요청했고 결과는 성공적이었다. 록펠러 재단은 플로리와 체인의 페니실린 연구를 위한 초기 연구 자금의 대부분을 제공했다.

1940년까지 플로리, 체인 그리고 히틀리와 그들의 동료들은 페니실린 연구에 엄청난 진보를 이루었다. 그들은 항박테리아 물질로서 페니실린의 효력을 측정하기 위한 개선된 방법을 가지고 있었다. 그들은 곰팡이가 침대처럼 생긴 낮은 배양 용기에서 자랄 때 더 많은 양의 페니실린이 얻어질 수 있음을 발견했다. 그리고 그들은 증가된 순도의 페니실린 조합제를 갖게 되었다. 실제로 체인은 이전에 사용 가능했던 것보다 훨씬 더 강력한 페니실린 조합제를 소량 가지고 있었다. 100만분의 1로 희석한 체인의 페니실린은 여전히 박테리아를 죽였다. 그것은 근본적으로 인간의 감염을 치료하기 위해 그 당시에 사용되고 있던 어떤 설파제보다 더 강력했다.

체인은 한 동료에게 두 마리의 생쥐에 그의 페니실린 조합제를 주사하게 했다. 이를 통해 이것이 생쥐에게 해롭지 않음이 밝혀졌다. 이것은 12년 전 플레밍에 의해 얻어진 결과를 확증한 것이다. 플로리는 페니실린이 생체에 들어갔을 때 페니실린에 무슨 일이 생기는지 알아보려고 동물을 가지고 더 자세한 연구를 수행하기로 결정했다. 그는 페니실린이 위(胃)에서 파괴되므로 복용할 수 없음을 발견했다. 그러나 그것은 혈류로 주입된 후에는 얼마간 생체 내에 머물렀다. 결국 생체 내의 페니실린은 소변으로 배설되었다. 요즈음에는 복용하는 것이 가능한 새로운 페니실린의 변형체들이 나와 있다. 그것들은 위에서 파괴되지 않는 원래의 페니실린의 수정판들이다. 페니실린이 동물에게 주입될 때 해가 없으며 쉽게 파괴도 안 된다는 것은, 그것이 체내에서 항박테리아 성질을 유지하는 확실한 표시이기 때문에 중요했다.

1940년 5월에 플로리는 플레밍이 12년 전에 실행하지 못한 결정적인 실험을 수행했다. 이후에 이 실험은 옥스퍼드 그룹에게 그들의 연구의 화학요법적 측면에서 가장 큰 활력을 제공했다. 그는 8마리의 생쥐에 치사량의 박테리아를 주사했다. 이 생쥐 중 4마리는 한 편에 놓여졌고 나머지 4마리는 페니실린 주사를 맞았다. 플로리와 히틀리는 이 생쥐들을 계속 관찰했다. 이 실험의 결과는 페니실린이 살아 있는 동물의 박테리아 감염을 치료할 수 있는가에 대한 중요한 정보를 제공할 것으로 기대되었다. 밤이 다가오자 플로리와 히틀리는 교대로 실험실에 가서 동물들의 경과를 점검했다. 히틀리는 새벽 이른 시각까지 자지 않고 지켜보았다. 새벽 3시 30분 경이 되어서 페니실린으로 치료받지 않은 4마리의 생쥐 모두가 죽었다. 반면에 페니실린을 맞은 4마리는 여전히 살아 있었다. 상황은 플로리와 체인과 연구팀의 다른 구성원들이 실험실에 도착한 다음날에도 똑같았다. "기적이야"라고 플로리가 말했다.

실험은 더 많은 생쥐들과 더 많은 양의 박테리아로, 여러 차례 더 반복되었다. 페니실린은 효과적임이 입증되었다. 그것이 생쥐의 박테리아 감염을 제거할 수 있음은 의문의 여지가 없었다. 다음 질문이 훨씬 더 중요했다. 페니실린이 인간에게 사용될 수 있는가? 플로리는 이것이 다음 단계가 되어야 하며 그것은 훨씬 더 많은 페니실린을 필요로 한다는 것을 깨달았다. 성인은 생쥐보다 3,000배나 무겁다. 반쯤 순수한 형태의 페니실린을 윌리엄 던 경 생리학교에서 대량으로 얻기는 힘들었다. 감염된 생쥐로 한 실험 결과가 발표되었을 때, 플로리는 제약회사들의 흥미가 쇄도할 것이라고 기대했지만 결과는 그를 실망시켰다. 페니실린의 엄청난 중요성을 플로리와 그의 팀 외에 사람들은 전혀 알지 못했다.

플로리는 직접 실험실에서 막대한 양의 페니실린을 제조하기로 결심했다. 대량의 푸른곰팡이를 자라게 하여 인간에게 시험할 충분한 양의 페니실린을 공급하기 위해 히틀리가 설계한 침대 모양의 배양 용기 수백 개가 공장에서 구입되었다. 플로리의 과(科)는 페니실린 공장으로 바뀌었고, 몇 명의 소녀들이 일상적인 배양과 곰팡이의 수확을 수행하기 위해 고용되었다. 그들은 '페니실린 소녀들'이라고 불렸다. 몇 달만에 충분한 페니실린이 사람에 대한 독성 검사를 위해 마련되었다.

처음에 플로리와 그의 팀은 페니실린을 자원자에게 주었을 때 무슨 일이 생기는지 조사했다. 옥스퍼드 그룹에 의해 페니실린을 맞은 최초의 사람이 고열과 오한의 반응을 보인 후에 약간의 걱정이 일었지만 곧 그 반응은 페니실린 조합제의 불순물 때문임이 인식되었다. 페니실린의 분자 구조를 결정하는 데 관여한 플로리 팀의 구성원인 유명한 화학자 에드워드 에이브러함(Edward Abraham, 1913~)은 이 불순물을 제거하기 위한 단순한 방법을 고안했다. 오염물질이 제거되자 페니실린이 윌리엄 던 경 병리학교의 다른 과학자뿐 아니라 플로리 연구 그룹의 구성원 중 자원자에게 주사되었다. 그것은 인간에게 무해함이 알려졌다. 그것은 생쥐와 다른 실험용 동물에서처럼 있는 그대로 소변으로 배설되었고 위에서 파괴되었다. 이 결과는 전망이 밝았고 플로리는 페니실린이 생쥐에서처럼 인간에게서 박테리아 감염을 치료할 수 있으리란 확신을 얻게 되었다.

이제 박테리아에 감염된 병원 환자에 대한 페니실린의 효과를 탐구하는 것이 분명한 다음 단계였다. 많은 환자들이 페니실린 주사를 맞았다. 페니실린이 시험된 최초의 환자는 얼굴에 넓게 박테리아 감염이 있는 경찰관이었다. 원래 장미 덤불로 인해 감염된 입가의 작은 상처가 얼굴 전체로 퍼진 것이었다. 그는 심하게 감염된 한쪽 안구를 제거했고 설파제가 그 감염에 대해 소용이 없었다. 몇 번의 페니실린 주사는 이로운 효과가 있음이 입증되었다. 감염은 완화되었고 환자의 고온이 떨어졌다. 그러나 페니실린은 몇 번 주사하고 나자 공급이 딸렸고, 플로리와 동료들은 환자의 소변에서 페니실린을 분리해 내어 다시 그에게 주사해야 했다. 환자는 결국 폐까지 감염되어서 사망했다. 그럼에도 불구하고 분명히 약간의 개선이 있었고 페니실린의 공급에 문제가 있었다.

곧바로 더 많은 거의 정제된 페니실린이 마련되었을 때 많은 환자들이 페니실린 주사를 맞았고 이번에는 성공을 거두었다. 수술 상처가 감염된 15살난 소년이 페니실린을 맞고 큰 치료 효과를 보았고, 한 노동자의 등에 발생한 감염이 깨끗이 치료되었으며, 6개월 된 아기가 생명을 위협하는 감염에서 치료받았다. 페니실린은 실제로 사람의 박테리아 감염을 치료했다. 순수한 연구로부터 플로리와 체인 그리고 동료들은 세상을 바꿀 항박테리아성 물질을 재발견했던 것이다.

환자에게 더 많은 페니실린 투약 실험을 위해서는 훨씬 더 많은 양의 페니실린이 필요했고, 플로리는 윌리엄 던 경 병리학교가 페니실린 공장으로서의 용량이 한계까지 확장된 것을 깨달았다. 그러므로 그는 산업체로 눈을 돌렸고 영국의 회사 몇 군데가 플로리를 위해 많지 않은 양의 페니실린을 생산했다. 그러나 플로리와 그의 팀이 페니실린이 사람의 감염을 치료할 수 있음을 증명했고, 또 2차대전 중에 상처 입은 병사들의 주된 문제가 박테리아 감염이었음에도 불구하고 영국 회사들의 페니실린에 대한 관심도는 실망스러운 것이었다.

그럼에도 불구하고 페니실린은 '적극적' 전쟁 무기로서 중요한 고려 사항이 되었다. 실제로 독일이 그것을 대량으로 생산하여 자신들의 부상병들을 치료하는 데 사용할지도 모른다는 염려가 일었다. 확실히 독일은 페니실린에 약간의 관심이 있었다. 그러나 푸른곰팡이 액에서 페니실린의 생산을 증가시키는 진짜 문제는 아직 풀리지 않았다.

1941년에 플로리와 히틀리는 미국으로 가서 페니실린에 대한 상업적 관심을 불러일으키려고 노력하였다. 곧 흥미가 유발되었고 산업적 페니실린의 생산이 실현되었다. 일리노이 주 피오리아(Peoria)에 있는 미국 농무성에 속한 한 실험실은 옥수수를 물에 담가서 얻어지는 액에서 푸른곰팡이를 자라게 함으로써 페니실린에 생산을 증가시키는 중요한 진보를 이루어내었다. 또한 새로운 종류의 푸른곰팡이가 발견되어 플레밍이 발견한 것보다 더 많은 페니실린을 생산해 내었다. 특히 중요하다고 판명된 이 곰팡이 중 하나가 피오리아 시장(市場)에 있는 칸탈루프 멜론에서 자라는 것이 발견되었다. 이 멜론에서 나오는 곰팡이는 10년 이상 동안 세계의 상업적 페니실린의 대부분의 출처로 사용되었다.

미국에서 페니실린의 대규모 생산은 일본이 진주만을 공격하던 시기에 시작되었다(1941년 12월). 민간인과 부상병들의 박테리아 감염을 치료하는데 페니실린이 대단한 성공을 거두자 그것은 널리 수용되었다. 페니실린은 결국 전 세계에서 생산되었고 아직도 가장 중요한 항생제 중 하나다. 원래 약제의 많은 변형체들이 만들어졌다. 페니실린은 페니실린 핵과 곁사슬이라 불리는 부분으로 이루어진 아주 작은 분자다(그림 22). 곁사슬은 엄청나게 다양해질 수 있어서 다른 박테리아들에 대하여 다양한 성질과 효능을 가진 다른 페니실린들을 광범위하게 만들어낼 수 있다.

페니실린은 동물과 박테리아 세포의 차이를 민감하게 식별한다. 그것이

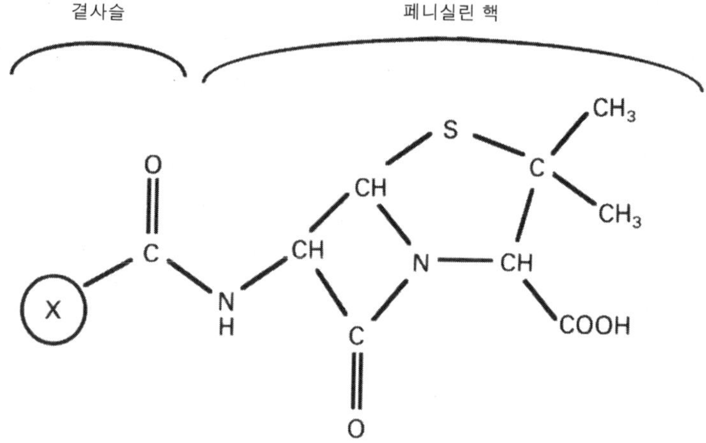

그림 22 ▶ 페니실린 분자 구조. 그 분자는 '핵'과 곁사슬 X–C=O 을 갖는다. X가 변함에 따라 다른 성질을 가진 다양한 페니실린이 만들어질 수 있다.

페니실린의 사람에 대한 낮은 독성과 강력한 항박테리아성을 설명해 준다. 페니실린이 박테리아는 공격하지만 사람의 세포는 공격하지 않는 이유는, 페니실린이 박테리아가 세포벽(박테리아가 자신의 표면을 감싸서 손상으로부터 자신을 보호하는 구조물)을 만드는 능력을 억제하기 때문이다. 그러한 세포벽이 없는 사람이나 다른 동물 세포는 보호하는 표면 구조가 없어서 페니실린은 그것들에 아무 효과가 없다. 페니실린은 직접 박테리아를 죽이지 않는다. 그것은 박테리아가 세포벽을 만드는 것을 방해하고 결국 박테리아는 그러한 손상으로 적절하게 번식할 수 없어서 죽게 된다. 이전에는 박테리아를 죽이는 어떤 약제든지 인간 세포에도 해를 끼친다고 생각되었다. 그러나 페니실린과 다른 항생제들은 이러한 개념을 종식시켰다. 요즈음에는 박테리아와 사람 사이의 다른 점을 찾아내어 박테리아의 독특한 구조를 공격하도록 개발된 새로운 약제들이 많이 있다. 이러한 임무를 거의 완벽하게 수행하는 페니실린은 우연히 발견되었다. 이 일에 관여한 모든 과학자들―플레밍, 플로리, 체인, 히틀리 그리고 그들의 동료들―은 처음에는 인간의 질병을 치료하려는 뜨거운 열망이 아니라 단순히 호기심에 의해서 자극을 받았다.

15
DNA, 생명의 알파벳

　　1928년 플레밍이 페니실린을 우연히 발견한 것은 부종을 일으키는 박테리아에 대한 그의 연구에서 비롯되었다. 거의 동시에 또다른 영국의 세균학자 프레드 그리피스(Fred Griffith, 1879~1941)는 폐렴을 일으키는 박테리아를 연구하고 있었는데, 20세기에 이루어진 인류의 가장 위대한 과학적 업적 중 하나로 이어질 발견을 하였다. 그것은 유전 물질의 분자적 본질인 디옥시리보핵산, 즉 DNA를 찾아낸 것이다. 그리피스의 공적의 중요성은 페니실린처럼 처음에는 인식되지 않았으며 10년이 훨씬 지나서야 그리피스의 발견의 진정한 중요성이 평가되었다. 페니실린과 유전 물질이 세상에 알려진 것은 2차대전 동안이었다. 페니실린이 중요한 진보로 인정되는 동안, 유전 물질에 대한 공적의 중요성은 여전히 널리 인정받지 못했고 그것이 역사상의 제자리를 차지하기까지는 몇 년이 더 걸렸다.
　　유전 물질의 분자적 본성의 발견, 즉 모든 생명체를 구성하는 단백질과 다른 분자들에 대한 암호를 부과하는 DNA 속의 화학적 ‘문자들’의 배열들로 구성된 ‘생명의 알파벳’의 발견은 처음에는 관련된 과학자들이 기대하지도 않았다(어떻게 DNA가 단백질에 암호를 부여하는지에 대한 더 많은 정보를 위해서는 17장 참조). 아무도 폐렴을 일으키는 박테리아의 연구가 유전 물질의 화학적 조성에 열쇠를 제공하리라고는 상상도 못했다. 여기에 전혀 기대하지도 않았지만 현저하고도 광범위한 중요성을 가진 발견을 이루어낸 연구의 또다른 예가 있다.

수천 년 동안 인간은 자신과 다른 유기체의 외관상의 복잡성과 자식이 그 부모, 조부모, 형제, 자매와 신체적으로 닮은 것에 놀라워 했다. 그들은 이런 관찰 사실을 이해하기 위해 초자연적이고 종교적인 설명을 사용해 왔다. 그러나 이제 우리는 이러한 유전적으로 결정되는 특성들에 대해 과학적인 설명을 갖고 있으며, 그것은 누구도 상상 못할 정도로 놀랍다는 것이 드러나 있다. 두 개의 나선 코일이 얽혀 있는 DNA라고 불리는 분자(그림 23)는 생명체의 신체적 특성에 대한 유전 정보를 지정한다. 유전 암호가 밝혀진 것은 뛰어난 성과로 평가될 수 있다. 우주의 기원을 설명하는 발견들처럼(7장), DNA를 유전 물질로 확인하는 데까지 이르는 대발견들은 인간의 호기심의 중심에까지 미친다. "우리는 어디에서 유래하는가?"나 "생명이란 무엇인가?" 같은 질문에 대한 답에 우리는 이전보다 더 가까이 있다.

유전 물질에 대한 지식은 또한 인간의 가장 원초적인 꿈을 뛰어넘는 연구영역으로 이어졌다. DNA는 이제 시험관에서 조작될 수 있고, 이 작업을 수행하기 위해 개발된 **재조합 DNA 기술**은 수정란이 발생하여 아기가 되기까지의 메커니즘과 인간의 사고와 관련된 분자적 과정을 포함하여 많은 생물학적 문제에 대한 해답을 제공하고 있다. 재조합 DNA 기술의 응용은 풍부하다. 예를 들면, DNA 지문법의 개발(17장), 정상 세포가 암세포가 되는 과정의 연구, 낭포성 섬유증과 근위축증 같은 유전병의 더 깊은 이해, 광범위한 병의 치료를 위한 새로운 약제의 생산 등이 있다. 재조합 DNA 기술은 여기에 이르러 있고 미래의 세대는 그것의 결과로부터 엄청난 혜택을 입을 것이다.

DNA 자체와 생명체의 신체적 특성에 유전 암호를 지정하는 메커니즘에 대한 우리의 이해가 매우 빨리 진보했기 때문에, 과학자들이 20세기가 시작된 지 꽤 오래 지나서도 DNA가 유전 물질일 수 없다고 생각했다는 것은 믿기가 힘들다. 실제로 1950년에도 많은 존경받는 생물학자들은

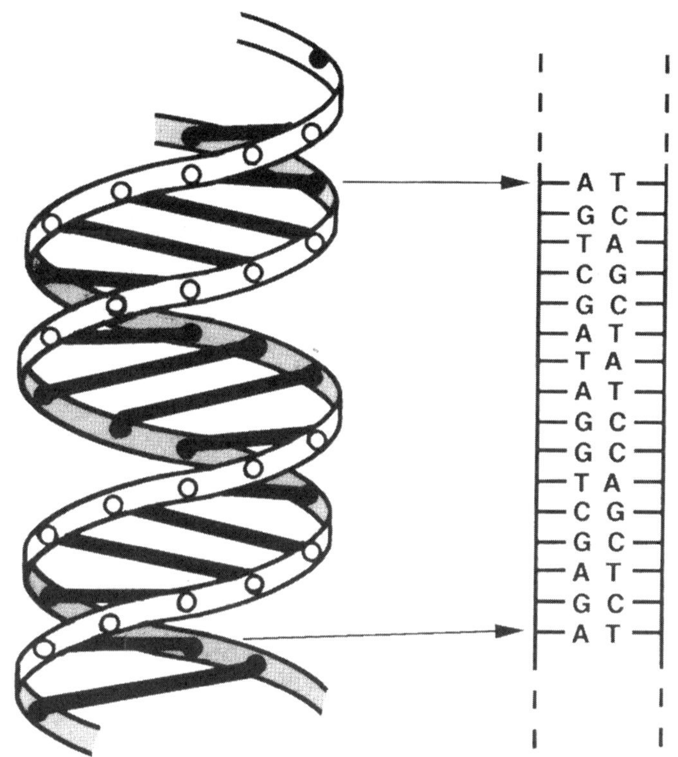

그림 23 ▶ DNA(데옥시리보핵산)는 서로 감겨있는 이중나선으로 이루어져 있다(왼쪽). 당과 인이 나선의 곡선을 형성한다. 염기들은 그것들 사이에 가로대를 형성한다. DNA에는 4종류의 염기가 있다. 아데닌(A), 구아닌(G), 시토신(C), 티민(T). A는 항상 T와, G는 항상 C와 짝을 짓는다(오른쪽). 염기의 배열은 세포에 의해 유전 암호가 단백질로 어떻게 판독될지를 결정한다.

DNA를 비교적 덜 중요한 물질이라고 생각했고 유전자는 단백질로 이루어져 있다고 생각했다. DNA는 단순한 화학물질이었다. 반면에 단백질은 훨씬 더 복잡했고 생명체의 많은 특성에 유전 암호를 지정하는 능력을 쉽게 설명할 수 있는 다양성을 갖고 있다는 사실이 이미 알려져 있었다. DNA가 유전의 알파벳으로 받아들여지게 되는 계기는 1869년 DNA의 발견에서 비롯된다.

유전자, DNA 그리고 염색체

스위스의 과학자 프리드리히 미셔(Friedrich Miescher, 1844~1895)는 부패한 수술 상처의 고름에서 얻은 백혈 세포를 화학적으로 치료하다가 1869년 DNA를 발견했다. 그 세포들은 끈적거렸고 미셔는 점액질이 세포핵을 둘러싼 세포질이 아니라 세포핵 내에 존재함을 밝혀냈다. 그는 그 물질을 뉴클레인(nuclein)이라고 불렀고(나중에 DNA로 알려졌다) 그것이 인을 함유하고 있으며 산성인 것을 밝혀냈다. 나중에 핵이 세포의 유전 물질을 함유한다는 것이 명백해지자 대부분의 과학자들은 DNA 자체보다는 오히려 DNA와 연관된 단백질이 유전 정보를 운반한다고 믿었다.

19세기 동안 대부분의 생물학자들은 개인의 유전적 특성이 부모에게서 자녀에게로 전달되는 피나 다른 유체(fluid)에 의해 부모로부터 유전된다고 생각했다. 이것은 'blue blood'(귀족 태생을 의미-역자주)나 '혈족(blood relative)' 같은 현대적인 용어가 쓰이는 이유다. 그러나 오스트리아의 수도승 요한 멘델(Johann Mendel, 1822~1844)은 완두콩에 대한 뛰어난 재배 실험을 하였고, 그의 연구 결과는 혈액이론이 틀림을 입증했다. 멘델은 완두콩 모양이나 꽃색, 줄기의 키 등 유전되는 신체적 특성에 대한 정보를 운반하는 요인(유전자)이 서로 섞이지 않는 것을 밝혀냈다. 예를 들면, 키 작은 완두콩과 교배된 키 큰 완두콩은 중간 크기의 식물을 만들어 내지 않는다. 오히려 그것은 키가 크거나 키가 작은 자손을 생산한다. 같은 식으로 각각 푸른 눈과 갈색 눈을 가진 어머니나 아버지의 아이의 눈은 두 색의 혼합 색이 아니다. 멘델은 또한 각 부모가 유전자의 반을 자손에게 전달하여 자손은 필연적으로 각 부모의 유전자 수와 동일한 유전자를 가짐을 밝혀냈다. 그러나 각 자손은 그 형제 자매가 받은 부모의 유전자 조합과는 다른 것을 받는다. 그 당시에 멘델은 유전자가 무엇으로 이루어져 있고 유기체 세포 속에 어디에 존재하는지 알지 못했다. 그는 단지 그것들의 가시적 표현에 대한 연구로부터 유전자의 존재와 성질에 대한 증거를 얻어냈다.

불행하게도 멘델의 선구적 실험 결과는 1900년에 재발견되고 확증되기까지 무시당했다. 살아 있는 세포의 핵은 여러 쌍의 **염색체**라 불리는 구조물을 가졌음이 뒤이어 발견되었다. 염색체는 현미경으로 볼 수 있으며 세포가 분열하기 바로 전에 수가 두 배가 된다. 그 후에 염색체의 반이 두 딸세포에 전달되어서 딸세포는 모세포와 같은 수의 염색체를 갖게 된다. 이것은 정확하게 유전자에게 기대되는 것이다. 이어서 염색체에 유전자가 있음이 확증되었고, 정액이나 난자는 신체의 다른 세포에서 발견되는 염색체 수의 반을 가지고 있음이 밝혀졌다. 수정중에 정액과 난자에서 유래한 염색체가 수정란의 단일한 핵 속에 합쳐진다. 염색체에는 DNA뿐 아니라 단백질도 있으며 일반적으로 단백질이 유전자의 운반체로 인식되었다.

DNA의 화학적 조성은 20세기 전환기쯤에 알려졌다. DNA는 3가지 기본 화학성분으로 이루어져 있다. 디옥시리보스라 불리는 당과 인산, 그리고 염이라 불리는 화학적 그룹이 그것들이다. 당과 인산은 DNA분자 어디서나 똑같지만 염은 4가지 중의 하나가 될 수 있다. 금세기 초에는 아무도 DNA의 분자 구조가 어떤 모양인지 알지 못했다. 오직 조성만을 알 수 있었다. 그러나 그 성분은 단순해 보였고, DNA가 어떻게 생명체의 복잡성에 대한 유전 암호를 지정할 수 있는지는 상상하기가 매우 어려웠다.

DNA 분자 구조가 프랜시스 크릭(Francis Crick, 1916~)과 제임스 왓슨(James Watson, 1928~), 모리스 윌킨스(Maurice Wilkins, 1916~)와 로절린드 프랭클린(Rosalind Franklin, 1920~1958)에 의해 1950년대 초에 밝혀졌을 때, 그것의 이중나선 구조는 세포가 분할될 때 딸세포로 유전자가 전달되는 메커니즘에 대한 설명을 즉시 제공했고, 어떻게 그렇게 단순한 분자가 막대한 양의 정보에 암호를 지정할 수 있는지 명쾌하게 나타내 주었다. 이중나선 가닥은 풀릴 수 있었고 새로운 보충 가닥들이 풀린 가닥을 각각 주형으로 삼아서 복사가 정확히 이루어질 수 있었다. 각각의 모(母)가닥의 복제 후에 새로운 쌍의 가닥이 두 개의 딸세포에 각각 하나씩 전달될 수 있었다. 수천 개의 염들, 즉 '문자들'의 배열을 포함하는 하나의 긴 가닥에 정렬된 4종류의 염들은, 생명체에서 요구되는 복잡성에 유전 암호를 지정해 주기 위해 필요한 '문장들'을 쉽게 제공할 수 있었다.

그럼에도 불구하고 유전자의 분자적 특성을 결정하는 과정은 20세기의 처음 40년간은 매우 느렸다. 그것의 정체를 파악하는 결정적인 발견들이 이루어졌을 때, 유전자의 화학적 본성은 유전 물질을 신중하게 찾고 있었던 과학자들이 아니라 폐렴을 일으키는 박테리아에 관심을 갖고 연구를 수행한 영국의 프레드 그리피스와 일단의 미국 과학자들에 의해 확인되었다. 관련된 과학자들이 생명의 알파벳을 확인했다는 것을 알게 된 것은 이러한 연구들의 막바지에 이르러서였다.

폐렴구균, 그리피스 그리고 변환

20세기가 시작될 때 폐렴은 오늘날의 암과 심장병에 비길 만한 개발도상국의 주요한 보건문제 중의 하나였다. 대부분의 폐렴 발병은 폐렴구균이라는 박테리아에 의해 야기되었고, 많은 연구집단이 파스퇴르, 코흐 및 그들의 동시대인들에 의하여 개척된 세균학적 방법을 사용하여 실험실에서 이러한 박테리아를 연구하는 데 관여했다.

폐렴구균은 다양한 형태로 존재한다는 것이 알려져 있었다. 각각의 종류는 종류마다의 독특한 항체(18장)에 의해 인식되는 특성이 있어 식별이 가능했다. 그리하여 한 종류의 폐렴구균을 인식하는 항체는 다른 종류의 폐렴구균을 전혀 인식하지 못했다. 또다른 종류의 변이성이 존재해 폐렴구균은 생쥐에게 폐렴을 발병시킬 수 없는 형태로 전환될 수 있었다. 영양분을 가진 젤리 위에 놓인 접시에 박테리아를 배양함으로써 이러한 변화를 쉽게 감지할 수 있었다. 각각의 폐렴구균은 젤리의 표면 위에 수백만의 폐렴구균이 있는 가시성(可視性) 집락을 만들어냈다. 폐렴구균의 전염성 형태는 반짝거리고 매끈한 큰 집락으로 성장했다. 반면에 폐렴 감염을 일으키지 않는 형태는 거친 외양을 가진 작고 낟알이 많은 집락으로 성장했다. 그들의 집락 외양에 따라 폐렴구균의 전염성 형태는 매끈한(smooth), 즉 S형 폐렴구균이라고 불리고 비전염성 형태는 거친(rough), 즉 R형 폐렴구균이라고 불렸다.

매끈한(감염성) 종류의 폐렴구균이 거친(비감염성) 종류로 전환될 수 있다는 사실은, 많은 과학자들이 이 박테리아가 병을 야기하는 메커니즘을 이해하는 데 매우 중요한 것으로 여겨졌다. 거친 형태와 매끈한 형태 사이의 생화학적 차이가 이해될 수 있다면 감염성 폐렴을 만들어내는 데 관여하는 분자들이 확인될 수도 있다는 것이었다. 아마도 약제로 이러한 분자의 합성을 억제하는 것이 폐렴을 치료하는 수단이 될 수도 있다고 생각되었다. 실제로 매끈한 형태의 폐렴구균은 표면에 두꺼운 외피를 가지고 있지만 거친 형태는 이 외막이 결여되어 있음이 발견되었다. 폐렴구균의 외피는 결국 당의 단체(單體)로 이루어진 큰 분자인 **다당류**로 불리는 물질로 이루어져 있음이 밝혀졌다. 이 당의 단체의 화학적 명칭은 **단당류**이다. 다당류는 긴 사슬의 그물망 속에 결합된 수백 개 혹은 수천 개의 당의 단체를 함유한다. 다당류는 종종 세포에서 구조적 역할과 보호 역할을 수행한다. 세포들은 박테리아 세포벽의 다당류 외피뿐 아니라 식물 세포벽의 구성성분인 섬유소도 포함한다.

뉴욕에 있는 록펠러 의학연구소에서 일하던 미국의 과학자 오스왈드 에이버리(Oswald Avery, 1877~1955)는 폐렴구균의 선구적 연구자였다. 그의 팀은 폐렴구균의 표면 외막이 다당류로 이루어져 있음을 입증했다. 에이버리는 폐렴구균을 '설탕 코팅한 미생물'이라고 불렀다. 그는 특히 외막의 화학적 성질과 그것의 폐렴 치료상의 응용에 관심이 많았다.

런던에 있는 영국 보건성(省)에서 일하는 프레드 그리피스는 1차대전 이후에 폐렴을 연구하기 시작했다. 그는 폐렴 환자의 타액으로부터 폐렴구균을 분리하여 적당한 영양분이 있는 배양 플라스크나 배양 접시에서 그것들을 배양했다. 그는 또한 생쥐에게 폐렴 감염을 일으키는 그것들의 성질을 조사하였다.

그리피스는 한 폐렴 환자의 타액이 종종 너다섯 종류의 폐렴구균을 함유한 것에 주목했다. 그는 이러한 현상에 대하여 두 가지 가능한 설명을 가지고 있었다. 이 환자가 매번 다른 종류의 폐렴에 의하여 너다섯 차례 감염되었거나 이것은 폐렴 개체군 내에서 몇 가지 다른 형태를 띠도록 어떻게든 자신을 변화시킬 수 있는 박테리아의 또 하나의 예일 것이라고 생각되었다. 그러나 전자의 가능성은 희박했다.

R형 폐렴구균은 다당류 외피가 결여되어 있고 S형 폐렴구균이 두꺼운 외피를 가지고 있으므로 이 외피는 폐렴구균에 전염성을 부여하는 데 결정적인 것 같았다. 그리피스는 S형 폐렴구균이 R형 폐렴구균으로 전환되는 메커니즘을 연구하기로 결심했다.

비전염성 R형 폐렴구균은 다양한 과정을 거쳐서 전염성 S형 폐렴구균으로부터 실험실에서 쉽게 얻어질 수 있다는 것이 그리피스에게 확실해졌다. 또한 다른 과학자들에 의하여 수행된 이전의 실험과 일치하게 모든 R형은 다당류 외피가 결여된 반면에 모든 S형은 외피가 있는 것이 확실했다. S형은 생쥐에게 주입될 때 항상 폐렴 감염을 유발하지만 R형은 보통 전염성이 없었다.

그러나 그리피스는 매우 많은 수의 R형을 생쥐에게 주입했을 때 거의 항상 폐렴 감염을 일으키는 것을 발견했다. 더 낮은 수준의 대부분의 R형 폐렴구균은 생쥐를 감염시키지 못했다. 그러나 같은 수준의 S형은 항상 그 병을 유발하였다. 그리피스는 이 현상에 대하여 그럴듯한 설명을 제시했다. 그는 정상적으로는 S형에 다량으로 존재하여 다당류 외피의 합성을 허용하는 물질을 R형은 소량만 함유하고 있을 수도 있다고 말했다. 충분한 수의 R형이 생쥐에게 주입되면 외피 형성을 자극하기에 충분한 양의 이 물질이 존재하게 되어 R형이 S형으로 전환되어 감염을 유발할 수도 있다는 생각이었다. 그는 이러한 생각을 검사할 단순한 방법이 있었다. 만약 S형 폐렴구균에 존재하는 무언가가 외피의 다당류를 만들어내게 하고, 이 물질이 R형을 S형으로 변하도록 자극한다면 열로 죽인 S형(비감염성)은 여전히 이 물질을 함유할 수 있고 R형이 S형이 되게 할 수 있을 것이란 생각이었다.

여러 번의 시도 후에 그리피스는 S형 폐렴구균에 있는 물질이 실제로 R형을 S형으로 전환시킬 수 있음을 입증하는 실험을 수행했다(그림 24). 그는 8마리의 생쥐에게 열로 죽인 S형을 적은 수의 R형과 혼합하여 주사했다. 이 생쥐 중 2마리가 폐렴에 감염되어 죽었고 S형 폐렴구균이 그것에서 회수되었다. 통제실험에서는 열로 죽인 S형만으로도 R형만으로도 사용된 양으로는 감염을 일으키지 않았다. 이것은 S형이 열로 죽이는 과정에서 살아 남지 않았음을 나타낸다. R형에서 S형으로의 변환이 8마리

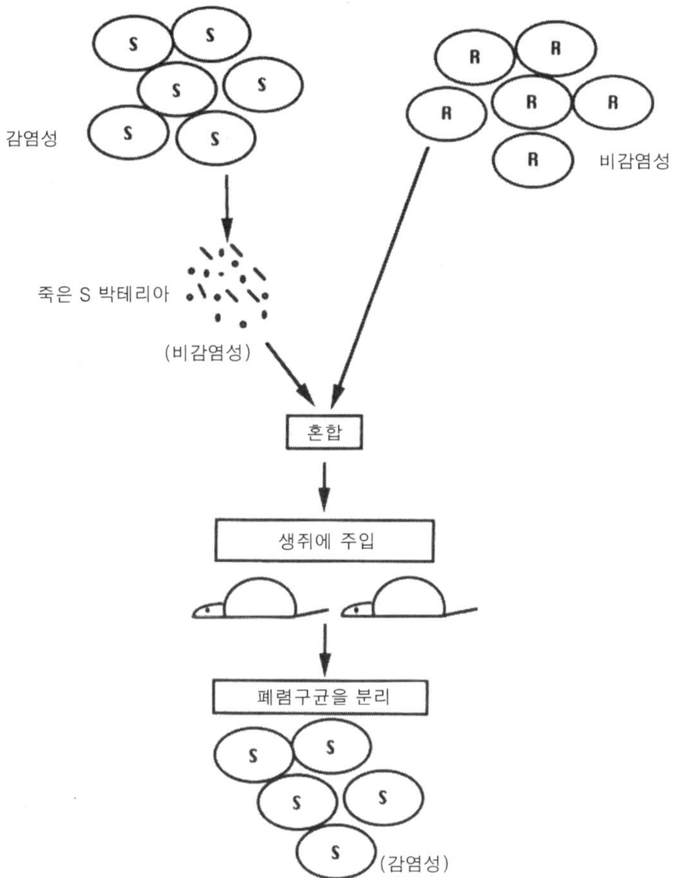

그림 24 ▶ 나중에 유전 물질인 DNA로 판명된 변환원리는 1928년, 그리피스에 의해 폐렴을 야기하는 박테리아에 대한 연구중에 발견되었다. 살아있는 비감염성 박테리아(R형)가 죽은 감염성 박테리아(S형)와 혼합되어 그 혼합물이 생쥐에게 주입되었을 때, 폐렴이 발생했고 감염성 S형 박테리아가 생쥐로부터 회수되었다. 분명히 DNA가 죽은 S형 박테리아로부터 살아있는 R형 박테리아로 전이되어 R형의 유전 물질의 일부가 되어 그것에 감염성을 부여하였다.

중 2마리에 있는 박테리아에서 일어났다 할지라도 그 결과는 통제군과 비교해 볼 때 의미가 있었으며 그리피스는 이어진 실험에서 다시 동일한 결과를 얻을 수 있었다. S형 박테리아에 있는 무언가가 R형을 S형으로 전환할 수 있음이 확실했다.

그리피스의 꼼꼼한 연구가 1928년에 발표되었을 때, 그것은 큰 회의론에 부딪혔다. 그러나 얼마 안 되어서 폐렴구균에 대한 다른 연구들은 R형 폐렴구균이 실제로 죽은 S형을 사용하여 S형으로 변환될 수 있음을 확증했다. 오스왈드 에이버리와 그의 동료들은 한결같이 그리피스의 결과를 믿지 않았다. 그러나 그들의 실험 결과도 그것과 일치했다. 에이버리는 생쥐를 쓰지 않고 변환을 얻는 것이 가능하다고 믿었다. 그리피스는 항상 죽은 S형 폐렴구균과 살아 있는 R형 폐렴구균의 혼합물을 생쥐에게 직접 주입했었다. 에이버리는 두 가지를 시험관에서 섞어서 접시에 있는 영양 젤리 위에 줄무늬로 뿌리는 것이 가능하다고 생각했고, S형이 된 R형 모두가 젤리 표면 위에 매끈한 집락을 나타낼 것이라고 생각했다. 그리피스는 이것을 시도했으나 실패했었다. 에이버리와 그의 동료들은 1931년에 R형에서 S형으로의 변환을 시험관에서 이루어냈다. 이것은 폐렴 변환의 메커니즘에 대한 훨씬 더 제어되고 세밀한 실험을 위한 배경이 되었다. S형 폐렴구균에 존재하여 R형을 S형으로 전환하는 미지의 요인은 변환원리로 알려지게 되었다. 에이버리는 변환원리의 화학적 본질을 발견하는 것을 그의 일생 연구의 주요 목적으로 삼았다. 그러나 사실은 변환원리가 유기체를 그 형태 그대로 되게 하는 필수적인 물질들과 과정들에 암호를 지정하는 알파벳으로서 생명체에 의해 보편적으로 사용되는 유전 물질이라는 것을 에이버리는 이 연구 프로그램을 시작할 때 거의 알지 못했다.

변환원리의 본질

변환원리는 수수께끼였다. 그것은 단순히 일시적으로 R형을 S형으로 전환하는 S형 폐렴구균에 존재하는 물질이 아니었다. 그것은 또한 변환된 박테리아의 후손과 그 이후 세대에 무한히 유전되었다. 일단 R형 폐렴구균이 S형 폐렴구균으로 변환되면 그 후손과 이후의 세대들은 모두 S형이었다. 유전성은 유전자의 특성이었다. 그러나 대부분의 과학자들은 변환원리가 기존의 유전자를 작동시키는 물질이거나 정상적으로는 S형에서만 활동성이 있는 R형 안의 잠재적 활동성이라고 믿었다. 다시 말해서, 변환원리가 유전자 자체라고는 아무도 진지하게 믿지 않았다. 유전자의 생화학적 본질은 그 당시에는 완전히 모호했고 아무도 변환원리가 S형에서 R형 폐렴구균으로 전이되고, 이어서 변환된 R형 박테리아의 유전자가 된 유전 물질일 가능성을 실제로 인정하지 않았다는 것은 놀라운 것이 아니다. 열로 죽인 S형 박테리아가 실제로 유전되는 물질을 직접 R형 박테리아로 전달하지 않고 R형에 영향을 미치고 있다는 것이 훨씬 더 그럴듯해 보였다.

에이버리의 팀은 열로 죽인 S형 폐렴구균이 정말로 죽었으며 변환원리는 죽은 S형 박테리아의 성분이라는 것을 확실하게 밝혀냈다. 그는 온전한 박테리아 세포를 파괴한 것을 체로 걸러 온전한 박테리아가 없는 추출물을 얻어내는 방식으로 S형 폐렴구균을 추출했다. 변환원리를 함유한 이전의 조합제보다 더 순수한 이 추출물은 분명히 멀쩡한 S형 박테리아는 전혀 포함하지 않았지만 여전히 R형 폐렴구균을 S형으로 전환할 수 있었다. 1933년까지 에이버리의 실험실은 시험관에서 R형의 변환 효율을 증가시켰고, 더 많은 불순물을 제거함으로써 변환원리를 더 순수한 형태로 만드는 방식으로 S형 박테리아 추출물을 다룰 수 있었다. 그러나 변환원리를 함유한 조합제는 여전히 매우 불순물이 많았고 존재하는 많은 물질 중에 어느 것이 변환원리인가 알아내는 것은 여전히 요원했다.

1934년에 또 한 명의 과학자인 콜린 맥리오드(Colin MacLeod, 1909~1972)가 에이버리의 팀에 합류했고 변환원리의 정체를 밝히는 작업을 시작했다. 맥리오드는 폐렴구균 변환 실험을 수행하는 데 매우 능숙해졌고, 변환원리를 함유한 S형 추출물로 처리될 때 엄청나게 증가한 변환율을 나타내는 새로운 R형 폐렴구균을 분리해 냄으로써 중요한 진보를 이루었다. 이 새로운 R형 계통은 그 후의 모든 변환 연구에 사용되었고, 그것은 변환원리의 최종적인 확인을 훨씬 용이하게 만들었다. 맥리오드와 에이버리는 1935년에 변환에 대한 그들의 연구를 발표했다. 그들은 변환원리가 어떤 물질인지는 확인하지는 못했지만 여전히 그것을 S형에서 R형 박테리아로 전이된 유전될 수 있는 요인이라기보다는 오히려 R형에 벌써부터 존재한 잠재적 활동성에 영향을 미친 무엇인가라고 믿었다.

맥리오드와 에이버리는 그 후 2년에 걸쳐 느리게 진보를 이루었다. 다만 특정하게 단백질을 파괴하는 물질과 함께 변환원리를 함유한 조합제를 다루더라도 그 원리를 비활동적으로 만들 수 없다는 것을 발견했을 뿐이었다. 그러나 이것은 변환원리가 단백질이 아닐 수 있다는 최초의 힌트였다. 변환원리에 대한 연구가 거의 이루어지지 않고 3년이 흘러갔다. 에이버리가 흥미를 잃은 것이 아니었다. 그는 여전히 변환원리가 중요한 연구 주제라고 믿고 있었다. 연구의 쇠퇴에 대한 이유 중 하나는 항생 설파제가 1937년에 출현했고(14장), 맥리오드와 에이버리 실험실에 다른 사람들이 이 약제의 폐렴구균에 대한 효과를 연구하는 쪽으로 관심을 돌렸기 때문이었다.

1940년에 맥리오드와 에이버리는 변환원리에 대한 연구로 돌아가서 그 화학적 본질을 확인하는 노력을 새롭게 하기로 결심했다. 매우 많은 양의 폐렴구균(수십 리터)이 변환원리를 정제하려는 시도에 필요했다. 이것은 그 당시에 쉬운 일이 아니었다. 특히 S형은 위험해서 실험자가 폐렴에 감염될 수도 있었다. 새로운 수단과 장치가 고안되어 건강상의 위협을 최소화할 수 있게 되었고, 결국 많은 양의 폐렴구균이 에이버리의 실험실에서 정규적으로 생산될 수 있었다. 맥리오드와 에이버리는 단백질을 전혀 함유하지 않은 고체 형태로 변환원리를 얻을 수 있음을 발견했다. 이것은 변환원리가 단백질이 아니라는 생각을 지지하였다. 이것은 그때까지 그들이 얻은 변환원리의 가장 순수한 조합제였다. 그것은 검출될 만한 단백질은 없었지만 그 박테리아의 핵산의 대부분과 다당류(폐렴구균의 표면 외피를 포함하여)의 대부분을 포함하였다.

핵산은 두 종류의 화학물질, 즉 DNA(디옥시리보핵산)와 RNA(리보핵산)로 이루어져 있다. 그 당시에 DNA는 동물의 핵산으로, RNA는 식물의 핵산으로 여겨졌다. 폐렴구균은 DNA가 아니라 RNA를 함유하는 것으로 생각되었다. 오늘날 우리는 모든 세포가 유전 물질인 DNA와 세포의 적절한 구조와 기능을 위해 필요한 단백질을 생산하기 위해 유전자를 '판독'하는 과정에 관여하는 RNA를 둘 다 포함한다는 것을 알고 있다. 에이버리와 맥리오드가 DNA와 RNA를 찾기 위해 변환원리를 포함하는 조합제를 조사했을 때 그들은 그것이 두 가지를 다 포함하는 것을 발견했다. 이것은 DNA가 최초로 폐렴구균에서 검출된 것이었다. 과연 변환원리가 그 당시에 생물학적으로 별로 중요하지 않게 생각된 DNA나 RNA로 이루어져 있을 수 있을까? 특히 RNA는 파괴하지만 DNA는 그대로 두는 물질이 이 조합제에 있는 변환원리를 무력화시키지는 않는 것으로 밝혀졌다. 변환원리가 핵산이라면 그것은 RNA이기보다는 DNA일 가능성이 더 커 보였다.

변환원리가 그것을 함유한 조합제의 주성분인 외피의 다당류와 동일할 가능성도 남아 있었다. 에이버리와 맥리오드는 원래 이것을 부정적으로 보았다. 그들은 변환원리를 단지 효소를 자극하여 새롭게 변환된 R형 박테리아에서 새로운 외피의 다당류를 합성하는 무언가 다른 물질이라고 생각하고 싶어했다. 그러나 S형에서 얻어진 다당류 자체가 여전히 새 외피의 다당류를 생산하기 위해 R형에 있는 효소를 자극할 가능성도 여전히 남아 있었다.

1941년에 맥리오드는 다른 곳의 일자리를 얻기 위해 에이버리의 실험실을 떠났고, 에이버리는 다행히도 연구실의 새 구성원으로 매클린 맥카티(Maclyn McCarty, 1911~)를 곧바로 합류시켰다. 맥카티는 맥리오드가 중단한 그 곳에서 계속 작업을 수행했다. 맥리오드는 때때로 그 연구를 돕기 위해 실험실로 돌아왔다. 이번에는 에이버리의 팀이 변환원리의 정체 확인에 더 가까워진 것이 확실했다. 이 단계에서 관련된 과학자들은 그들 작업의 엄청난 중요성을 아직 깨닫지는 못한 것 같다. 그들 중에 누군가가 진지하게 자신들이 유전 물질을 확인했을 가능성을 고려하기까지는 몇 년이 더 흘러야 했다.

맥카티는 처음에는 S형 폐렴구균에 감염성을 준 외피의 다당류가 변환원리일 수도 있지 않나 생각했다. 그는 선택적으로 다당류를 해체시키는 물질이 변환원리를 무력화하지 않음을 밝힘으로써 이 가능성을 배제하였다. 추가로 어떤 배양액에서 S형 박테리아를 배양함으로써 변환원리의 조합제에 존재하는 다당류의 양을 줄일 수 있었다. 이것은 변환원리의 생산량을 줄이지 않았다.

1942년에 맥카티는 변환원리를 함유한 부분적으로 순수한 조합제가 선택적으로 다당류를 파괴하는 물질로 처리된 후에 R형 폐렴구균을 S형으로 전환하는 능력에 영향을 받지 않는 것을 밝혀냈다. 단백질, RNA 그리고 다당류가 배제된 상태에서 변환원리가 될 하나의 주요 후보가 남아 있었다. 그것은 DNA였다.

에이버리와 그의 동료들이 진지하게 변환원리가 실제로 DNA인지 여부를 궁금해 하기 시작한 것은 이즈음이었다. DNA는 세포의 유전자를 운반하는 염색체와 연관된 것이 알려져 있었고, 변환원리가 유전적 방식으로 행동하기 때문에 그들이 유전자의 화학적 본질을 발견했다는 생각이 에이버리 팀의 구성원 중에서 일어났던 것 같다. 1943년에 에이버리는 그의 형제에게 한 편지를 썼다. "우리가 옳다면, 물론 입증되지는 않았지만, 그것은 핵산이 단지 구조적으로 중요할 뿐만 아니라 기능적으로는 세포의 생화학적 활동과 특성을 결정짓는 활동적인 물질임을 의미하며 또한 알려진 화학적 물질에 의해 세포에서 예측 가능하고 유전적인 변화를 야기할 수 있음을 의미한다." 같은 편지에서 그는 변환원리가 "유전자일지도 모른다"고 명쾌하게 진술했으며, 계속해서 "DNA가 그러한 생물학적으로 활동적인 특수한 성질을 부여받을 수 있음을 누군가에게 확신케 하는 것은 잘 정돈된 많은 증거를 요한다"고 말했다. 그의 앞에는 그의 그룹이 유전 물질의 정체를 알아낼 뿐 아니라 그것이 단백질이 아니라 DNA라는 사실을 다른 과학자뿐 아니라 자신까지도 납득시키는 일이 남아 있었다.

거의 같은 시기에 DNA의 분리와 정제를 위한 방법이 개발되고 있었다. 어떤 과학자들은 유전자가 DNA로 이루어져 있을 가능성에 동기부여를 받지 않았지만, 그 성질과 기능을 특징지우는 데 관심이 있었다. 에이버리와 맥카티는 이 방법이 또한 변환원리를 마련하는 데 유용함을 발견했고, 그것은 그 원리가 DNA라는 생각을 더 지지해 주는 것이었다. 두 과학자는 변환원리가 DNA이며, 그것이 단백질이나 다당류 같은 잘 알려진 생화학적 물질이 아니라는 주장을 지지해 줄 증거를 찾는 데 관여하게 되었다. 그들은 결국 DNA 외에 다른 물질이 전혀 없는 것으로 보이는 변환원리의 조합제를 얻어내었다. 그것의 화학적 조성은 그것이 DNA임을 확증해 주었다. 그것이 R형 폐렴구균을 S형 폐렴구균으로 변환하는 능력은 대단했다. 그리고 그들이 아무리 열심히 들여다보아도 변환원리가 될 만한 다른 근소한 불순물도 발견할 수 없었다. RNA와 단백질, 다당류 등 다른 화학물질을 제외하고 DNA만 선택적으로 파괴하는 물질이 또한 나와 있었다. 이 물질은 변환원리를 무력화했고, 변환원리가 DNA라는 주장을 더 강력하게 지지했다. 이 연구는 1944년에 발표되었다.

R형 폐렴구균이 S형으로 변환될 때 일어나는 것으로 보이는 것은 R형은 박테리아의 당의(糖依)를 만드는 데 필요한 유전자 또는 유전자들이 없다는 것이다. 이 유전자에 암호를 지정하는 영역을 가진 DNA가 S형에서 추출되어 R형에 첨가될 때, R형은 그 유전자를 포획해서 그것을 자신의 유전 물질에 통합한다. 그것은 R형의 일부가 된다. 그리고 나서 R형은 당의를 만들 수 있고, 이것은 그것을 전염성인 S형으로 변화시킨다.

많은 과학자들이 그 당시에는 에이버리, 맥리오드 그리고 맥카티의 발표의 중요성을 이해하지 못했다. 유전 암호의 생화학적 본질은 모든 사람을 면전에서 쳐다보고 있었지만 그것을 알아차리거나 믿은 사람은 거의 없었다. 그러나 그 연구의 중요성을 알아본 사람들은 DNA가 유전 물질이라는 생각을 심화시키기 위해 더 많은 일을 했다. 어떤 과학자들은 DNA가 유전 물질일지도 모른다고 믿었기 때문에 그것에 집중하기 위해 연구의 방향을 바꾸었다. 정자와 난자는 몸의 다른 세포 안에 존재하는 DNA 양의 절반을 갖고 있음이 발견되었고, 이것은 자손의 유전자 수의 반이 각각의 부모로부터 왔다는 생각과 일치했다. 다양한 유기체에서 나온 DNA의 정확한 화학적 연구가 수행되었고, 이것은 DNA의 화학적 성질과 어떻게 그것이 생물마다 다른가에 대한 더 나은 지식을 제공했다. DNA는 이전에 생각된 것만큼 단순하지 않다는 것이 확실해졌고, 그것이 결국 이론적으로 많은 생명체의 복잡한 성분들에 유전 암호를 지정해 줄 수 있다는 과학적 주장이 제기되었다.

다른 과학자들은 결국 에이버리, 맥리오드 그리고 맥카티의 작업을 확증하고, DNA가 실제로 유전 물질이라는 이론을 강화하기 위해 필요한 증거를 얻어냈다. 그것을 강하게 증명한 특정한 실험이 알프레드 허시(Alfred Hershey, 1908~)와 마사 체이스(Martha Chase)에 의해 수행되었다. 1952년에 그들은 박테리아 바이러스의 유전 물질이 DNA임을 밝혀냈다. 특정하게 박테리아에게만 감염되는 바이러스인 박테리오파지는 단백질과 DNA를 함유한다. 박테리오파지의 일부가 박테리아에 들어가고, 다른 부분(박테리오파지 외피)이 박테리아 밖에 남아 있는 동안 박테리오파지는 감염을 일으킨다고 알려져 있었다. 박테리오파지의 유전 물질은 박테리아 세포를 장악하여 더 많은 박테리오파지를 생산하게 한다. 이 과정을 통해 박테리오파지는 박테리아 안에서 번식한다. 박테리아에 들어가는 것은 박테리오파지의 유전 물질이다. 그 바이러스의 외피는 박테리오파지를 박테리아에 부착시키는 데만 관여한다. DNA와 단백질이 화학적으로 상이하기 때문에 서로 식별되게 하기 위해 다르게 꼬리표를 달 수 있다. 허시와 체이스는 DNA나 단백질에만 특이하게 달라붙는 방사성 원자를 결합시켜서 박테리오파지에 꼬리표를 붙였다. 이것으로 박테리아가 감염되는 동안과 그 후에 박테리오파지의 DNA와 단백질을 각각 추적할 수 있었다. 그들은 DNA가 박테리아 세포에 들어가는 반면에 단백질은 박테리오파지 외피에 남아 있는 것을 발견했다(그림 25). 이것은 단백질이 아니라 DNA가 박테리아 안에서 새 바이러스를 만드는 것을 지시하는 데 필요한 정보를 암호화한다는 뜻이다. 다시 말해서 DNA는 박테리오파지의 유전 물질이다.

1953년에 허시와 체이스가 그들의 실험을 보고한 다음 해인 크릭과 왓슨이 유명한 DNA의 이중나선 구조를 발견하여 발표했다. 모든 것이 잘 들어맞았다. DNA는 확실히 생명의 유전적 알파벳이었고, 그 분자구조는 DNA와 같이 화학적으로 단순한 물질이 생명체를 기술하는데 필요한 수백만의 정보의 편린을 얼마나 아름답고 우아하게 전달할 수 있는지를 나타내 주었다. 일단 DNA가 유전 물질로 확립되고 그 분자구조가 밝혀지자 생물학의 새 시대가 개막되었다. 요즈음 DNA는 시험관에서 마음대로 조작될 수 있고, 그 알파벳은 DNA의 길이 방향으로 '문자들'의 순서를 알아내는 화학적 방법을 사용하여 판독될 수 있다. DNA가 암호를 지정하는 단백질은 살아있는 세포 안에 그것을 인위적으로 놓음으로써 파악될 수 있다. 재조합 DNA 기술은 생명의 본질에 관한 근본적인 질문에 대한 해결전망과 의학에의 광범위한 응용 가능성을 가지고 보급되고 있다.

에이버리, 맥리오드 그리고 맥카티가 1944년에 한 발표는 20세기 생물학의 위대한 고전 중 하나로 평가된다. 그것은 DNA가 진짜 유전자를 구성하는 진짜 물질이라는 최초의 확실한 증거를 제시해 주었다. 그러나 이 과학자 중 아무도 그들의 공적으로 노벨상을 받지 못했다. 그 주된 이유

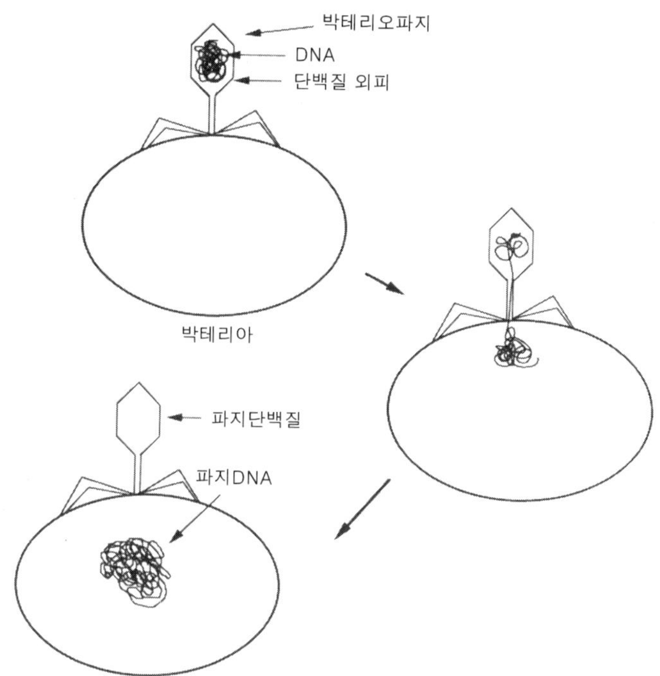

그림 25 ▸ 허시와 체이스는 DNA가 유전 물질임을 1950년대 초에 확증했다. 그들은 한 박테리오파지 개체군의 DNA와 다른 개체군의 단백질에 '꼬리표'를 붙였다. 그것들로 박테리아를 감염시켰다. 꼬리표를 붙인 DNA만이 박테리아 안으로 들어갔고 꼬리표를 붙인 단백질은 박테리아 밖에 머물렀다. 이것은 박테리오파지 DNA가 박테리아에 들어가는 부분이며 파지 단백질과 DNA 복사체가 더 많이 생산되게 해 준다는 것을 입증했다. 다시 말해서, 파지 생산을 위한 모든 정보—파지 유전 물질—는 주입된 DNA에 존재한다.

는 아마도 그 발견이 얼마나 중요한지 아무도 제대로 평가하지 못했기 때문일 것이다. DNA가 유전 물질이라는 생각에는 너무 많은 반대가 있었다. 에이버리와 그의 동료들이 생물학 역사상 가장 중요한 발견 중 하나를 해냈다는 것은 시간이 입증해 주었다. 어떤 점에서 그들의 작업이 출판되던 당시에 어떻게 받아들여졌느냐는 중요하지 않다. 에이버리, 맥리오드, 맥카티는 이제 생명의 알파벳의 화학적 본성을 발견한 사람들로 인정받고 있다. 그들의 업적은 인간이 항상 질문해 오던 "생명이란 무엇인가"라는 가장 중요한 물음 중 하나에 대한 대답에 열쇠를 제공하는 또 하나의 우연한 발견의 명쾌한 예이다.

16
분자 가위로 DNA 자르기

마침내 변환원리가 DNA임이 입증되었을 때(15장), 유전 물질의 화학적 본질이 밝혀졌을 뿐만 아니라 DNA가 주변 환경으로부터 박테리아 세포에 의해 포획되어 그것의 유전 물질의 일부가 될 수 있음이 알려졌다. 실제로 변환원리는 폐렴구균의 당의를 합성하는 데 필요한 유전 정보를 암호화하는 DNA였다. 이 DNA가 감염성 폐렴구균(S형)으로부터 분리되었을 때 살아있는 비감염성 폐렴구균(R형)에 의해 포획될 수 있었다. 그리고 나서 DNA는 R형의 유전 물질로 통합되어 R형을 유전적으로 감염성이 있는 S형으로 변환시킨 것이다.

또한 외래(外來) DNA는 박테리아 바이러스 속에 들어가 있으면 박테리아 세포 속으로 들어갈 수도 있다. 바이러스가 사람과 다른 동물의 세포에 침입하듯이 그것들은 박테리아 세포에도 침입할 수 있었다. 그런 것들은 박테리오파지라고 불린다. 박테리오파지는 1915년에 영국의 과학자 프레드릭 트워트(Frederic Twort, 1877~1950)와 프랑스계 캐나다 세균학자인 펠릭스 데렐(Felix D'Herelle, 1873~1949)에 의하여 발견되었다. 이 과학자들은 박테리아 배양액 중 일부가 박테리아를 파괴하는 감염성 매체를 함유하는 것을 알아냈다. 이 감염성 매체는 박테리아를 걸러내는 필터를 통과할 수 있었으므로 알려진 박테리아보다 더 작았고, 동물과 식물의 질병을 야기하는 것으로 밝혀졌기에 이런 점에서 바이러스와 유사했다. 데렐은 그것에 '박테리아 포식자'를 의미하는 '박테리오파지'라는 이름을 붙였다.

나중에 간단히 파지라고도 알려진 박테리오파지는 실제로 박테리아를 감염시키는 바이러스임이 명백해졌다. 파지는 자신의 DNA에 의하여 암호화된 자신의 유전자를 가지고 있음이 밝혀졌다. 그 유전자들은 파지의 '머리'를 구성하는 단백질로 이루어진 용기에 담겨 있다. 파지는 역시 단백질로 이루어진 '꼬리'에 의해 박테리아에 달라붙어서 자신의 DNA를 박테리아에 주입한다. 단백질 머리는 박테리아 바깥에 남아 있고, 파지가 더 많은 자손을 번식하고 생산하기 위해 필요한 정보를 담고 있는 DNA가 박테리아로 들어가 더 많은 파지의 생산을 지시한다(15장, 그림 25). 파지 DNA를 구성하는 유전자는 또한 더 많은 파지를 만들어내기 위해 박테리아 세포를 '속이는' 단백질들을 암호로 지정한다. 이런 식으로 파지는 자신의 재생산을 위하여 박테리아를 지배한다. 파지 DNA는 파지의 머리와 꼬리를 만들어내는 구조적 단백질도 암호로 지정한다. 이 유전자들은 박테리아 세포내에서 구조적 단백질들을 만들어내기 위하여 '판독' 된다.

파지는 오직 박테리아만 감염시키므로 다른 유기체의 세포에는 해가 없다. 한때 파지는 잠재적 항박테리아성 매체로 생각되었으나 그럴 수 없음이 판명되었다. 그러나 그것들은 박테리아 생화학과 유전학을 연구하는 데 매우 유용해졌다. 파지는 또한 파지 유전학 분야를 열었고 그것은 일반적으로 유전학에 대한 우리의 지식에 엄청난 기여를 했다. 더 최근에 파지는 재조합 DNA 기술에서 사람과 다른 동식물의 유전자를 분리해내고 조작하는 데 강력한 도구가 되어 왔다. 재조합 DNA 기술은 생물학과 의학에 혁명을 일으켰다. 거의 모든 유전자가 선택된 유기체로부터 분리될 수 있으며 화학적 분자 배열이 확인될 수 있어서 그것은 유기체의 DNA 백과사전에 대한 자세한 지식을 제공해 준다. 이것은 진단 시약과 가능성이 있는 약제와 백신을 전례 없는 규모로 제공해 줄 것이다. 박테리오파지는 이 혁명에서 중요한 역할을 했다. 인간이나 다른 생물의 단백질을 암호로 지정하는 유전자를 파지 자신의 DNA에 통합시킴으로써 과학자들은 파지를 속여서 외래 유전자를 마치 자신의 것인 양 받아들이게 할 수 있다. 그리고 나서 이 재조합 파지는 박테리아에 침투하여 외래 DNA를 따라 번식한다. 이런 식으로 파지는 다른 생물의 유전자를 암호화하는 DNA를 분리해내거나 만들어내기 위해 이용될 수 있다. 외래 유전자는 파지가 박테리아 세포에 침투할 때 특정 단백질(외래 DNA에 의해 암호를 지정받은 단백질)을 만들기 위해 선택될 수 있다. 이런 상황에서 재조합 파지는 다량의 단백질 생산의 근원이 될 수 있다. 백신, 진단 단백질, 호르몬 같은 의학적으로 유용한 다른 단백질이 이런 방식으로 박테리아 안에서 생산될 수 있다.

박테리오파지는 그 자체로서 유전자와 그것이 생산하는 단백질을 다루고 탐구하기 위한 도구인 반면에 그것의 생물학적 기본 특성에 관한 연구는 또한 유전자를 조작하는 우리의 능력에 결정적인 기여를 해온 제한효소라는 또다른 일단의 물질의 발견을 가능케 했다. 일반적으로 단백질인 효소는 화학반응중에 자신은 변화하지 않고 화학반응 속도를 가속시킨다. 그것들은 생명체의 촉매다. 제한효소는 DNA 분자를 정확한 위치에서 절단하여 정확하게 정해진 조각들을 만들어내는 단백질이다. 선택된 유전자들을 다른 유전자들로부터 잘라내어 그것들을 분리시킬 수 있게 하는 것은 이러한 정밀성이다. 제한효소는 DNA의 열에 구획을 지정해 준다. 제한효소 분해에 의하여 만들어진 DNA 절편들은 서로 분리될 수 있고 다른 것들에 대한 그것들의 위치는 결정될 수 있다. 제한효소가 없으면 재조합 DNA 기술은 존재할 수 없을 것이다. 그것들은 DNA 단편을 생명체의 DNA 백과사전으로부터 삭제되게 해 주며 둘 또는 그 이상의 DNA 조각을 정확하게 잘라내고 다시 결합시키는 분자 가위다. 그것은 분자생물학자가 일상적으로 사용하는 도구가 되었고, 목수의 톱만큼 재조합 DNA 연구에 중요 부분이 되어 있다.

제한효소는 천연적으로 존재한다. 그것은 생화학자가 분리시키고 도구로 이용하는 몇 가지 자연의 효소 중 하나이다. 제한효소가 DNA를 정확하게 정해진 조각으로 절단하는 정밀성과 정확성 그리고 만능성은 인간에 의하여 발명된 기계나 화학반응에 비교될 수 없다. 그러나 제한효소가 발견되었을 때 그것이 얼마나 중요해질 것인가를 깨달은 과학자는 거의 없었다. 실제로 많은 사람들은 이 효소에 대한 연구가 극히 전문적이며 실용적 가치가 있지는 않을 것이라고 생각했다. 그러나 다른 많은 발견이 그렇듯이 순수 연구가 매우 유익한 기대하지도 못한 응용을 창출할 수 있고 실제로 창출한다는 사실을 제한효소는 입증했다. 많은 과학자들이 제한효소의 정체 확인과 특성 부여 그리고 이용에 관여했다. 그들 중에 세 명인 베르너 아버(Werner Arber, 1929~), 대니얼 네이선스(Daniel Nathans, 1928~), 그리고 해밀턴 스미스(Hamilton O. Smith, 1931~)는 1978년에 그들의 공로로 노벨 생리학 및 의학상을 수상했다.

제한효소의 발견

제한효소는 파지에 의한 박테리아의 감염에 관련된 몇 가지 흥미있는 실험적 발견의 결과로 발견되었다. 1950년대 초에 많은 다른 그룹의 과학자들이 박테리아의 어떤 계통이 같은 종(種)의 다른 계통만큼 특정한 파지에 의해 쉽게 감염되지 않는 것을 알아냈다. 다시 말하면, 파지가 한 계통의 박테리아에 첨가되면 그것은 그 박테리아 안에서 왕성하게 번식하지만 같은 파지가 다른 계통의 박테리아에 첨가되면 그것은 거의 번식하지 않는다. 파지는 두 경우에 똑같기 때문에 이 현상이 박테리아 계통간의 차이로 일어난다는 생각이 생겨났다. 자신의 내부에서 파지가 번식하는 것을 방해하는 박테리아의 계통은 파지의 전염성에 대하여 제한성이 있다고 할 수 있다.

그럼에도 불구하고 하나의 특정(비제한성) 박테리아 계통에서 잘 자랄 수 있는 파지는 제한성 박테리아 계통에서 미약하기는 하지만 어느 정도까지는 자랄 수 있었고 적은 수의 파지가 이 제한성 박테리아로부터 회수될 수 있었다. 그러나 이 파지가 같은 제한성 박테리아에 첨가되었을 때 이제 그것들은 신속하게 번식할 수 있었다. 그것들은 더이상 그 박테리아에 의해 제한받지 않았다(그림 26). 비슷하게, 제한성 박테리아에게서 회

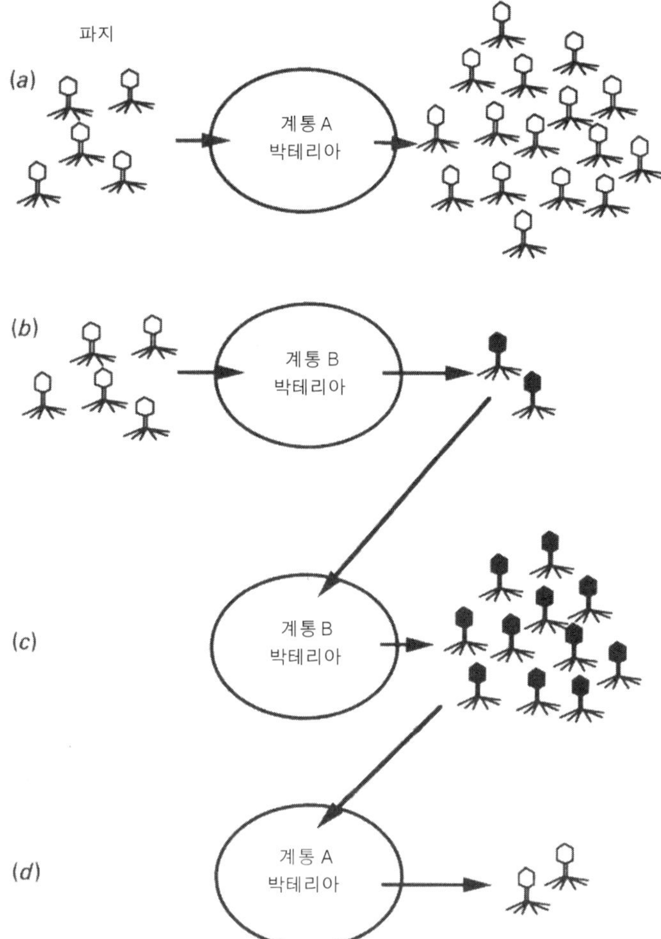

그림 26 ▶ 파지 감염에 대한 박테리아의 제한성. 파지는 계통 A 박테리아에서 잘 번식할 수 있다(a). 그러나 제한성 박테리아인 B에서는 잘 번식하지 못한다(b). 계통 B에서 생산된 적은 수의 파지가 이제 계통 B 박테리아를 감염시키는 데 사용되면, 제한성은 더이상 나타나지 않는다(c). 계통 B는 그 파지를 하여간 수정하여 번식할 수 있게 한다. 계통 B 박테리아를 통과한 파지는 이제 계통 A에 의해 제한된다(d).

수된 적은 수의 파지는 원래 그 파지가 잘 번식하던 박테리아 계통에 첨가되면, 그것은 이제는 매우 미미하게 번식한다. 다시 말해서, 파지는 이 박테리아 안에서 감염 경로를 통과하면 제한성 박테리아 계통에서 잘 자라게 만들어질 수 있었다. 이 결과에 대한 한 가지 해석은 박테리아가 어떤 방식으로 파지를 수정하고 이 수정은 파지가 그 박테리아에서 자라는 것을 가능하게 해 준다는 것이다.

다른 박테리아에서의 이 제한 - 수정 체계에 대한 연구들은 그것이 흔한 현상이어서 많은 박테리아가 이 체계를 소유한다는 것을 밝혀냈다. 이 체계는 또한 아주 흔히 각 박테리아 계통에 특수했다. 파지가 한 박테리아 계통에서 수정되면, 그 계통에서는 잘 자라지만 다른 계통에서는 그렇지 않았다. 또한 어떤 박테리아 계통은 하나 이상의 제한 - 수정 체계를 가져서 하나 이상의 방식으로 파지를 수정할 수 있음이 밝혀졌다.

파지를 박테리아 안에서 수정하여 번식하도록 허용하거나 제한하여 번식하지 못하게 방해하는 메커니즘은 스위스 생화학자 베르너 아버와 그의 동료들이 박테리아에 의해 수정되는 것은 파지의 머리나 꼬리의 단백질이 아니라 파지의 DNA임을 밝혀냈던 1960년대까지 이해되지 않았다. 아버와 그의 팀은 비제한성 박테리아 계통에서 성장한 파지의 DNA는 제한성 박테리아에 들어가자 마자 해체되는 것을 발견했다. 똑같은 DNA가 비제한성 박테리아에 들어가면 해체되지 않았다. 파지는 꼬리로 제한성 박테리아에 달라붙어 자신의 DNA를 박테리아 안에 주입할 수 있었지만 파지 DNA는 제한성 박테리아 안에서 별로 오래 생존하지 못했다. 이것은 파지 DNA에 대한 연구, 즉 파지 DNA가 어떻게 수정되며, 수정되지 않는 것이 그 DNA가 제한성 박테리아 계통에 의해 해체되는 것을 의미하는지 등에 노력이 집중되게 했다.

파지 DNA가 제한성 박테리아에 들어가면 해체된다는 사실은 DNA 엔도뉴클레아제라 불리는 단백질이 파지 번식에 대한 박테리아의 제한에 관여함을 암시했다. DNA 엔도뉴클레아제는 DNA를 해체시키는 효소다. 몇 가지 유사한 효소가 벌써 알려져 있었고 그것들은 DNA를 광범위하게 작은 조각으로 해체시켰다. 그러나 제한성 박테리아에 의한 파지 DNA의 해체에 대한 자세한 연구는 파지 DNA가 제멋대로의 크기로 깨지는 것이 아니라 정해진 조각으로 절단됨을 암시했다.

　파지 DNA가 박테리아에 의해 수정되는 메커니즘에 대한 연구는 화학적 무리를 DNA에 첨가하는 특정한 효소의 발견으로 이어졌다. 이 효소는 DNA 메틸라제라 불렸다. 박테리아는 파지 감염을 방해하기 위해 제한효소(제한 DNA 엔도뉴클레아제)를 사용해 파지 DNA를 해체시킬 수 있었다. 자신의 제한효소로부터 자신을 보호하기 위하여 박테리아는 DNA 메틸라제를 사용해서 자신의 DNA를 수정해야 한다. 파지가 제한에서 살아남으면, 그것은 박테리아가 자신의 DNA를 수정하는 것과 같은 방식으로 박테리아의 DNA 메틸라제에 의해 수정된다. 수정된 파지 DNA는 이제 더이상 제한 엔도뉴클레아제에 민감하지 않으므로 그 박테리아에서 복제될 수 있다. 이것은 제한성 박테리아를 통과한 파지가 왜 이전의 제한성 박테리아 안에서 이제는 잘 번식할 수 있는 파지 후손을 생산하는지 설명해 준다. 파지 DNA는 제한효소로부터 파지를 보호하기 위해 수정되었고, 더이상 해체되지 않으므로 파지는 성공적으로 재생산될 수 있다.

　파지 DNA의 제한과 수정은 살아 있는 박테리아 세포 대신 박테리아 추출물을 사용해서도 검출될 수 있음이 나중에 입증되었다. 이것은 제한 -수정의 메커니즘을 더 쉽게 밝혀내는 경로가 되었다. 박테리아 추출물은 파지 DNA를 수정하는 활동성 DNA 메틸라제를 함유했고, 수정되지 않은 파지 DNA를 해체시키는 제한효소를 함유했다. DNA 메틸라제와 제한효소는 이제 박테리아 추출물에서 모든 다른 박테리아 성분과 분리되어 정제될 수 있었다.

　미국의 생화학자 해밀턴 스미스와 동역자들은 최초로 제한효소를 분리하여 그것이 파지 DNA를 정해진 절편으로 절단하는 것을 보여주었다. 같은 실험실의 대니얼 네이선스는 발암성 바이러스를 연구하고 있었고 발암성의 원인이 되는 DNA 절편을 분리해내기를 원했다. 그는 스미스의 효소를 조금 얻어서 그 바이러스에서 이 DNA 절편을 분리해내는 데 성공했다. 네이선스와 그의 팀은 제한효소로 파지 DNA를 처리했고 11개의 DNA 절편을 만들어냈고, 이 절편들이 파지에 의해 암호화된 하나 또는 그 이상의 유전자를 함유한 것을 밝혀냈다. 네이선스는 최초의 제한 지도

(restriction map)를 만들어냈다. 제한효소는 파지 DNA의 길이 방향의 아무 곳이나 절단하는 것이 아니라 매우 정확한 자리들을 절단하고 있었다.

유사한 정밀 절단은 더 많은 제한효소의 특성임이 밝혀졌고, 이 효소들은 DNA의 길이 방향의 매우 정확한 구획을 인식하고 있음이 틀림없었다. 그것들은 네 문자 유전 암호의 정해진 배열(유전 암호를 구성하는 문자, 즉 염은 A, T, C, G다) 이내에서 DNA를 절단함에 틀림없었다. DNA분자의 염기를 확인하는 방법이 개발되자 제한효소에 의해 인식되고 절단되는 염기 배열이 정해졌다. 그 효소에 의해 절단될 수 있는 가능한 배열이 많이 있으며 각 제한효소는 자신의 특성 염기 배열에 따라 DNA를 잘랐다. 그러나 종종 다른 제한효소가 같은 배열을 인식했다. DNA를 정확한 지점에서 절단하는 제한효소의 용도는 생명체의 DNA 백과사전에서 유전자를 잘라내고 유전자를 작은 조각으로 자르는 수단을 제공했다. DNA를 크기에 따라 분리하고 다른 DNA 배열을 배경으로 특정 DNA 배열을 감지하는 기술같이 방법상의 중요한 발전과 함께 제한효소의 DNA 분자 절단은 실험실에서 유전자를 다루고 연구하는 새로운 접근법을 과학자들에게 제공했다. 1990년까지 수백 가지 DNA 배열을 인식하는 1천 종을 훨씬 넘는 제한효소가 특성화되었고 수백 종이 상품화되었다.

제한효소의 성질

제한효소는 그것이 추출된 유기체의 이름을 따라 명명된다. 그 유기체의 학명 중 종명의 첫 두 자가 속명의 첫 자에 첨가된다. 예를 들면 *Escherichia coli*라는 박테리아(대장균)는 *Escherichia* 속에 속하는 종의 하나인데 종명이 *coli*다. *Escherichia coli*에서 얻은 제한효소는 Eco라 불린다. 예를 들면, EcoRI 효소는 *Escherichia coli*의 R계통에서 분리된 첫 번째 제한효소였다. 대부분의 제한효소는 미생물에서 발견되었지만 그것보다 훨씬 더 일반적으로 분포되어 있을 것이다. 실제로 한 가지가 사람의 태아에서 검출되었다. 사람은 *Homo sapiens* 종에 속하므로

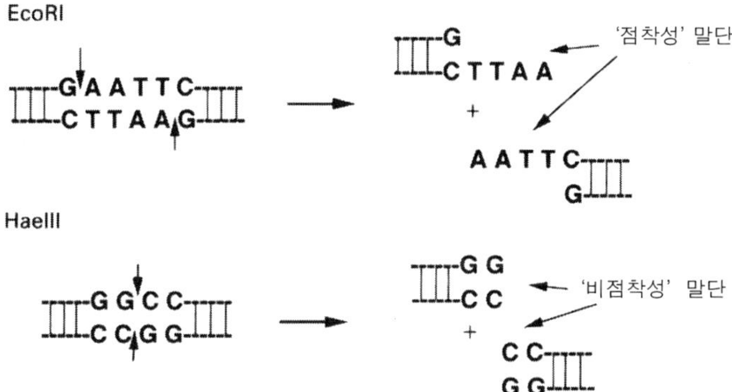

그림 27 ▶ 제한효소는 DNA를 잘라 '점착성' 말단 또는 '비점착성' 말단을 만들어낸다. 점착성 말단은 EcoRI 효소(위)에서처럼 효소가 인지 배열의 중앙에서 떨어진 위치에서 DNA를 자를 때 만들어진다. 그 효소가 인지 배열의 중앙에서 DNA를 자를 때는 HaeIII 효소(아래)에서 처럼 비점착성 말단 절편이 생겨난다.

사람의 제한효소는 HsaI라 불린다. 모든 제한효소가 바이러스의 DNA처럼 외래 DNA로부터 세포를 보호하는 역할을 하는지는 아직 규명되지 않았다. 그들 중 몇몇은 유전자의 구조, 조직, 성질 및 암호 해독을 조절하는 정밀한 기능을 가졌을 것이다.

어떤 제한효소는 DNA를 정확한 위치에서 절단하지 않는다. 그리고 이것은 재조합 DNA 기술에 별로 유용한 도구가 되지 못한다. DNA를 정확하게 절단하는 많은 효소 중 몇몇은 DNA 이중나선의 두 가닥을 정확한 자리에서 절단하여 '비점착성 말단' 절편을 만들어낸다(그림 27). 다른 것들은 두 가닥을 엇갈리는 방식으로 절단하여 '점착성' 말단을 가진 결과물을 만들어낸다. 점착성 말단의 DNA 절편을 만들어내는 효소는 DNA 조작에 특히 유용하다. 왜냐하면 하나의 제한효소에 의해 만들어진 점착성 말단은 그것이 절단된 DNA 분자에 관계없이 똑같기 때문이다. 점착성 말단은 서로를 인식하고 이름이 함축하듯이 서로 달라붙는다(그림 28).

이것은 다른 DNA 분자를 같은 제한효소로 절단함으로써 얻어진 두 개의 DNA 절편이 서로 결합하여 잡종, 즉 재조합 DNA 분자를 만들어내게 한다. 예를 들어 사람의 DNA 절편은 파지 DNA 절편과 혼합되어 사람 - 파지 재조합 DNA 분자를 만들어낼 수 있다. 이 과정은 실제로 사

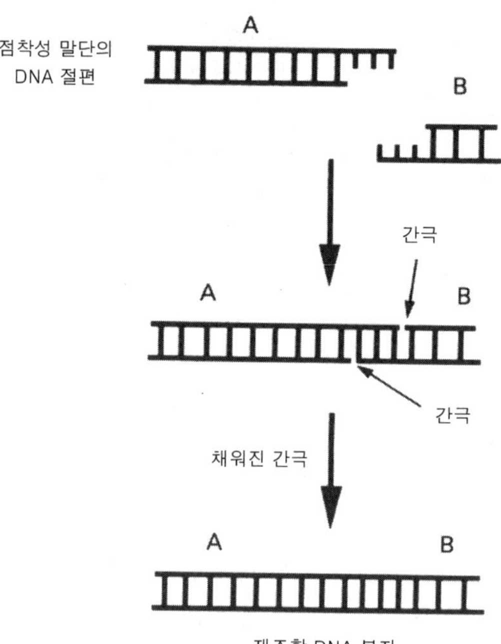

그림 28 ▸ 제한효소에 의한 '점착성 말단'을 가진 DNA 절편의 생성은 두 개의 DNA 분자를 결합하는 데 유용하다. 두 개의 분리된 DNA 분자를 같은 제한효소로 분해함으로써 생성된 다른 DNA 절편(A와 B)이 서로 달라붙고 그것의 가닥 사이의 간격은 화학결합이 그것들을 결합하기 위해 두 개의 '자유로운' 말단 사이에 형성될 때 채워질 수 있다. 이것은 두 개의 배열 A와 B를 포함하는 잡종(재조합) DNA 분자를 만들어낸다.

람의 유전자를 파지의 DNA 백과사전에 삽입하는 데 이용되어 왔다. 이로써 사람의 유전자가 분리되어 마치 파지의 일부인 것처럼 성장할 수 있다.

많은 제한효소는 그것들이 선별하는 DNA 문자 인식 배열 내에서 DNA를 절단한다. 그러나 어떤 것은 특정 배열을 인식하지만 이 배열 밖에서 DNA를 절단한다. 그럼에도 불구하고 대부분의 인식 배열은 대칭성을 갖고 있다. DNA 이중나선의 한 가닥 위의 네 가지 문자인 A, G, C, T의 각각은 항상 이중나선의 맞은 편 가닥 위의 다른 문자 중 하나와 연관되어 있다. 그리하여 T는 항상 A와 마주하고 G는 항상 C와 마주한다. 두 가닥은 방향이 있어서, 예를 들면, AACGT의 배열은 TGCAA와 같지 않다. DNA 분자의 왼편 끝은 오른편 끝과 다르고 이 두 배열을 적는 적당한 방법은 5′AACGT3′와 5′TGCAA3′이다(5′과 3′은 DNA 분자의 특정한 화학적 특성을 언급한다. 이로써 왼쪽 끝과 오른쪽 끝이 달라진다). 다시 말해서, 3′TGCAA5′는 5′AACGT3′과 같고 5′TGCAA3′과는 다르다. 많은 제한효소의 인식 배열 내에서 DNA 이중나선의 두 가닥이 조사된다면 한 가닥의 배열은 다른 가닥의 배열과 동일하다. 예를 들면 EcoRI는 배열 5′GAATTC3′ 이내에서 각각의 DNA 가닥을 인식하고 절단한다. DNA 이중나선에서 이 배열에 대한 맞은 편 가닥은 A는 T와, C는 G와 짝을 짓고 한 가닥에 5′ 끝은 다른 가닥에 3′ 끝에 마주하므로 5′GAATTC3′이다. 이러한 대칭 유형은 이중 회전 대칭이라고 부른다. 이중나선이 180도 회전할 때 그것은 처음 분자와 동일해진다(그림 29). 이러한 대칭적 배열은 'civic'과 'refer'처럼 앞뒤 어디로 읽어도 똑같은 단어를 닮았다. 그래서 이 DNA 배열을 '앞뒤 어디로 읽어도 똑같은 DNA 배열(palindromic DNA sequece)'라고 부른다. 그 대칭성은 제한효소가 DNA에 부착하여 마주하는 가닥의 동일한 자리에서 DNA를 절단하는 이유가 된다.

박테리아 안에서 각각의 제한효소는 제한효소의 인지 배열을 수정하는 해당 DNA 메틸라제를 가지고 있어서 그 DNA가 절단되지 못하게 한다. 예를 들면, 각각의 DNA 가닥을 GAATTC 배열의 G와 A 사이에서 절단하는 EcoRI는 이 배열의 두 번째 A를 수정하는 DNA 메틸라제와 함께 *Escherichia coli* 안에 존재한다. 이 A가 수정될 때 EcoRI는 더이상 그 DNA를 절단하지 않는다. 이런 식으로 박테리아의 DNA 백과사전에 존재하는 모든 GAATTC 배열은 A에 화학적 그룹을 첨가하는 DNA 메틸라제에 의하여 수정되어서 그 박테리아의 EcoRI 제한효소는 자신의 DNA를 절단하지 않는다. 파지 안에나 다른 출처에서 온 외래 DNA는 이 수정이 없어서 모든 GAATTC의 배열은 절단된다. 외래 DNA를 EcoRI에 의하여 절단되지 못하게 하기 위하여 GAATTC 배열의 두 번째 A는 DNA 메틸라제에 의하여 수정되어야 한다.

대부분의 제한효소는 4 내지 6 문자 길이의 배열을 인식하지만 어떤 것은 더 많은 문자가 있는 배열을 인식한다. 또 다른 제한효소들은 특정

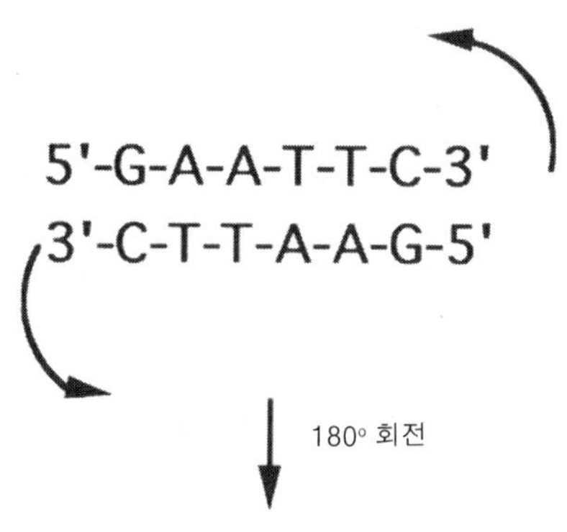

그림 29 ▶ 제한 효소는 대칭을 가진 DNA 배열에 달라붙어 절단한다. DNA 이중 나선의 한가닥에서 인식된 배열은 반대편 DNA 가닥의 배열과 동일하다. 이것은 여기 EcoRI 인지 배열에서 볼 수 있다. 배열이 180도 회전하면 그 배열은 똑같아진다.

한 DNA 배열을 인식하지만 이 배열의 바깥쪽, 즉 배열의 끝으로부터 정확한 위치의 문자에서 절단한다. 제한효소는 1백 여 종의 미소 유기체로부터 분리되어 왔다. 그것들이 인지하고 절단하는 배열의 다양성은 다른 필요에 따라 절단하는 분자 가위를 제공한다. DNA 분자는 조각으로 절단되고 결합되고 동식물과 미생물 세포의 DNA 백과사전에 삽입될 수 있다. 이제는 정상적으로는 그런 유기체에 존재하지 않는 외래 유전자를 포함하는 변종(transgenic) 동식물을 창조하는 것이 가능하다. 예를 들면, 식물의 DNA 백과사전에 항체 유전자를 삽입함으로써 동물의 항체를 생산하는 식물을 만들 수 있다. 의학적으로나 농업적으로 유용한 산물의 생산에 대한 잠재력은 엄청나다. 유전공학의 시대가 우리에게 왔으며 그것은 유용한 산물만을 제공하는 것에서 그치지 않는다. 그것은 또한 낭포성 섬유증과 근위증 같은 유전병을 다루고 아마도 치료할 수 있는 가능성을 열 것이다. 제한효소는 하찮은 기원, 침입하는 파지로부터 박테리아가 자신을 어떻게 지키려 하는지 이해하려는 과학자들의 노력에서 비롯되었다. 그들은 재조합 DNA 기술에 대한 기여로써 세계를 바꾸는 단계까지 도달하였다.

17
DNA, 분자탐정

　1983년에 잉글랜드의 레스터의 엔더비에서 한 10대 소녀가 강간을 당하고 목졸려 죽었다. 3년 후 그곳에서 불과 1마일 떨어진 곳에서 15세의 소녀가 비슷하게 강간을 당하고 살해된 채로 발견되었다. 레스터셔 경찰은 두 소녀가 같은 범인에 의해 살해되었다고 추정했지만 이러한 설을 지지해 줄 뚜렷한 증거가 없었다. 1986년 당시에 레스터 대학의 생화학과 교수인 알렉 제프리스(Alec Jeffreys, 1950~)가 이끄는 연구 그룹이 개인의 신원을 확인하고 식별하는 놀라운 과학적 새 방법을 개발해 내었다. DNA 지문법이라고 불리는 이 기술은 아주 정확해서 전 세계의 어떤 두 사람도(똑같은 쌍둥이는 제외) 같은 DNA 지문을 가질 확률은 사실상 영(zero)이었다. 기존의 지문과는 달리 범인의 손이 필요하지 않았다. DNA 지문법은 미소한 양의 피나 정액 같은 체액에 대하여 실시할 수 있었다. 몇 년 전에 생긴 건조한 핏자국까지도 그 피를 흘린 사람의 신원을 알아내기 위한 DNA 지문을 얻는 데 사용될 수 있었다.

　엔더비의 살인자 또는 살인자들의 정액의 잔존물들이 희생자들에게서 발견되었고, 제프리스 교수는 두 살인범이 동일인인지 확인하기 위해 이 표본에 대하여 그의 새 DNA 지문법을 실시해 줄 것을 요청받았다. 그 검사는 결정적임이 판명되었다. 한 희생자에게서 나온 정액은 다른 희생자에게서 나온 것과 동일한 DNA 지문을 가졌다. 두 피살자들은 동일인에 의하여 강간당했으리라는 경찰의 추측이 확증되었다.

살인 사건들이 일어난 지역 출신의 17세 청년이 첫 번째 용의자로 떠올랐고 경찰은 그의 자백을 받아냈다. 그러나 제프리스가 그의 DNA 지문 분석을 실시했을 때 그의 것이 진짜 강간범의 정액 표본에서 얻은 DNA 지문과 일치하지 않음을 발견했다. 그 용의자 청년은 그의 자백에도 불구하고 범행을 하지 않았음이 확실했다. 진짜 살인범에 대하여 본격적이고 집중적인 수사가 촉구되었다. 경찰에게는 중요한 단서가 있었다. 그것은 바로 범인의 DNA 지문이었다.

1987년 초, 경찰은 그 지역 주민에 대한 일제 조사를 추진시켰다. 약 5,000개의 혈액 표본이 각 개인으로부터 채취되었고 그것들의 DNA 지문이 조사되었다. 불행하게도 이것들 중 아무 것도 강간 희생자에게서 채취된 정액 표본으로부터 결정된 DNA 지문과 일치하지 않았다. 그러나 경찰은 한 지역 주민에게 그 살인 사건들에 대한 강력한 혐의를 두었다. 오래지 않아 한 사람이 그가 우연히 들은 두 직장 동료 사이의 대화 내용을 경찰에 알렸다. 한 사람이 다른 사람에게 콜린 피치포크라고 불리는 제빵업자가 경찰이 실시한 DNA 지문 일제 검사 실시 중에 자신을 설득하여 피를 얻어냈다고 말했다. 피치포크에게 경찰이 접근하여 그의 DNA 지문을 분석했을 때, 그것은 실제로 강간 희생자들로부터 나온 정액 표본에서 발견된 것과 일치했다. 1987년 피치포크는 DNA 지문이 주된 증거가 되어 기소된 최초의 살인범이 되었다.

DNA 지문법은 그 후로 전 세계에서 법정 논증 기술로 사용되게 되었고, 원래의 방법에서 개선된 변형들은 범죄 해결을 돕는 능력이 향상되고 있다. 예를 들면, 여러 해 전에 죽은 사람의 뼈조직에서 추출한 DNA를 검사하여 그 사람의 신원을 확인할 수 있고 머리카락 하나에서 추출된 DNA를 분석할 수도 있다. DNA 지문은 친자(親子)소송을 해결하는 데 종종 사용된다. 한 자녀의 진짜 아버지가 확실하게 확인될 수 있고 진짜 아버지가 아닌 남자가 아버지가 아니라는 것이 결정적으로 입증될 수 있다. 이민 분쟁도 제프리스의 방법에 의해 해결되고 있다. 예를 들면, 한 남자가 어떤 가족의 아버지라고 주장하는 많은 경우에 그는 실제로 진짜 아버지의 형제로 의심받을 수 있다. DNA 지문법은 이 두 가지 가능성을 식별할 수 있다.

생물학적 표본에 대한 법의학적 검사는 주로 혈액군 분석에 크게 의존 했는데, 그것은 혈액 표본을 얻을 수 있을 때만 사용될 수 있고 다른 조직 이나 체액에 대해서는 사용될 수 없다. 혈액군(血液群)은 그것을 운반하 는 분자가 불안정하여 이 분석은 오래된 시료에 대하여는 실시될 수 없다. 혈액군은 사람들 사이에 약간씩만 상이하므로 종종 모호한 결과를 내놓는 다. DNA 지문법은 이런 결점이 없다. 이전의 방법들은 한 사람을 용의자 에서 제외시킬 수는 있었지만 결코 한 용의자가 진짜 범인임을 합리적인 의심없이 입증할 수는 없었다. 검사되는 시료가 다른 사람에게서 나온 DNA로 오염되어 있지 않고 DNA가 용의자로부터 얻어질 수 있으며 그 과정이 제대로 행해진다면 한 용의자의 범죄 여부가 확정될 수 있다.

DNA 지문법에 대한 놀라운 사실 중의 하나는 그것이 꽤 우연히 발견 되었다는 점이다. 발견자 알렉 제프리스는 범죄 과학에 혁명을 일으키고, 직접적으로 사회에 유용한 기술을 발견하리라고는 그가 생화학 연구를 수 행하는 동안 전혀 예상도 못했다. 여기에 기초 연구가 엄청난 혜택을 가 져다 준 또다른 예가 있다. 실험실 시험관에 있는 DNA가 분자 셜록 홈 스가 되었던 것이다.

DNA 지문법을 제대로 이해하기 위해서는 유전자와 DNA의 본성에 대한 약간의 지식이 필요하다.

DNA, 유전자 그리고 단백질

각 개인은 (똑같은 쌍둥이는 제외) 자신의 독특한 신체적 특징의 집합 을 가지고 있음이 분명하다. 그렇지 않다면 어떻게 우리가 서로를 알아볼 것인가? 인간이나 다른 생명체의 신체적 외양은 그 유기체의 **표현형**이라 고 불린다. 표현형은 우리 몸 안의 수십만 개의 분자간의 상호작용에 의하여 대체로 결정된다. 특히 단백질은 생체 세포의 많은 구조적 성분의 구성물이며, 음식 에너지를 근육 활동으로 전환하는 것 같은 많은 화학 과정을 수행하기 때문에 표현형을 결정하는 주된 역할을 한다. 눈의 색깔, 머리카락의 색깔과 결, 신장과 체격은 모두 대부분이 단백질에 의하여 결정된다.

이 단백질은 어디에서 유래하는가? 대부분은 우리의 체세포에 의하여 만들어진다. 단백질은 아미노산이라고 불리는 화학 물질로 이루어져 있다. 아미노산은 음식에서 유래하거나 당류 같은 다른 음식 성분으로부터 우리 세포 자신이 직접 만든다. 우리 몸 안에는 만 여 종의 단백질이 존재하는 데 각각은 독특한 배열로 이루어진 수백 개의 아미노산으로 되어 있다. 이것은 각각의 단백질이 독특하며 신체 내에서 정확한 기능을 수행하기에 적합함을 의미한다. 인슐린은 혈당 수준을 제어하는 단백질이다. 항체는 외래 박테리아와 다른 체내 침입자들을 공격하고 박멸하는 데 관여하는 단백질이다. 케라틴은 머리카락과 손톱의 구조의 주요 부분을 구성하는 단백질이다. 그리고 헤모글로빈은 우리의 체세포에 산소를 공급하여 체세포가 왕성하게 자랄 수 있도록 하는 단백질이다.

어떻게 단백질이 다른 세포에 의하여 정확한 방식으로 만들어지는지를 이해하는 열쇠는 유전자에 있다. 유전자는 단백질에 유전 암호를 지정하여 우리의 표현형의 많은 부분을 결정한다. 체내의 각 단백질은 자신만의 독특한 유전자에 의하여 암호를 지정받는다. 뇌, 간, 콩팥, 피부, 폐 등의 세포 같은 체내의 거의 모든 세포는 유기체 전체를 만드는 데 필요한 모든 유전자를 가지고 있다. 그리하여 간 세포는 그 안에서만 발견되는 단백질이나 간과 뇌세포 둘 다에서 발견되는 단백질에 암호를 지정하는 유전자에 추가하여 뇌에서 특이하게 발견되는 단백질의 암호를 지정하는 유전자도 갖고 있다. 그러므로 간과 뇌세포의 차이점은 세포내의 어떤 특정한 유전자 조합이 단백질을 만드는 데 사용되는가에 의하여 결정된다. 간 세포는 간 세포에 의해 요구되는 단백질만을 만들도록 프로그램되어 있다. 이 단백질들의 유전자 스위치만이 '켜져' 있는 것이다. 특이한 뇌의 단백질은 간 세포에도 그것의 암호를 지정하는 유전자들이 있지만 간 세포에 의해 사용되지 않는다. 그러므로 특이한 뇌의 단백질의 유전자들은 간 세포에서는 그 스위치가 꺼져 있어서 특이한 뇌의 단백질들은 간 세포에 의하여 만들어지지 않는다. 이러한 다른 단백질 조합의 선택적 발현이 체내에서 다른 세포와 조직을 만들어내는 것이다.

유전자는 발생을 유발하는 정자와 난자를 통해서 우리의 부모로부터 우리에게 전달된다. 우리 유전자의 절반은 어머니로부터 오고 나머지 절반은 아버지로부터 온다. 우리 개인의 대부분의 독특성은 우리가 부모로부터 물려받은 유전자 조합에서 유래한다. 우리가 부모로부터 물려받을 수 있는 유전자는 수백만의 가능한 조합이 있고, 그것이 우리 형제와 자매가 우리와 다른 외모를 갖는 근본적인 이유다. 그러나 그들은 우리와 동일한 유전자도 많이 갖고 있어서 우리와 닮은 점을 갖고 있는 것이다.

유전자는 자연의 매우 복잡하고 아름다운 발현이지만 비밀스런 것은 아니다. 그것은 DNA로 이루어져 있으며 한 사람의 표현형을 결정하는 단백질을 생산하기 위하여 세포 안의 DNA를 판독하는 메커니즘은 현재 이해가 잘 된다. DNA 자체와 DNA가 단백질에 유전 암호를 지정하는 방법에 대한 이러한 이해는 20세기 인류의 가장 위대한 업적 중의 하나이다.

단백질에 있는 아미노산의 배열은 단백질마다 독특하여 그 단백질의 구조적 특성과 기능적 특성을 그 단백질에 부여한다. DNA는 단백질의 아미노산 배열이 어떠할지를 결정하는 단순한 4글자의 알파벳이다. 그 네 문자, A(아데닌), G(구아닌), C(시토신), T(티민)은 긴 사슬에 결합되어 있는 화학적으로 독특한 구조(염)다. 단백질의 아미노산 배열을 결정하는 특정 단백질 유전자는 4개의 다른 문자에 의하여 판독될 수 있다. 예를 들면, 인슐린 유전자는 매우 특이한 방식으로 배열된 수천 개의 네 문자로 이루어진 DNA의 가닥으로 이루어져 있다. 어떤 세포가 인슐린을 만들 때 그것은 인슐린 유전자 안의 정보를 판독하고 인슐린 단백질을 만든다.

DNA는 본질상, 살아 있는 세포가 자신의 구조를 구성하고 생명 과정을 수행할 단백질을 만들기 위해 읽는 놀라운 분자 백과사전이다. 각각의 사람 세포는 온몸의 단백질을 표시하는 DNA 백과사전을 갖고 있지만 단지 그 '단락들,' 즉 유전자들 중 일부만이 특별한 유형의 세포에게 필요하다. 예를 들면, 뇌세포는 자기에게 필요한 단락만을 읽는다. 다시 말해, 뇌세포는 적절한 기능을 위하여 요구되는 단백질만을 생산한다.

한 유기체의 DNA 백과사전은 게놈이라고 불린다. 인간의 게놈은 대략 10만 개의 유전자를 포함한다. 단일한 인간 세포에서 DNA를 추출하여 풀어보면 그것은 길이가 거의 2m에 달한다. 보통 어른은 대략 1조 개의 세포를 가지고 있으므로 모든 체세포에서 추출된 DNA는 지구에서 달까지를 수천 번 왕복할 길이에 해당한다.

지난 20년 동안 유전자에 대한 우리의 이해와 유전자를 실험실에서 인위적으로 조작할 수 있는 능력은 엄청난 진보를 거듭해 왔다. 사람의 게놈의 거의 모든 부분에 유전 암호를 지정하는 DNA는 작은 시험관에서 분리되어 얻어질 수 있다. 우리는 유전공학의 세계에서 살고 있으므로 언젠가 낭포성 섬유증, 다운 증후군, 근위증 같은 유전병이 DNA 조작에 의해 치료될 것이다. 어쨌든 DNA 조작에 의하여 이루어진 큰 진보는 낭포성 섬유증과 근위증 같은 병에서 결함 유전자를 연구할 수 있게 해주었다. 그러한 연구들은 이것들과 다른 불쾌한 질병들의 더 나은 치료로 인도할 실마리를 밝혀가고 있다.

인간 세포 내부의 DNA들 중 많은 수가 실제로 단백질에 유전 암호를 지정하는 일을 하지 않는 것이 밝혀졌다. 어떤 생물학자들은 이것을 DNA '정크(junk)'라고 부르는데 적어도 그것들 중 몇몇은 중요한 기능을 갖고 있음에 틀림없다. 단백질 암호 지정 유전자는 사람마다 약간의 차이가 있지만 정크, 즉 비암호지정 DNA는 훨씬 더 차이가 크기 때문에 DNA 지문법의 기초가 되는 것이 바로 이것이다.

DNA 지문법은 인간 DNA와 그것이 개인간에 어떻게 다른가에 대한 기초 연구에서 비롯되었다. 그것의 법의학적 응용은 이 연구의 목적과는 거리가 멀었다. 오히려 그러한 응용은 기대하지도 못한 부산물 중 하나였다. 그것이 과학 연구가 진행되는 방식이다. 아무도 그것이 무슨 보물을 감추고 있는지 확실히 알 수 없다.

DNA 지문의 발견

알렉 제프리스는 1950년에 잉글랜드의 옥스퍼드에서 태어났다. 그는 어려서 생체 세포를 구성하는 분자에 관심을 갖게 되어 옥스퍼드 대학에서 생화학 학위를 받았다. 1970년대 초에 과학자들은 어떻게 DNA가 단백질에 암호를 지정하며 왜 다른 종류의 세포가 다른 단백질 조합을 만들어 내는지 연구하기 위한 기술을 개발하여 사용하고 있었다. 제프리스는 이 연구 분야에 매혹되었고 그 주제로 박사학위 연구를 했다.

1970년대 말에서 1980년대 초에 과학자들은 유전자를 추출하는 단계까지 진보했다. 주어진 DNA 분자의 네 가지 문자(A, G, C, T)의 배열을 결정하는 것이 가능해져서 그것들에 의해 암호를 부여받은 단백질을 '판독'하는 것이 가능했다. 많은 과학자들처럼 제프리스는 세포가 어떻게 어떤 조합의 유전자를 제어하여 단백질로 번역하는지, 유전자가 어떻게 진화했는지, 그리고 이상 DNA 배열을 포함하는 낭포성 섬유증이나 근위증 같은 유전병을 어떻게 더 잘 이해할 수 있는지를 알아내는 데 DNA 분자의 분리와 그 배열의 결정이 열쇠가 된다고 믿었다. 그러므로 그는 헤모글로빈의 단백질 성분이 글로빈에 암호를 지정하는 DNA를 추출하여 연구하고 있었던 네덜란드의 과학자 팀에 합류했다. 헤모글로빈은 피의 색을 붉게 하며 폐에서 다른 신체 기관으로 산소를 운반하는 생체 기능을 한다. 글로빈에 암호를 지정하는 유전자는 시험관에서 분리된 최초의 유전자 중 하나였다.

네덜란드의 딕 플라벨(Dick Flavell, 1943~)과 함께 일하는 동안 제프리스는 유전자가 많은 사람들의 생각만큼 단순하지 않음을 발견했다. 글로빈 유전자는 연속상으로 존재하지 않고 분명한 의미가 없는 DNA 배열에 의해 중단되어 있음이 발견되었다. 인트론(intron)이라고 불리는 이 중간 마디는 글로빈 단백질 세포의 어느 부분에도 암호를 지정하지 않지만 글로빈에 암호를 지정하는 유전자 내에 존재한다. 그것은 마치 DNA 백과사전의 단락들의 의미 있는 많은 문장 속에 띄엄띄엄 흩어져 있는 의미 없는 단어 배열과 같다. 그 후로 인트론은 많은 유전자에서 발견되었고 결코 무의미한 것이 아니라 특정 유전자가 만드는 단백질의 수준을 조절하는 데 관여한다는 증거가 있다.

제프리스의 글로빈 유전자 연구는 DNA 배열에 대해 또 DNA 배열이 어떻게 다른 개인 사이에서, 또 다른 종 사이에서 차이가 나는지에 대해 더 많이 알고 싶은 호기심과 열망을 그에게 불러일으켰다. 그는 영국으로 돌아가 레스터 대학에서 교수직을 맡아 또 다른 유전자, 이번에는 미오글로빈이라는 단백질에 암호를 부여하는 유전자에 대하여 연구하기 시작했다. 미오글로빈은 근육 세포가 피로부터 산소를 받아들여 근육 활동에 사용하는 것을 도와준다. 동시에 제프리스가 인도하는 과학자 팀은 **소종체**(小從體, minisatellite)라는 인간 DNA 배열에 대하여 연구하기 시작했다. 인트론처럼 소종체는 단백질에 암호를 지정하지 않는 DNA 배열이다. 그것은 인간 세포마다 수천 본씩 존재하며 그것의 기능은 아직 충분히 이해되지 않았다.

미오글로빈과 소종체에 대한 두 연구 프로젝트는 제프리스와 그의 동료들이 사람의 미오글로빈 유전자에서 소종체의 DNA 배열을 발견했을 때 하나로 합쳐졌다. 이 소종체는 미오글로빈 유전자의 인트론 중 하나에 존재했다.

제프리스는 일반적인 DNA 배열과 DNA가 인간의 게놈에서 어떻게 배열되어 있는가에 관심이 끌렸듯이 이 소종체에도 관심이 끌렸다. 소종체는 인간의 게놈의 다른 곳, 즉 미오글로빈 이외의 단백질에 암호를 지정하는 유전자 내에서도 발견될 것인가? 그렇게 된다면 소종체는 다른 유전자 영역에 대한 '표시(marker)'로 사용될 수 있으며, 그것은 비정상 DNA 배열이 잘못된 단백질에 유전 암호를 지정하여 병적 표현형을 야기한 다양한 유전병에서 비정상 유전자 영역을 감지해 내는 데 사용될 수 있다고 제프리스는 생각했다.

제프리스 팀이 사람의 게놈의 다른 곳에서 미오글로빈 소종체 DNA 배열을 찾아냈을 때 그들은 실제로 유사 배열이 다른 많은 곳에서도 존재하는 것을 발견했다. 그러나 놀라운 것은 사람들은 그들의 게놈에 그들 나름대로의 소종체의 패턴을 갖고 있는 것이었다. 소종체 DNA 가닥의 길이는 사람마다 매우 달랐다. 그래서 제프리스는 자신이 한 사람을 다른 사람에게서 구분되게 하는 DNA 배열, 즉 DNA 지문을 찾아낸 것을 깨달았다. 그는 또한 친척들은 공통적으로 서로의 DNA 지문의 특색을 약간씩 공유하고 있음을 발견했다. 예를 들어, 한 자녀의 DNA 지문은 부모의 DNA 지문의 일부로 구성될 것이다. 그림 30은 어떻게 DNA 지문이

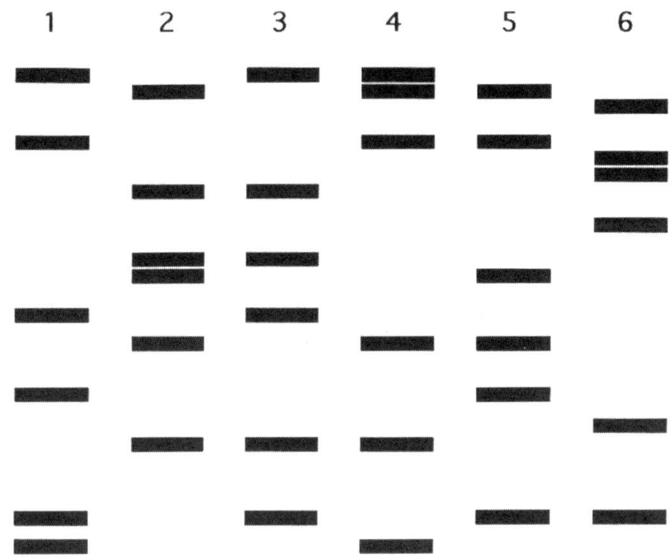

그림 30 ▶ 가족 구성원의 DNA 지문들. 1열은 어머니의 DNA 지문을 나타낸다. 2열은 아버지의 DNA 지문을 나타내고, 3, 4, 5열은 그들의 세 자녀의 DNA 지문을 나타낸다. 각 자녀는 각각의 부모에게서 띠들을 이어 받고 한 자녀의 띠 전부는 부모에게서 발견된다. 6열의 DNA 지문은 그 가족의 구성원이 아닌 사람의 것이다. 띠들이 부모나 자녀에게서 나타나는 것과는 상당히 다르다.

가족 구성원 사이에서 달라지는지를 보여준다.

제프리스와 그의 동료들이 DNA 지문이 존재한다는 것을 입증하는 논문을 발표한 후에 영국의 신문들은 그 발견을 보도했다. 제프리스는 이 공개의 결과로 이민 소송을 해결하는 데 문제가 있었던 한 변호사를 접촉하게 되었다. 한 남자가 이미 영국에 살고 있는 한 가족의 합법적 구성원임을 주장했지만 그의 입국은 거절당한 상태였다. 그와 그의 변호사는 그 가족과 그의 관계의 신빙성을 당국에 납득시키는 데 실패했다. 제프리스와 그의 팀은 이 남자와 그의 추정된 가족의 DNA 지문 검사를 실시했고 그의 주장이 사실임을 입증했다.

신문들은 이 일을 대서특필했고, 제프리스에게 더 많은 이민에 대하여 DNA 지문 검사를 해달라는 요청이 쇄도했다. 결국 1985년 말에 그 검사를 수행하는 회사가 설립되었다. 영국과 다른 나라의 법의학 연구실은 곧 필요한 기술을 개발했고, DNA 지문법은 이제 전 세계에서 친자 소송과 이민 분쟁뿐 아니라 범죄 해결에도 사용되고 있다.

DNA 지문검사 기술

DNA 지문을 만들기 위한 출발점은 지문을 알려는 사람의 DNA를 포함하는 표본을 얻는 것이다. 요즈음 DNA 지문법 및 그 과정의 수정판은 혈액, 정액, 타액, 머리카락, 뼈 등 전 범위의 물질에 대해 실시될 수 있다. DNA는 내구력이 있어서 2,500년 된 이집트의 미이라나 5,500년 된 뼈에서도 소량으로 추출될 수 있다. 제프리스와 그의 팀은 피살자의 해골에서 DNA를 추출하고 그것을 희생자의 추정상의 부모의 DNA와 비교함으로써 신원을 확인해 냈다. 그들은 또한 양질의 DNA가 4년 된 광목 위의 혈흔에서 추출되어 지문을 만드는 데 사용될 수 있음을 알아냈다.

최근에는 미세한 표본에 대해 DNA 지문과 관련된 방법을 사용하는 것이 가능해졌다. 한 가닥의 머리카락은 약 5,000개의 세포를 포함하며 이것은 명쾌한 DNA 패턴을 만들기에 충분하다. 실제로 이제는 단일 세포의 DNA를 검출하는 것이 가능하다. 이것은 '중합체 효소 연쇄반응,' 즉 PCR(polymer chain reaction)이라고 불리는 과정으로 가능해진 것이다. 그것은 단일 세포의 DNA를 수천 개의 복사본으로 증폭시켜 제프리스의 방법을 사용해 검사할 수 있게 한 것이다. 법의학은 엄청나게 발전할 것이다. 범죄 현장에서 회수된 DNA는 소량만 있어도 전례 없는 수준으로 희생자와 범인의 신원을 확인할 수 있게 될 것이다.

일단 DNA가 연구중인 체액이나 조직 표본에서 분리되면 DNA 지문검사가 수행되기에 충분히 양호한 상태인지 확실히 하기 위해 그것의 질과 양이 평가된다. 그림 31은 이 DNA로부터 지문을 얻는 데 연관된 방법의 순서를 나타낸다. DNA는 DNA를 정확한 위치에서 절단하는 단백질인 제한효소를 사용하여 정해진 배열의 더 작은 절편으로 쪼개진다(16장). 이것은 소종체가 있는 게놈의 다른 영역이 서로 분리되게 해준다. 어

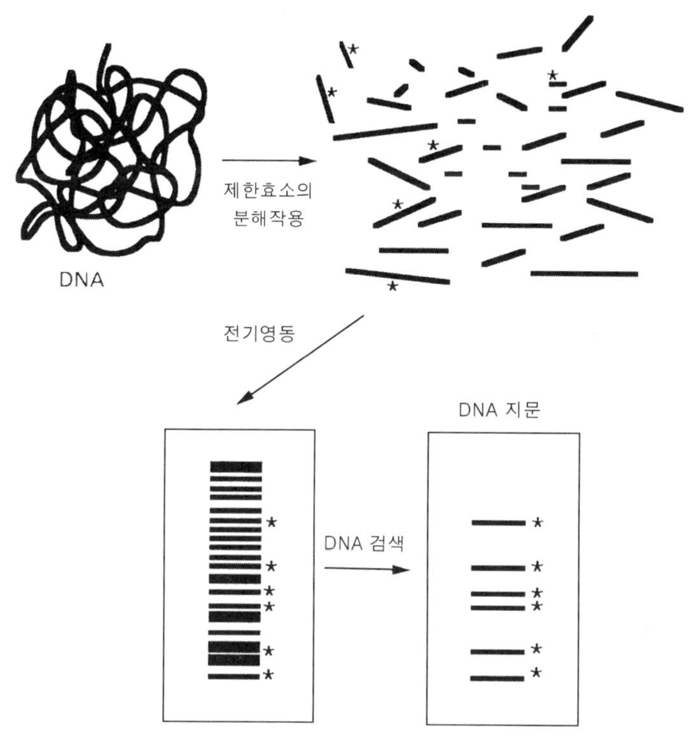

그림 31 ▶ DNA 지문법. DNA를 지문 채취할 표본(피, 정액 등)으로부터 추출하여 정해진 조각으로 절단한다. DNA 절편을 크기에 따라 전기영동의 방법으로 분리하고 DNA 탐침으로 조사하여 소종체 DNA 배열이 있는 절편을 검출한다. 마지막 단계에서 소종체 DNA가 있는 DNA 절편을 나타내는 지문 이 만들어진다. '지문' 배열이 있는 절편은 별표가 붙어 있다.

떤 소종체는 매우 큰 DNA 절편에서 발견되고 어떤 것은 작은 절편에서 발견된다. 제한효소에 의해 만들어진 어떤 절편은 소종체의 배열을 포함 하지 않는다.

DNA 절편은 **전기영동**(電氣泳動)이라는 과정을 거쳐서 크기에 따라 분 리된다. 이 방법에서 전류의 영향을 받아 큰 DNA 파편은 작은 것보다 느리게 이동한다. 일단 분리되면 소종체 DNA가 있는 절편들은 얻어진 DNA 절편의 총수의 작은 부분만을 대표하므로 특정화될 필요가 있다. 소종체 DNA를 검출하는 '탐침'이 이 목적에서 사용되고, 최종적 DNA

지문은 각 사람의 특성이 되는 정확한 패턴으로 배열된 많은 띠(소종체 DNA가 있는 다른 크기의 DNA 절편)로 이루어져 있다.

DNA 지문은 슈퍼마켓에서 파는 식료잡화류에 붙어 있는 바코드와 비교된다. 각각의 물품은 다른 물품과 구분되는 독특한 바코드를 갖고 있어서 자동현금등록기가 그것이 통조림인지 밀가루인지 또는 다른 무엇인지를 식별하게 해준다. DNA 지문은 유사한 정확성과 단순성으로 개인의 신원을 확인해 준다.

DNA 지문법이 법의학 이외의 영역에서 응용되는 사례가 많고, 그 방법의 새로운 용도가 종종 발견되고 있다. 소종체 같은 DNA가 다른 동물이나 식물에서도 발견되었고 DNA 지문법은 도난당한 동물의 신원 확인, 동물 육종분쟁에서 혈통 확인, 육종 연구에서 만들어진 식물을 기술하는 데 사용될 수 있다. 제프리스의 DNA 방법은 예를 들면, 영국 개 품평회에서 챔피온이 된 개의 품종을 확인하는 데 사용되었다.

이식된 장기는 수혜자와는 다른 DNA 지문을 가진 증여자에서 유래하기 때문에 DNA 분석이 장기 이식의 진보를 연구하는 데 사용될 수 있다. 골수 이식을 받은 백혈병 환자로부터 채취한 골수 세포의 DNA 지문은 이식된 세포가 새로운 체내에서 얼마나 잘 정착했는지를 평가할 수 있게 해준다.

1980년대 말에 2차대전중 아우슈비츠 수용소의 희생자들에게 '죽음의 천사'로 알려진 나치 의사인 요제프 멩겔레(Josef Mengele)의 것이라는 시체가 브라질에서 발견되었다. 증거가 조사되었고 전문가들은 약간의 의심은 있지만 실제로 그 시체가 멩겔레의 것이라는 결론을 내렸다. 뒤이어 아직 살아 있는 멩겔레의 가까운 친척들의 DNA 지문과 연관하여 DNA 지문 검사가 그 시체에 실시되었다. 결과는 의심할 여지없이 그 시체가 극악무도한 나치 의사의 것임을 확증하였다.

DNA 지문법은 폭발이나 비행기 추락으로 다른 기준으로는 쉽게 확인할 수 없는 사고 희생자의 신원을 파악하는 데도 사용될 수 있다.

알렉 제프리스에게는 순수한 과학적 탐구로 시작된 것이 아주 강력한 범죄 해결 무기가 되었고 그 용도는 생활의 다른 영역으로 확대되고 있다. 그의 연구팀이 DNA의 개인적 독특성을 입증했을 때조차 제프리스는 법

전문가들이 법정에서 그의 분자 차원의 증거를 받아들일지에 대하여는 회
의적이었다. "[DNA지문의 발견의] 그 시기에 우리는 DNA 증거가 연구
실험실에서 법정으로 나아가는 데는 많은 문제가 있으리라고 생각했다.
그 이후의 역사는 우리가 쓸데없이 비관적이었음을 보여주었다."

18
마술탄환

20세기의 후반기에는 많은 질병들에 대한 더 깊은 이해, 예방, 진단 그리고 치료뿐 아니라 틀림없이 새로운 약제와 농산물을 풍성하게 낼 DNA 재조합 기술에 있어 환상적인 진보가 있었다. 질병에 대한 연구에 또 하나의 기념비적 진보는 1975년에 생명체가 감염성 유기체를 격퇴하는 데 사용하는 방어 체계에 대한 연구인 면역학의 분야에서 이루어졌다. 이 대도약은 생물학적, 의학적 및 생화학적 연구에서 막강한 무기인 단일 클론 항체(monoclonal antibody)를 얻어낸 것이다. 단일 클론 항체는 과학에 엄청난 기여를 했다. 그것의 의학적 응용은 암과 다른 질병의 진단, 임신 테스트, 조직형 확정을 포함하며 항암제로 쓰이는 것을 포함하여 더 많은 혜택들이 미래에 나타날 것이 확실하다.

단일 클론 항체가 무엇이며 왜 그것이 그렇게 중요한지 이해하려면, 동물의 면역체계에 대한 몇 가지 측면을 이해하는 것이 필요하다. 면역체계 없이는 대부분의 우리는 보통 상태에서 출생 이후 오래 살아 있을 수 없을 것이다. 우리는 곧 감염성 질병에 걸려 죽게 될 것이다. 면역 기능의 상실의 심각한 결과는 면역체계의 어떤 성분(T-세포)의 결핍을 포함하는 후천성 면역 결핍증(AIDS)으로 고통받는 환자에게서 쉽게 볼 수 있다. 이 환자들은 에이즈에 걸리지 않은 사람들이 좀처럼 겪지 않는 감염을 일으키는 경향이 있다. 예를 들면, 에이즈의 주된 질환은 대부분의 주변에 존재하는 미생물에 의해 야기되는 폐병인 폐낭염이다. 우리 모두는 매일 미생물과 만나고 그것을 폐로 들이마시지만 그것은 우리에게 아무 해가 없다. 그것은 우리가 어렸을 때, 폐낭염에 대한 면역을 형성했기 때문이다. 우리의 면역체계는 우리가 그 미생물을 접촉할 때마다 성공적으로 그것을 물리친다. 그러나 에이즈 환자에게는 에이즈 바이러스가 면역체계의 T-세포를 손상시키기 때문에 방어 체계에 결함이 있다. T-세포는 폐낭염을 일으키는 것들을 포함하여 체외 미생물에 대한 방어의 중요한 부분이므로 에이즈 환자는 더이상 면역을 갖지 못한다. 결과적으로 그들은 쉽게 폐낭염 미생물에 감염된다. 에이즈 환자는 우리가 거의 매일 접촉하지만 어려서 이미 면역이 형성되었기에 보통은 해가 없는 미생물들이 야기하는 몇 가지 다른 병에도 걸리기 쉽다. 그러한 감염은 기회 **감염**이라 불린다.

우리가 일상 환경에서 만나는 보통 무해한 미생물로부터 우리를 보호하는 것에 추가해서 면역체계는 해가 되는 많은 감염성 유기체를 물리쳐 우리가 병에서 회복되게 한다. 질병에 대한 예방접종을 함으로써 장래에 그 병에 걸리지 않게 해주는 것도 면역체계이다. 면역체계는 많은 다른 이유에서 중요하며 그 복잡한 메커니즘에 대한 지식은 전염성 질병과 다른 질병의 더 나은 치료와 예방뿐 아니라 이식된 장기를 수혜자 안에서 잘 정착하게 하는 데 필수적이다. 한 사람의 면역체계는 그 사람의 장기와 다른 사람의 장기의 차이를 '알고 있기' 때문에 이식 거부 반응을 일으킨다.

에이즈 환자에게 결여된 T-세포 같은 세포는 면역체계의 한 성분을 구성한다. 그 체계의 또다른 부분은 항체라 불리는 단백질을 포함하는 비세포 물질로 이루어져 있다. 항체는 박테리아나 단백질 같은 외래 물질을 특정하게 인식하고 달라붙는 매우 다기능한 분자이다. 일반적으로 항체는 외래 물질의 단일 분자(또는 분자의 일부)에만 달라붙고 다른 물질에는 달라붙지 않는다. 예를 들면, 특정한 단백질에 달라붙는 항체는 또 하나의 다른 단백질에 달라붙지 않고, 두 번째 단백질에 달라붙지만 첫 번째에는 붙지 않는 항체가 따로 있을 수 있다. 더 특수하게 특정 단백질의 한 부분에 달라붙는 항체는 보통 그 단백질의 또 다른 부분에는 달라붙지 않는다. 다시 말해, 항체는 매우 특이하다. 항체가 결합하는 물질(그것은 단백질이나 다른 유형의 분자일 수 있다)은 항원이라고 불린다. 그러므로 일반적으로 말해서 각각의 항체는 단 한 가지 유형의 항원 또는 특정 항원의 한 영역(항원결정소)만 인식하고 결합한다.

외래의 유기체나 다른 물질이 우리 몸 안에 들어올 때 우리는 종종 그것에 대한 항체를 만들어낸다. 이 항체는 우리의 혈류에 나타나며 간단한 생화학적 기술에 의해 검출될 수 있다. 항체가 항원에 달라붙으면 체내에서 결국 외래 물질의 힘을 꺾고 제거하는 과정이 시작된다. 우리가 한 박테리아에 대한 항체들을 만들어내면 우리 혈류 속에는 그 박테리아에 대항하는 많은 다른 항체들이 존재할 수 있다. 그 항체 중 일부는 그 박테리아 안의 한 특정 항원에 대항하고 다른 항체들은 다른 항원들에 대항할 것이다. 그리고 몇몇의 항체들은 단일 박테리아 항원의 다른 항원결정소들을 인식할 수도 있다. 마치 같은 쌍의 발에 다른 켤레의 신발이 맞을 수 있듯이 같은 항원결정소에 달라붙는 다른 항체가 있을 수도 있고 어떤 것은 다른 것보다 더 잘 맞을 수도 있다. 우리는 이전에 우리의 생활 속에서 그 박테리아와 한 번도 접촉한 적이 없을지라도 우리는 그 항원을 특이하게 인식하는 많은 항체를 만들어낼 것이다. 아마도 더 놀라운 것은 자연적으로 존재하지도 않고 보통 환경에서는 동물에 들어갈 가능성이 전혀 없는 작은 합성 분자 같은 인공 물질에 특정하게 결합하는 항체가 만들어 질 수 있다는 점이다. 이 화학적 항원을 인식하기는 하지만 다른 알려진 물질은 인식하지 못하는 항체는 쉽게 실험용 동물 안에서 만들어질 수 있다.

한 사람의 항체가 잠재적으로 인식할 수 있는 서로 다른 항원의 수는 100만을 족히 넘고 수천만에 달할 것이라고 추정되어 왔다. 다시 말해서, 우리의 면역체계는 각각이 다른 독특한 항원을 인식하는 수백만의 다른 항체를 생성할 능력이 있다는 말이다. 어떻게 이것이 가능할까? 무슨 놀라운 메커니즘이 이 막대한 만능성과 특이성을 야기하여 동물이 수백만의 외래 물질이 낯섦을 인식할 뿐만 아니라 이 물질들 각각을 식별해내는 것일까? 그것은 마치 한 사람이 1백만 명의 다른 사람들 사이의 차이를 인식하여 구분해낼 수 있는 것처럼 믿기 힘들다.

외래 물질에 대한 동물의 항체 반응의 복잡성을 설명하려는 연구는 다소 우연히 1975년에 단일 클론 항체 생산법의 개발로 이어졌다. 이 발견을 이룬 두 과학자는 잉글랜드의 케임브리지 대학에서 일하고 있었던 게오르게스 콜러(Georges Kohler, 1946~)와 시저 밀스타인(Cesar Milstein, 1927~)이었다. 1984년에 그들은 이 중요한 진보로 노벨 생리학 및 의학상을 수상했다. 콜러가 밀스타인의 실험실에 합류하기 전에도 밀스타인은 항체 생산을 연구하고 있었다. 밀스타인은 아르헨티나의 유태계 이민의 아들로 태어났고 거기서 실험 과학자로 훈련받았다. 그는 1958년에 영국으로 건너갔다. 1961년에 아르헨티나로 돌아왔다가 1963년에 다시 영국으로 돌아갔다. 케임브리지 대학에서 그와 그의 동료들은, 한 동물이 왜 다른 항원이 특이성을 가진 수백만의 항체를 만들어낼 수 있는가를 이해하려고 노력하는 세계 도처의 성장하는 한 그룹의 과학자들의 상설 멤버가 되었다. 이 문제는 항체 연구사(硏究史)에서 연원이 상당히 오래되었다.

항체의 역사

항체의 다양성에 대한 연구는 역사적으로 많은 부분이 제너와 파스퇴르에 의한 백신의 개발과 함께 시작되었다(12장). 19세기 말 경에는 동물들이 외래의 미생물로부터 자신을 방어할 수 있을 뿐만 아니라, 미생물이 유발하는 많은 질병들에 대한 면역이, 죽거나 비활성인 병인성 미생물을 동물에 주입함으로써 인위적으로 유도될 수 있음이 확실해졌다. 파스퇴르에 의해서 백신 개발이 가능해지자 많은 과학자들이 다양한 질병에 대한 면역의 메커니즘을 진지하게 탐구하게 되었다.

주된 면역학의 발전이 1890년 독일의 세균학자 에밀 베링(Emil von Behring, 1854~1917)과 일본의 세균학자 기타사토 시바사부로(北里柴三郎, 1852~1931)가 파상풍에 대한 면역이 혈류 속의 물질들의 존재에 기인함을 입증했을 때 이루어졌다. 그 당시에 파상풍 박테리아는 그 병의 많은 증상을 일으키는 유독 물질을 만들어내며, 그 독은 이 박테리아가 배양되는 영양액에서 얻어질 수 있다고 알려져 있었다.

베링과 기타사토는 토끼에게 반(半)치사량의 파상풍 독을 주사하고 이것이 토끼에게 면역을 유도하는 것을 발견했다. 그 토끼들은 면역이 안된 토끼를 죽인 살아 있는 파상풍 미생물의 뒤이은 주입에도 죽지 않았다. 그리고 나서 베링과 기타사토는 이 면역이 된 토끼로부터 피를 채취하여 혈 세포를 분리해내서 혈청이라고 불리는 피의 비세포 부분만 남겼다. 이 혈청을 생쥐에게 주사하여 감염성 파상풍균에 도전받게 했다. 그 생쥐는 파상풍에 걸리지 않았고, 면역이 된 토끼의 혈청 속에 항독소라 불리는 무언가가 생쥐를 파상풍의 독으로부터 보호하고 있음이 확실했다. 이 위대한 발견으로 면역이 있는 동물의 혈청을 병에 감염된 사람에게 옮기는 **혈청요법**의 길이 열렸다. 옮겨진 혈청의 항독소가 병이 퍼지는 것을 일시적으로 보호해 준다. 베링은 이어서 혈청요법을 19세기 말 어린 아이들의 주요 사망 원인이 되었던 디프테리아에 적용하였다. 디프테리아균으로 만들어진 독에 의해 면역이 된 말에서 뽑은 혈청이 아이들을 일시적으로 디프테리아 감염에서 보호하는 데 효과적임이 밝혀졌다. 1894년에 이 디프테리아 해독제는 상업적으로 판매되었고 인간의 질병 치료에 주요한 진보로 평가받았다.

현재 우리는 이 방어용 혈청에 존재하는 항독소는 파상풍균과 디프테리아균에 결합하여 그 독을 비활성화한 항체임을 알고 있다. 1895년에 항체가 다른 방법으로 혈청에서 검출되었다. 벨기에의 과학자 보르데(Jules Bordet, 1870~1961)는 한 동물의 적혈구가 다른 동물에서 채취된 혈청과 함께 배양되었을 때 서로 뭉치는 것을 발견했다. 한 종의 혈청 속의 무언가가 또 다른 종의 적혈구 세포를 응집하게 하고 있었다. 5년 후에 카를 란트슈타이너(Karl Landsteiner, 1868~1943)라는 오스트리아의 면역학자가 한 사람의 혈청이 다른 사람에게서 채취한 적혈구를 뭉치게 할 수 있음을 발견했다. 란트슈타이너는 적혈구의 뭉치는 양상을, 사람의 피를 그가 A, B, O형이라고 부른 세 가지 주요형으로 구분하는 데 사용할 수 있음을 발견했다. 네 번째형(AB)은 나중에 첨가되었다. 그는 혈액형을 발견했고 이로써 훨씬 더 성공적인 수혈의 길을 열었다. 이는 개인의 혈

액형이 결정되어 수혈받는 혈액이 상응하는 혈액형을 가진 증여자에게서
나오도록 보장할 수 있었기 때문이다. 적혈구 응고를 유발하는 혈청 인자
는 응집체(agglutinin)라고 불렸다. 현재 우리는 그것이 항체임을 알고 있다.
  위대한 독일의 과학자 파울 에를리히(Paul Ehrlich, 1854~1915)는
20세기 초에 면역학 개념에 크게 영향을 미쳤다. 항체 다양성과 특수성에
대한 그의 이론은 그 분야를 지배하였다. 에를리히는 항체의 항원에 대한
고도의 특수성을 열쇠와 자물쇠에 비유했다. 항체(열쇠)는 다양한 형태로
존재하여 각 항체는 단 하나의 항원(자물쇠)에 들어맞는다. 에를리히는
곁사슬 가설이라고 그가 부른 항체 다양성에 대한 설명을 제안했다. 그의
생각은 항체를 생산하는 체내의 각 세포는 다른 항원을 인식하는 많은 수
의 항체 분자를 표면에 가지고 있다는 것이었다. 이 항체들은 그 사람이
그 항원을 만나기 전에 존재한다. 항원이 그 몸으로 들어갈 때, 그것은 항
체 생산 세포의 표면의 특정 항체에 결합하고 이것은 그 세포가 더 많은
그 특정 항체를 만들어내는 자극이 된다. 다시 말해, 항체 생산 세포는 한
종류 이상의 항원에 대하여 항체를 만들어낸다. 이 항원 중 하나와 만나면
그 항원에 특정한 항체가 대량으로 생산된다. 이 놀라운 생각은 사실에 매
우 가깝고 극히 적은 세부 지식이 항체에 대해 알려져 있던 시절에 제안
되었기에 에를리히의 천재성을 나타내준다 할 수 있다. 면역 세포가 몇 가
지가 아니라 단 하나의 항원에 대한 항체만을 만든다는 것이 현재로서는
확실하지만 우리는 에를리히가 믿었듯이 특정 항원에 결합하는 항체가 그
사람의 항원과 만나기 전에 이미 존재한다는 것을 알고 있다.
  에를리히의 이론은 결국 고도의 항체 다양성을 설명하기 위해 제안된
두 가지 주된 이론으로 대치되었다. 이것은 지도이론과 클론선택이론이었
다(그림 32). 지도이론은 모든 항체 분자들(단백질)이 동일하다. 그것들은
모두 같은 아미노산 배열을 갖고 있다(17장). 그러나 그것들은 수백만의
다른 방식으로 감쌀 수 있다. 이 이론에 따르면 항원이 항체를 만날 때,
항체는 항원 주위를 감싸고 그것에 꼭 맞게 된다. 이것은 이런 식으로 모
양을 갖춘 더 많은 항체 형성을 촉발한다. 지도이론에서는 특정 항원에
포개진 항체는 포개지지 않은 항체가 그 항원을 만나기 전에는 체내에 존
재하지 않는다. 한편, 클론선택이론은 면역체계가 독특한 항원 결합 특이

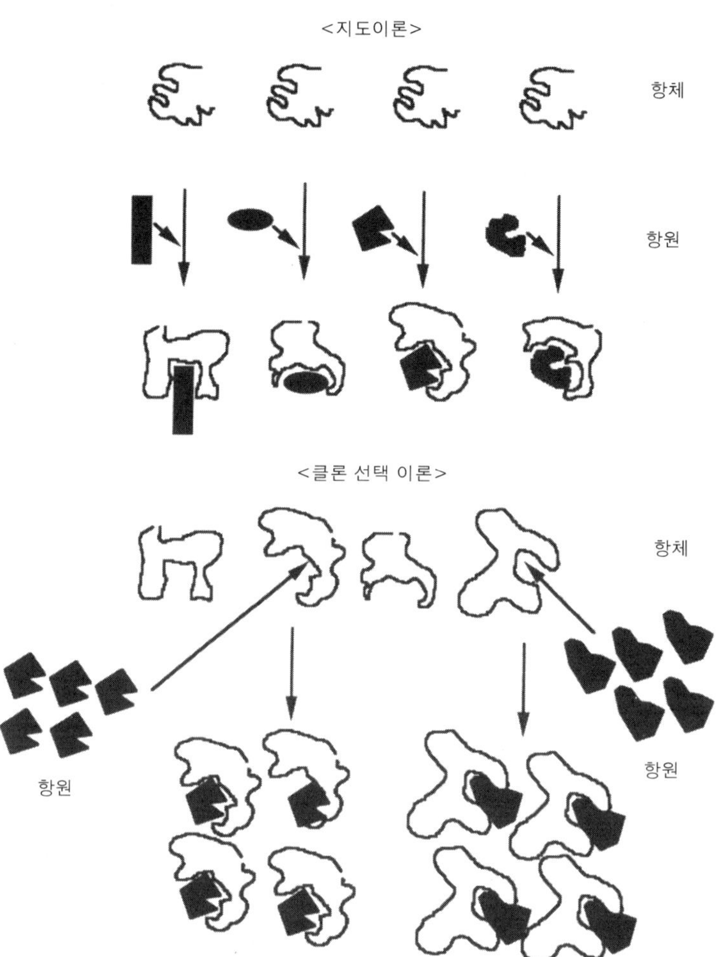

그림 32 ▶ 항체생산이론. 지도이론은 모든 항체 분자가 동일하며 그것들이·항원(검은 색으로 표현)과 접촉할 때 특수 구조에 포개진다고 주장했다. 클론선택이론은 항체가 항원과 접촉하기 전에 서로 구분되며, 항원은 그것이 결합할 수 있는 항체를 선택하고 이것이 선택된 유형의 항체 분자의 더 많은 생산을 촉발한다고 주장했다.

성을 가진 수백만 개의 다른 항체를 생산하는 세포를 포함한다고 주장한다. 각각의 세포는 단일한 특이성을 가진 항체를 생산하므로 수백만 종의 다른 항체 생산 세포가 존재한다. 클론선택이론에서는 항원이 체내에 들어가면 그것은 그 항원에 잘 맞는 세포 표면 위의 항체에 결합한다. 이것은 더 많은 특정 항체의 생산, 즉 이 항체를 생산하는 세포의 더 많은 생산을 촉발한다. 클론선택이론에 의하면 특정 항원에 대한 항체는 그 생체가 항원을 만나기 전에 이미 존재한다.

1960년대에 영국의 생화학자 로드니 포터(Rodney Porter, 1917~1985)와 미국의 생화학자 제럴드 에델먼(Gerald Edelman, 1929~)은 항체 분자 구조를 확립했는데 그들은 항체가 Y자 모양 분자임을 발견했다(그림 33). 포터와 에델먼은 면역체계에 대한 이해에 큰 진보를 이룬 공로로 1972년 노벨 생리학 및 의학상을 수상했다. Y자형 항체 분자는 근본적으로 항체 간에 차이가 없이 동일한 영역을 포함한다. 이 불변부는 특정 항체가 인식하는 항원에 상관없이 동일하게 나타난다. 항체 분자의 다른 부분은 항체마다 다르며 이 변이부는 특정 항원에 결합하는 항체 분자의 부분에 존재한다. 이것은 항체가 공통적으로 많은 특징을 가진 Y자형 분자이지만 특정 위치에서 서로 다르며 그것이 어느 항원을 인식할지를 결정하는 것이 이 영역임을 의미한다. 다른 항원에 결합하는 항체가 전적으로 동일하지 않다는 사실(그들의 아미노산의 배열이 다르다)은 항체가 동일한 아미노산 배열을 갖는 것이 필요한 지도이론과 대립되었다. 클론선택이론이 결국 항체 다양성에 대한 확립된 설명이 되었다.

일단 클론선택이론이 받아들여지자 한 동물의 DNA 백과사전, 즉 게놈(17장)이 어떻게 수백만 종의 항체를 설명하는 데 필요한 다른 많은 단백질 분자에 암호를 지정해 주는가를 설명하는 것이 필요해졌다. 이 항체가 동물의 해당 항원을 만나기도 전에 벌써 존재한다면 이것은 각 항체 단백질 분자가 동물의 DNA 백과사전에서 자신의 유전자에 의해 암호를 부여받는다는 말인가? 이것은 항체만을 유전 암호 지정하는 데 수백만 개의 유전자가 있어야 하며, 항체 유전자가 동물의 게놈에서 가장 많은 유전자임을 의미하게 된다. 많은 과학자들은 수백만 다른 항체 분자를 포함하기에 충분한 정보가 한 인간이나 동물의 DNA 백과사전 안에 있을 것 같지

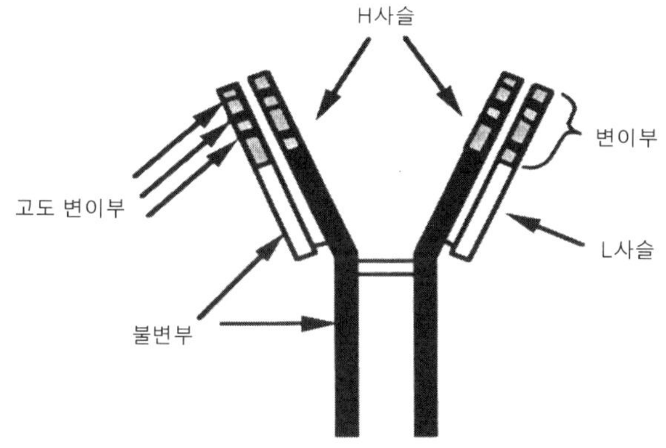

그림 33 ▸ 항체는 4개의 사슬로 이루어진 Y자형 분자다. 두 개의 H(무거운) 사슬과 두 개의 L(가벼운) 사슬로 되어 있다. 각 사슬은 변이부와 불변부를 포함한다. 변이부는 각 항체에 독특한 항원 결합성을 부여한다. 변이부는 또한 항원 결합 특수성에 특히 중요한 고도 변이부를 포함한다.

않다고 생각했다.

두 가지 이론이 나타났다. 첫 번째 이론은 수백만의 독특한 항체가 모두 DNA 백과사전에 의해 암호 지정을 받는다는 것이다. 즉 게놈에는 수백만의 항체 유전자가 존재하며, 이것들은 다른 단백질에 대한 유전자가 유전되듯이 같은 방식으로 부모로부터 자녀들에게로 전달된다는 것이다. 두 번째 이론은 DNA 백과사전에는 항체에 암호를 지정하는 유전자는 몇 개만 있고 항체의 다양성은 항체를 생산하는 B-세포로 알려진 면역 세포에서 일어나는 특별한 생화학적 메커니즘에 의해 만들어진다는 것이다. 그리하여 각 B-세포는 하나의 특정 항원을 인식하는 단일한 유형의 항체를 만들어내고 각 항체의 아미노산 배열은 그것을 생산하는 특정 B-세포의 DNA에 의해 암호를 지정받는다는 것이다. 이 경우에 특정 B-세포에 의해 생산되는 항체를 위한 DNA 배열은 그 세포에서 특정하게 변화된다는 것이다. 다른 B-세포에서 항체 유전자는 다른 방식으로 변화되어 다른 항원 특이성을 가진 항체를 만들어낸다는 것이다. 간이나 뇌세포처럼 항체를 생산하지 않는 신체의 비(非) B-세포에는 몇 개의 항체 유전자만이 있고 그것은 그 조직의 모든 세포에서 동일하다는 것이다. 항체 유전자 다양성을 창출하는 과정은 항체를 생산하는 B-세포에 특수하다고

했다.

항체에 암호를 부여하는 유전자에 관한 두 가지 개념은 각각 어느 정도 옳음이 밝혀져 있다. DNA 백과사전에는 항체에 암호를 지정하는 유전자가 겨우 몇 개 정도가 아니라 50개에서 몇 백 개 있다. 이것들은 어떤 항체 다양성을 창출하기 위해 B-세포에서 다른 방식으로 조합될 수 있다. 그러면 항체 다양성의 생성의 후속 단계는 B-세포 안에 있는 이 유전자 안에서 좀더 미묘한 변화에 의하여 이루어진다. 항체에 암호를 지정하는 유전자의 수와 B-세포 안에서 유전자가 변화되는 메커니즘은 생산될 수 있는 수백만의 다른 항체 분자를 설명해 준다.

항체 다양성의 창출 메커니즘을 설명하고 항체 분자의 모양이 어떠하고 그것이 어떻게 기능하는지를 이해하려는 연구중에, 콜러와 밀스타인은 단일 클론 항체 제조법이라는 놀라운 발견을 해냈다.

단일 클론 항체 기술

항체 생산에 대한 클론선택이론은 단일한 B-세포에 의하여 만들어진 모든 항체 분자들이 동일하며 그것들이 단일한 항원(또는 오히려 항원결정소)을 인식하고 달라붙는다는 것을 뜻한다. 그러한 항체는 단일 클론 항체라고 불린다. 반면에 다중 클론 항체(polyclonal antibody)는 다른 항원결정소를 인식하는 항체 분자들의 혼합체이다(그것은 또한 같은 항원결정소를 인식하는 다른 항체를 포함할 수도 있다). 항원이 동물에 주입되면 그 항원에 대한 많은 상이한 항체들이 자꾸 생성되어 몇몇은 그 항원 분자의 같은 영역(항원결정소)에 달라붙고 다른 것들은 다른 영역에 달라붙는다. 그러므로 그러한 동물에서 채취한 혈청은 같은 항원에 대한 항체들의 혼합체를 포함할 것이다. 그것은 다중 클론 항혈청일 것이다.

다중 클론 항체는 여러 방면에서 유용하지만 다른 항체 분자의 혼합체이기 때문에 항체를 연구하는 생화학자들에게 약간의 문제점이 있다. 다중 클론 항체를 가지고 다른 것에서 분리된 단일 유형의 항체 분자의 분자적 특성을 연구하는 것은 불가능하다. 이상적으로 우리는 많은 다른 면역 세포에 의하여 만들어진 항체들의 복합체보다는 단일한 면역세포에 의하여 만들어진 하나의 항체(즉, 단일 클론 항체)를 고찰하고 싶어할 것이다. 1975년 이전에 단일 클론 항체의 유일한 주요 출처는 골수종(mye-loma) 세포였다. 골수종 세포는 면역체계의 B-세포의 암세포다. 암이 생길 때 그것은 거의 항상 성장제어 매커니즘이 고장난 단일한 보통 세포에서 유래한다는 것은 잘 알려져 있다. 그러므로 B-세포의 암은 단일한 항체 생산 세포에서 유래한 세포로 이루어져 있다. 각각의 항체 생산 세포는 모두 동일하고 항원특이성이 같은 항체 분자를 만들기 때문에 하나의 골수종 세포에 의하여 만들어진 항체는 단일 클론 항체이다. 골수종 세포는 빨리 성장하는 암이어서 동물의 다른 (정상) 항체 생산 세포로부터 분리되어 시험관에서 배양될 수 있다. 그러므로 골수종 세포는 항체 분자의 기본 구조와 특성을 연구하려는 목적의 연구에 유용했다. 그러나 모든 암처럼 골수종 세포는 정상 B-세포 개체군 내에서 불규칙하게 발생하므로 체내의 수백만 개의 항원 생산 세포 중 하나가 골수종 세포가 될 수 있었다. 그러므로 골수종 세포에 의해서 만들어진 단일 클론 항체는 이미 알려진 항원특이성이 결여된 경향이 있다. 그것들이 인식하는 특정한 항원을 확인할 가능성은 매우 희박하여 그것의 특이성을 확실히 확인하기 위해 수십 만 개의 다른 항원을 조사할 필요가 있을 것이다. 이것은 비실제적이다.

알려진 항원에 대한 단일 클론 항체를 다량으로 마음대로 생산하는 방법이 필요했다. 이것은 어떻게 항체가 특정한 항원에 결합하는지에 대한 자세한 연구가 수행될 수 있게 해주며, 다중 클론 항체 조합제에서 발생하는 항체의 혼합물에 의해 야기되는 복잡성을 제거해 줄 것이다. 불행하게도 B-세포는 체외에서 배양하기가 매우 어렵다. 몸에서 분리되어 쉽게 배양될 수 있는 골수종 세포와 대조적으로 B-세포는 체내 환경에서 특별한 영양액으로 옮겨지면 보통 죽는다. 그러나 콜러와 밀스타인은 이 문제를 해결하여 시험관에서 B-세포를 키워서 정해진 항원에 대한 단일 클론 항체를 만들어내는 것을 가능하게 해주는 방법을 생각해냈다.

콜러는 1984년에 독일의 프라이부르크 대학에서 박사학위를 딴 후 즉시 케임브리지에 있는 밀스타인의 연구 그룹에 합류하여 연구 프로젝트를 수행했다. 밀스타인의 팀은 B-세포가 항체 다양성을 만들어내는 메커니즘에 대하여 여러 해 동안 연구해 오고 있었다. 콜러가 합류할 시기에 그들이 사용하고 있었던 한 접근법은 두 개의 다른 골수종 세포를 융합시켜 잡종 세포를 만들어내는 것이었다. 융합이 안된 골수종 모세포처럼 잡종 세포는 적절한 영양이 존재하는 시험관에서 자랄 수 있었다. 골수종 세포의 쌍이 융합될 때, 이 잡종은 두 개의 모세포의 특정 항체를 발현하는 것이 발견되었다. 이 골수종 잡종 세포의 연구로부터 밀스타인과 그의 동료들은 B-세포 안의 항체 다양화의 메커니즘에 대해 더 많이 알게 되었다.

콜러는 골수종 세포에 의해 만들어진 항체와 두 가지 다른 골수종 세포 사이의 잡종에 관해 연구하기 시작했다. 그러나 그와 밀스타인은 이 연구가 알려진 특정 항원에 대한 항체를 만들어내는 골수종 세포를 얻을 수 있다면 훨씬 더 많은 정보를 알아낼 수 있게 해주는 것을 깨달았다. 불행하게도 그 당시에 연구되던 거의 모든 골수종 세포가 만든 항체들에 의해 인식되는 항원들은 아직 확인되지 않았다. 그것들은 정체가 알려진 항원이 없는 단일 클론 항체들이었다. 항원이 발견된 몇 개의 골수종 세포를 우연히 얻을 수 있었지만 이것들은 실험실 조건 하에서 잘 자라지 않았으므로 콜러와 밀스타인에게 유용하지 않음이 입증되었다.

이 문제에도 불구하고 두 과학자는 그들의 연구를 지속했고, 그들이 고려한 한 방법은 단일 클론 항체들이 인식하는 특별한 항원을 발견할 수 있는지 없는지 결정하기 위해 골수종 세포에서 유래한 몇 가지 단일 클론 항체로 많은 항원을 조사하는 것이었다. 이것은 마치 건초더미에서 바늘을 찾는 격이었다. 의문의 항원을 찾을 만한 기회를 갖기 위해서는 수백만의 항원을 훑을 필요가 있었기에 이것은 힘든 작업이었다. 콜러와 밀스타인은 골수종 세포와 특정한 항원에 면역이 된 동물에서 얻은 B-세포를 융합시킨다는 단순한 착상을 했다. 이 잡종 세포를 얻어서 배양액에서 배양하면, 그것들은 골수종 모세포의 단일 클론 항체(불특정 항원에 대한)뿐 아니라 모(母) B-세포의 단일 클론 항체(특정 항원에 대한)를 만들어낼지도 모른다고 그들은 생각했다. 다시 말하자면, 항원이 동물에 주입되면 그 동물들은 그 항원에 대한 항체를 만들어낼 것이다. 이 동물의 B-세포가 골수종 세포와의 잡종으로 자랄 수 있다면, 이 잡종 중 몇몇은 주입된 항원에 대한 항체를 만들어낼 것이고 그것들은 주입된 항원을 인식하는 능력에 의해 쉽게 검출될 것이다. B-세포는 동물 밖에서 자라지 못하지만 흔히 시험관에서 왕성하게 자라는 골수종 세포와 융합되면 자랄지도 모르는 것이었다.

콜러와 밀스타인이 제안한 방법대로 B-세포/골수종 세포 잡종으로부터 특정 단일 클론 항체를 생산할 가능성은 희박하며 관련된 작업은 매우 시간이 많이 소모되리라는 것이 이론상의 예측이었다. 그러나 밀스타인과 콜러는 어찌 되었든 밀고 나가기로 했고 그들의 이론적 예측은 전적으로 옳은 것이 아니었다. 그들의 인내는 보상받았다. 선택된 항원이 주입된 생쥐의 지라에서 얻은 B-세포가 골수종 세포와 융합되었을 때, B-세포/골수종 잡종 세포는 시험관에서 잘 자랐을 뿐 아니라 잡종 세포 중 일부가 주입된 항원에 특수한 항체를 만들어내는 것이 발견되었다. 이후의 발전에 의해 하이브리도마(hybridoma)라고 불리는 이 B-세포/골수종 세포 잡종이 쉽게 얻어지게 되었다. 이제 사실상 어떠한 항원에 대한 항체도 만들어내는 하이브리도마가 얻어질 수 있다. 콜러와 밀스타인은 선택된 항원에 대하여 마음대로 단일 클론 항체를 만드는 매우 요긴한 방법을 개발했던 것이다.

단일 클론 항체 생산을 위한 방법이 대략 다음에 나타나 있다(그림 34). 단일 클론 항체가 필요한 항원을 한 동물에 주입한다. 그 동물은 이 항원에 대하여 항체를 만들어내고 항체가 이 동물의 혈청에서 검출될 수 있다. 그 동물이 이 항원에 대하여 혈청(다중 클론) 항체를 충분하게 만들어내고 있을 때, 지라를 제거하여 항체를 생산하는 B-세포의 풍부한 원천인 이 지라 세포를 시험관 안에서 배양한 골수종 세포와 융합시킨다. 지라 B-세포는 영양 매체에서 자랄 수 없으므로 생존할 수 없고 융합되지 않은 모(母) 골수종 세포를 선택적으로 죽이기 위해 특별한 약제가 사용된다. 이런 식으로 B-세포/골수종 세포 잡종(하이브리도마)만이 살아 남는다. 현재 사용되는 골수종 세포는 자신의 항체를 만들어내지 않으므로 결과로서 생기는 하이브리도마는 융합된 지라 B-세포에 의해 만들어진 특정 항체만을 생산한다. 하이브리도마를 서로 분리하여 특별한 배양기에서 번식, 배양시킨다. 이것은 많은 하이브리도마의 **클론**(clone)을 만들어낸다. 각각의 클론은 단일한 원래 하이브리도마 세포에서 유래한 한 동일한 세

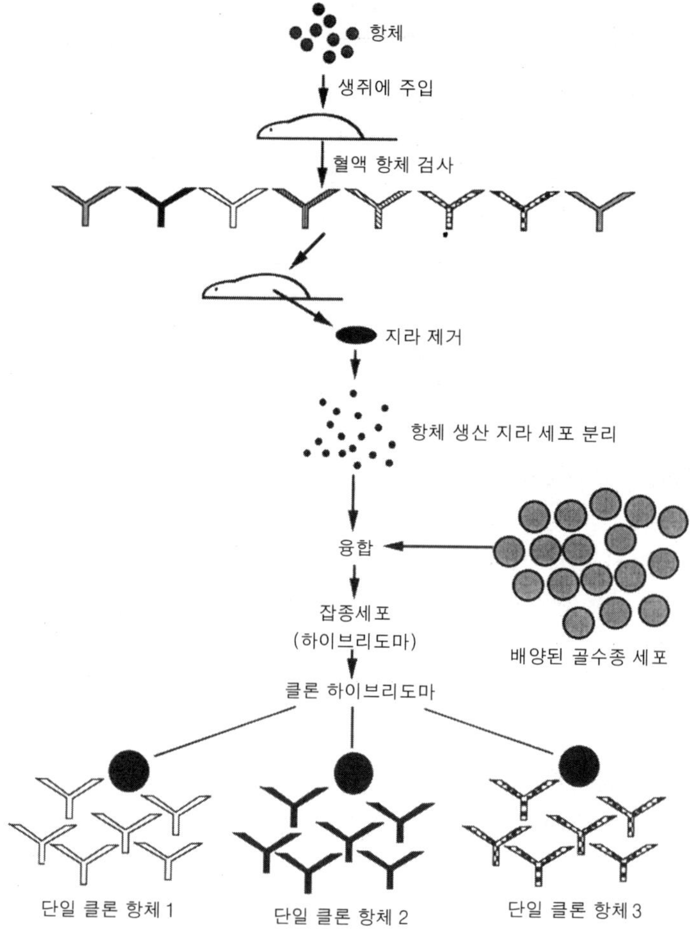

그림 34▶ 단일 클론 항체 생산 방법. 면역이 된 생쥐의 지라 세포가 골수종 세포와 융합되어 하이브리도마가 접합된다. 각각의 하이브리도마(검은 원으로 표현)는 단일하고 독특한 단일 클론 항체를 배출한다. 항체는 Y자형 구조로 표현되어 있다.

포의 개체군으로 이루어져 있다. 하이브리도마 클론 중 주입된 항원을 인식하는 항체를 만들어내는 능력이 있는 것이 선별된다. 그러한 항체를 만드는 클론들은 항원을 주입 받은 동물 내의 단일한 B-세포에서 유래한다. 하이브리도마에서 지라 세포는 특정한 항체를 생산하는 성질에 기여하고 골수종 세포는 동물체에서 분리되어 배양기에서 무한히 증식하고 성장할 수 있는 중요한 특성을 제공한다.

특정 항원에 대한 단일 클론 항체를 만드는 하이브리도마는 시험관 속의 특별한 영양액에서 필요하다면 영원히 배양될 수 있다. 그것들을 얼려서 여러 해 동안 저장했다가 녹여서 다시 활성화시켜 계속 항체를 만들어낼 수 있다. 이것은 단일 클론 항체가 무한한 양으로 생산될 수 있으며 표준화된 방법으로 그것의 연속 사용이 가능함을 의미한다. 다중 클론 항혈청은 다른 많은 항체를 포함할 뿐 아니라 보통 동물의 피에서 얻어지므로 무한 공급이 가능하지 않고 동물이 죽으면 다중 클론 항체의 공급은 끝나게 된다. 또 다른 동물에 같은 항원을 주입하여 정확히 똑같은 다중 클론 항혈청을 만들어내기는 매우 힘들다. 그리고 이것은 다중 클론 항체가 단일 클론 항체만큼 쉽게 표준화될 수 없음을 의미한다.

콜러와 밀스타인이 그것을 발견한 후에 단일 클론 항체 기술은 여러 방면으로 진보했다. 예를 들면, 두 가지 단일 클론 항체를 서로 결합하여 하나가 아닌 두 가지 항원을 인식하는 항체를 만들어낼 수 있다. 그 기술을 이용하기 위해 취해지는 또 하나의 접근법은 단일 클론 항체를 독(毒)에 연결하는 것이다. 피마자 씨에서 얻어지는 단백질인 리신 같은 어떤 독은 살아 있는 세포를 죽이는 성질이 매우 강력하다. 리신만큼 강력한 독을 갖는 것이 어떤 환경에서는 매우 바람직하다. 예를 들면, 암세포를 죽이기 위해서는 매우 강력한 독소가 이상적일 것이다. 리신은 암세포뿐 아니라 보통 세포도 죽여서 그 자체로는 항암제로 쓸모가 없다. 그러나 리신 분자는 두 가지 종류의 하위단위로 이루어져 있다. 그것 중의 하나(B 하위단위)는 살아 있는 세포에 결합하고 다른 부분(A 하위단위)은 세포에 들어가 그것들을 죽인다. A 하위단위가 없으면 B 하위단위는 세포에 달라붙어도 아무 해도 일으키지 않는다. B 하위단위가 없으면 A 하위단위는 세포에 달라붙지 못하므로 그 안에 들어갈 수 없다. 그러므로 리신의 실제적으로 죽이는 성질은 A 하위단위에 있다. 그러나 자신에는 전혀 해가 없다. 그럼에도 불구하고 A 하위단위가 살아 있는 세포에 달라붙는 항체와 결합할 때, A 하위단위는 그 세포로 들어가, 거의 A 하위단위가 B 하위단위와 결합된 상태에서 세포를 죽이는 만큼 강력하게 세포를 죽인다. 다시 말하자면, 리신의 B 하위단위가 항체로 대치될 때 새로운 항체-A

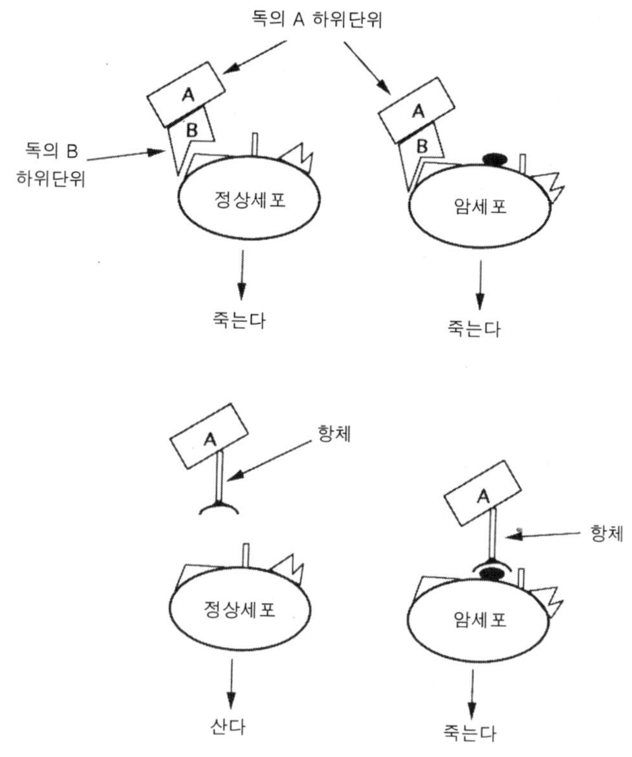

그림 35 ▶ 단일 클론 항체를 독성 물질에 결합시킴으로써 만든 '마술탄환'. 어떤 독성 단백질은 두 개의 하위단위 A와 B를 갖고 있다(위). B 하위단위가 세포에 달라붙고 그 사이에 A 하위단위는 그 세포로 들어가 그것을 죽인다. 이 독은 보통 암과 보통 세포를 똑같이 죽인다. 특수하게 암의 표면에는 달라붙고 정상 세포에는 달라붙지 않는 단일 클론 항체가 얻어지고 이 항체가 독의 A 하위단위에 결합되면, 항체-독 복합체는 암세포에만 달라붙어 그것을 죽인다.

하위단위 복합체는 강력한 독이다. 그러나 거의 모든 종류의 세포에 달라붙는 리신 B 하위단위와는 달리 항체는 특수한 종류의 세포에만 달라붙도록 만들어질 수 있다. 이것은 항체가 A 하위단위를 특수한 유형의 세포로 인도하여 선택적으로 죽일 수 있다는 것을 의미한다. 이제 암세포 위에 있는 항원에 부착하는 단일 클론 항체가 얻어질 수 있고 이 항원이 정상 세포에는 없다면, 항체-A 하위단위 복합체는 암세포를 죽이고 정상세포는 죽이지 않을 것이다(그림 35). 원하지 않는 세포는 건드리지 않고 남기고 특정한 살아 있는 세포를 죽이는 놀라운 가능성이 집중적인 연구의 분야가 되고 있으며, 그 혜택 중의 하나가 '마술탄환,' 즉 항체는 특수한 암세포(또는 다른 세포)의 표면에서 항원을 찾아내고 독은 그 세포를 죽이는 항체 - 독 결합체가 마술탄환이다.

　질병이나 임신 같은 다른 상태들의 진단이 또한 단일 클론 항체의 유망한 응용 분야이다. 각개 항원에 대한 단일 클론 항체의 고도의 특이성, 장기적 사용가능성, 생산과 표준화의 용이성 등이 그것을 진단에 사용하기 적절하게 해준다. 질병이나 생리적 상태가, 특이한 항원의 수준의 변화와 연결되어 있다면 그 항원에 달라붙는 단일 클론 항체는 잠재적으로 이 변화된 수준을 감지하여 병의 진단을 돕는 데 사용될 수 있다. 예를 들면, 임신은 소변 속에 난막성선자극 호르몬의 수준을 상승시킨다. 그 호르몬에 닿으면 그것에 달라붙는 항체가 있는 플라스틱 막대를 그 소변에 담그면, 호르몬이 그것에 달라붙는다. 막대 위의 항체에 의해 '포획된' 호르몬 항원의 양은 그 과정을 발색 반응에 연결시킴으로써 결정될 수 있다. 예를 들면, 판매되는 제품에서는 막대가 파랗게 변해 소변 속의 난막성선자극 호르몬 수준이 높고 임신이 이루어졌음을 나타내게 되어 있다. 단일 클론 항체는 새 분야들을 개척했고 그러한 진단 검사의 재생가능성과 정확성을 증진시켰다.

　단일 클론 항체는 생화학 연구, 의학적 진단, 질병 치료에서 점차로 많이 이용될 것이며 더 많은 응용이 나타날 것은 의심의 여지가 없다.

참고문헌

■ ■ ■

1. 전기의 아버지

Asimov, I. 1984, *The History of Physics*, New York: Walker and Company.

1989, "Faraday," *Encyclopaedia Britannica,* 15th edition 19, Chicago: Encyclopaedia Britannica, Inc., pp.83-86.

Faraday, M. 1855, *Experimental Researches in Electricity*, Great Books of the Western World 45(1952) published by William Benton, Chicago: Encyclopaedia Britannica, Inc.

Gooding, D. and F. A. J. L. James (eds.). 1985, *Faraday Rediscovered: Essays on the Life and Work of Michael Faraday*, 1791~1867, Basingstoke, England: Macmillan Press Ltd.

Harré, R. 1983, *Great Scientific Experiments*, Oxford University Press, pp.177-184.

King, R. 1973, *Micahel Faraday of the Royal Institution*, The Royal Institution of Great Britain, London.

National Museum of Science and Industry. 1991, *Michael Faraday-Celebrating 200 Years*, Swindon Press Ltd, Swindon.

Shamos, M. H. 1959, *Great Experiments in Physic: Firsthand Accounts from Galileo to Einstein*, New York: Dover Publications, Inc., pp.128-158.

2. 인류를 위한 위대한 도약

Bolton, W. 1974, *Patterns in Physics*, Blue Ridge Summit, Pennsylvania: McGraw-Hill.
Maxwell, J. C. 1873, *A Treatise on Electricity and Magnetism*, 1 and 2(1954), New York: Dover Publications Inc.
Shamos, M. H. 1987, *Great Experiments in Physics*, New York: Dover Publications Inc.

3. 의학의 놀라운 광선

Feinberg, J. G. 1952, *The Atom Story*, London: Allan Wingate.
Shamos, M. H. 1987, *Great Experiments in Physics*, New York: Dover Publications, Inc.

4. 어둠 속에서 빛나는 것들

Curie, E. 1942, *Madame Curie*, published by the The Reprint Society, London.
1989, "Atoms: Their Structure, Properties and Component Particles," *Encyclopaedia Britannica*, 15th edition 14, Chicago: Encyclopaedia Britannica, Inc., pp. 329-380.
Shamos, M. H. 1987, *Great Experiments in Physics*, New York: Dover Publications, Inc.

5. 빛의 꾸러미

Asimov, I. 1984, *The History of Physics*, New York: Walker and Company.
Hoffmann, B. 1959, *The Strange Story of the Quantum*, New York: Dover Publications, Inc.

6. 아인슈타인의 만년필

Asimov, I. 1984, *The History of Physics*, New York: Walker and Company.

Bernstein, J. 1991, *Einstein*, New York: Fontana Press.

Gribbin, J. 1991, *In Search of the Big Bang: Quantum Physics and Cosmology*, London: Corgi Books.

Kaufmann, W. J. 1985, *Universe*, New York: W. H. Freeman and Co. Ltd.

Rothman, M. A. 1966, *The Laws of Physics*, Middlesex, England: Penguin Books.

Will, C. M. 1986, *Was Einstein Right?,* New York: Basic Books.

7. 빅뱅, 모든 것의 시작

Boslough, J. 1990, *Beyond and Black Hole: Stephen Hawking's Universe*, New York: Fontana.

Gribbin, J. 1991, *In Search of the Big Bang: Quantum Physics and Cosmology*, London: Corgi Books.

Halliwell, J. J. 1991, "Quantum Cosmology and the Creation of the Universe," *Scientific American*, December 1991, pp. 28-35.

Horgan, J. 1990, "Universal Truths," *Scientific American*, October 1990, pp.74-83.

8. 분자 축구공

Curl, R. F. and R. E. Smalley, 1991, "Fullerenes," *Scientific American*, October 1991, pp.32-41.

Kroto, H. 1988, "Space, Stars, C_{60} and Soot," *Science* 242, pp.

1139-1145.

Kroto, H. 1992, "C$_{60}$: Buckminsterfullerene, the Celestial Sphere that Fell to Earth," *Angewandte Chemie* 31, pp.111-129.

9. 이동하는 판, 화산, 지진

1989, "Plate Tectonics," *Encyclopaedia Britannica,* 15th edition 25, Chicago: Encyclopaedia Britannica Inc., pp.871-880.

Erikson, J. 1988, *Volcanoes and Earthquakes*, TAB books, Blue Ridge Summit, Pennsylvania: McGraw-Hill.

Mason, S. F. 1991, *Chemical Evolution: Origins of the Elements, Molecules and Living Systems*, Oxford: Clarendon Press.

Van Andel, T. H. 1991, *New Views on an Old Planet: Continental Drift and the History of the Earth*, Cambridge University Press.

10. 소다수, 플로기스톤, 라부아지에의 산소

Lavoisier, A. L. 1798, *Elements of Chemistry*, translated by R, Kerr, Great Books of the Western World 45(1952), published by William Benton, Chicago: Encyclopaedia Britannica, Inc.

Leicester, H. M. 1971, *The Historical Background of Chemistry*, New York: Dover Publication, Inc.

McKie, D. 1980, *Antoine Lavoisier: Scientist, Economist, Social Reformer*, New York: Da Capo Press, Inc.

Orange, A. D. 1974, *Joseph Priestley*, Lifelines 31, Aylesbury, Buckinghamshire, UK: Shire Publications Ltd.

Priestley, J. 1970, *Autobilgraphy*, Bath, England: Adams and Dart.

11. 맥주, 식초, 우유, 실크, 병원균

Brock, T. D. 1961, *Milestones in Microbiology*, London: Prentice Hall.
Dubos, R. 1960, *Louis Pasteur, Free Lance of Science*, New York: Da Capo Press, Inc.
Vallery-Radot, R. 1937, *The Life of Pasteur*, Garden City, New York: Sun Dial Press, Inc.

12. 소젖 짜는 여자, 닭, 미친 개

Dubos, R. 1960, *Louis Pasteur: Free Lance of Science*, New York: Da Capo Press, Inc.
Fisher, R. B. 1990, *Edward Jenner, 1749~1823*, London: Andre Deutsch Press.
Vallery-Radot, R. 1937, *The Life of Pasteur*, Garden City, New York: Sun Dial Press, Inc.

13. 말라리아의 교활한 씨

Major, R. H. 1978, *Classic Descriptions of Disease*, 3rd edition, Charles C. Thomas, Springfield, Illinois.
Megroz, R. L. 1931, *Ronald Ross: Discover and Creator*, London: Allen and Unwin.

14. 순수 연구에서 나온 페니실린

Clark, R. W. 1985, *The Life of Ernst Chain: Penicillin and Beyond*, London: Weidenfield and Nicolson.
MacFarlane, G. 1980, *Howard Florey: The Making of a Great Scientist*, Oxford University Press.

MacFarlane, G. 1984, *Alexander Fleming: The Man and the Myth*, Cambridge, Massachusetts: Harvard University Press.

Malikn, J. 1981, *Sir Alexander Fleming: Man of Penicillin*, Alloway Publishing, Ayr.

Wilson, D. 1976, *Penicillin in Perspective*, London: Faber and Faber Ltd.

15. DNA, 생명의 알파벳

Avery, O. T., C. M. MacLeod and M. McCarty. 1944, "Studies on the chemical nature of the substance inducing transformation of pneumococcal types. Induction of transformation by a deoxyribonucleic acid fraction isolated from pneumococcus type III," *Journal of Experimental Medicine* 79, pp.137-58.

Judson, H. F. 1979, *The Eighth Day of Creation: Makers of the Revolution in Biology*, London: Jonathan Cape Ltd.

McCarty, M. 1980, "Reminiscences of the early days of transformation," *Annual Review of Biochemistry* 49, pp.1-15.

McCarty, M. 1985, *The Transforming Principle: Discovering that Genes Are Made of DNA*, New York and London: W. W. Norton & Co. Ltd.

16. 분자 가위로 DNA 자르기

Boyer, H. W. 1971, "DNA restriction and modification mechanisms in bacteria," *Annual Review of Microbiology* 25, pp.153-76.

Kessler, C. and V. Manta. 1990, "Specificity of restriction endonucleases and DNA modification methyltransferases a review," *Gene* 92, pp.1-248.

Nathans, D. and H. O. Smith. 1975, "Restriction endonucleases in the analysis and restructuring of DNA molecules," *Annual Review of Biochemistry* 44, pp.272-293.

17. DNA, 분자탐정

Burke, T., G. Doll, A. J. Jeffreys and R. Wolff. 1991, *DNA Fingerprinting: Approaches and Applications*, Basel, Switzerland: Birkhauser Verlag.

Jeffreys, A. J. 1991, "Advances in forensic science: Applications and implications of DNA testing," *Science in Parliament* 48(1), pp.2-7.

Jeffreys, A. J., V. Wilson and S. L. Thein. 1985, "Individual-specific 'fingerprints' of human DNA," *Nature* 316, pp.76-79.

Yaxley, R. 1989, "DNA fingerprinting," *International Industrial Biotechnology* 9, pp.5-9.

18. 미술 탄환

Milstein, C. 1980, "Monoclonal antibodies," *Scientific American* 243(4), pp.66-74.

Milstein, C. 1987, "Inspiration from diversity in the immune system," *New Scientist,* 21 May 1987, pp.55-58.

Winter, G. and C. Milstein. 1991, "Man-made antibodies," *Nature* 349, pp.293-299.

Yelton, D. E. and M. D. Scharff. 1981, "Monoclonal antibodies: A powerful tool in biology and medicine," *Annual Review of Biochemistry* 50, pp.657-687.

찾아보기

● 지은이 소개

프랭크 애셜
1957년 영국 요크셔의 브래드포드 출생
옥스퍼드 대학 생화학 학사학위
동대학 윌리엄 던 경 병리학교에서 박사학위 연구
런던 위생 및 열대의학교, 런던 임페리얼 칼리지에서 열대병에 관해 연구
영국 과학진흥협회의 대중매체 회원 및 국제시인협회의 회원으로 대중적인 과학에
관한 다수의 글이 있음
현재 워싱턴 대학교 의과대학 정신의학과 조교수이면서 알츠하이머 병의 분자적
기초를 연구하고 있음

● 옮긴이 소개

구자현
1966년 서울 출생
경기 오산고교 졸업
서울대학교 물리학과 졸업
서울대학교 과학사 및 과학철학 협동과정 석사 졸업
현재 서울대학교 과학사 및 과학철학 협동과정 박사 과정

놀라운 발견들

ⓒ 구자현, 1996

지은이 / 프랭크 애셜
옮긴이 / 구자현
펴낸이 / 김종수
펴낸곳 / 도서출판 한울

초판 1쇄 발행 / 1996년 8월 5일
초판 6쇄 발행 / 2013년 9월 15일

주소 / 413-756 경기도 파주시 파주출판도시 광인사길 153
        (문발동 507-14) 한울시소빌딩 3층
전화 / 031-955-0655
팩스 / 031-955-0656
홈페이지 / www.hanulbooks.co.kr
등록번호 / 제406-2003-000051호

Printed in Korea.
ISBN 978-89-460-4746-4 93400